卓越系列·21 世纪高职高专精品规划教材

工程材料与材料成形工艺

ENGINEERING MATERIALS AND
TECHNOLOGY OF MATERIAL FORMING

主　编　韩彩霞

副主编　陈安民　林秀娟

　　　　毕静波　徐桂洪

天津大学出版社
TIANJIN UNIVERSITY PRESS

内 容 提 要

　　工程材料与材料成形工艺课程主要包含工程材料基础知识、材料的强化与处理、材料成形技术与实训三个模块内容。工程材料是构成机械设备的基础,也是机械加工的对象,包括金属材料、非金属材料和复合材料等。材料的强化与处理包括金属材料的热处理、聚合物材料的强化处理和工程材料的表面处理等方法。材料成形技术与实训包括材料的铸造、锻压、焊接、钳工和机械加工等成形技术与基础实训。机械制造过程就是将各种原材料经过成形、强化、连接等工艺转变为机器的过程。

　　本书是高职高专机械类和近机械类各专业的通用教材,可应用于课堂教学、实训与实验等教学环节,也可作为高等教育自学考试和中等专业学校有关专业的教学用书,同时可供相关工程技术人员和企业管理人员参考。

图书在版编目(CIP)数据

　　工程材料与材料成形工艺/韩彩霞主编. —天津:天津大学出版社,2010.7(2015.1重印)

　　(卓越系列)

　　21世纪高职高专精品规划教材

　　ISBN 978-7-5618-3469-5

　　Ⅰ.①工… Ⅱ.①韩… Ⅲ.①工程材料－成形－工艺－高等学校:技术学校－教材 Ⅳ.①TB3

　　中国版本图书馆CIP数据核字(2010)第091586号

出版发行	天津大学出版社
出 版 人	杨欢
地　　址	天津市卫津路92号天津大学内(邮编:300072)
电　　话	发行部:022-27403647
网　　址	publish.tju.edu.cn
印　　刷	廊坊市海涛印刷有限公司
经　　销	全国各地新华书店
开　　本	169mm×239mm
印　　张	19.5
字　　数	404千
版　　次	2010年7月第1版
印　　次	2015年1月第2次
定　　价	34.00元

前 言

本书是根据教育部制定的《高职高专教育工程材料与成形工艺基础课程教学基本要求》,结合近年高职高专示范院校教改经验和教学实践,按照 21 世纪培养高等技术应用型人才目标要求而编写的。本书是高职高专机械类和近机械类各专业的通用教材,结合专业的实际需要,坚持以理论联系实际为指导,以熟悉原理、掌握应用为原则,旨在创新和实践的基础上进行编写。本教材适用于课堂教学、实训与实验等教学环节,可作为高等教育自学考试和中等专业学校有关专业的教学用书,同时可供相关工程技术人员和企业管理人员参考。

本书以培养生产第一线需要的高等技术应用型人才为目标,将理论课与实训课进行整合,以项目为导向、以任务为驱动、以学生为主体,形成强化应用的具有高职高专特点的新的教材体系。在内容上以实用性、综合性为原则,并力图反映近年来在工程材料和成形工艺领域的最新成果;建立工程材料和材料成形工艺与现代机械制造过程的完整概念;充分重视新材料、新工艺、新技术的引入;重视综合性、应用性和实践性;全面贯彻最新国家标准。为培养学生的综合工程技术能力,强调对各种工艺的论述与比较,使学生具备能够初步选择材料及工艺、零件成形方法的能力;为便于教学,在叙述上尽力做到图文并茂、通俗易懂、文字简练、直观形象。

本书主要包含三个模块共 14 单元,模块一为工程材料基础知识,包含第 1~5 单元,讲述工程材料与机械制造过程、性能、结构与结晶、金属材料、非金属材料、新型材料与材料的质量控制;模块二为材料的强化与处理,包含第 6~7 单元,讲述钢的普通热处理、表面处理和金属材料及热处理;模块三为材料成形技术与实训,包含第 8~14 单元,讲述铸造、锻压、焊接、钳工和机械加工、非金属材料的成形工艺以及材料与成形工艺选择。

参加本书编写的有威海职业学院韩彩霞(第 1 单元、第 2 单元、第 8 单元),林秀娟(第 3 单元、第 4 单元、第 6 单元、第 10 单元、第 11 单元)、毕静波(第 5 单元、第 7 单元)、陈安民(第 9 单元、第 12 单元)、徐桂洪(第 13 单元、第 14 单元),全书由韩彩霞副教授主编并统稿,由天津中德职业技术学院李文教授主审。

正值高职高专教育迅速发展并发生着深刻变革的时期,课程体系与教学内容的改革也正处于积极研究和探索之中。本书的编写力求适应中国高职教育的改革和发展。由于编者水平有限,书中难免存在不足之处,恳切希望广大读者批评指正。

本书编写得到了北京理工大学赵修臣副教授、中国船舶重工集团公司第七二五研究所廖志谦高工与威海职业学院鲁凤莲主任、王守志副主任、刘德成副主任、王丽蓉副主任、林宁高工、隋英杰老师和孙爱春老师的大力支持,并参考了大量有关文献资料,在此一并表示衷心的感谢。

编 者
2010 年 5 月

目　录

模块一
工程材料基础知识

第1单元　工程材料与机械制造过程

学习目标
1. 了解工程材料的分类方法。
2. 了解工程材料的发展趋势。
3. 掌握金属材料的分类方法。
4. 了解机械制造过程。

任务要求

　　找一个生活中您熟悉的某种制品或零件(比如汽车上的变速齿轮等),根据常识您认为它是用什么材料制作的? 为什么选用这种材料? 工程材料可分几类? 工程材料的发展趋势是怎样的?

任务分析

　　该任务是关于工程材料的分类与发展趋势方面的问题,因此需要学习以下相关新知识。

相关新知识

一、材料及其成形工艺的历史发展

　　我们周围到处都是材料,它们的名字已经成为人类文明的标志。例如人类社会所谓的石器时代、青铜器时代和铁器时代就是按材料划分的。世界各国对材料都非常重视,并使之成为衡量一个国家科学技术、经济水平及综合国力的重要标志之一。

　　我国在材料生产及其成形工艺方面取得了辉煌的成就。

　　①河南安阳发掘出来的商代"司母戊"大方鼎,如图1.1所示。

　　该鼎通高 133 cm,口长 110 cm、宽 79 cm,质量 832.84 kg,于 1939 年在河南省安阳市殷墟武官北地大墓出土。该鼎系商后期(约公元前 14 世纪—公元前 11 世纪)铸品,立耳,柱足,腹长方形,饰饕餮纹,腹内壁铸铭文"司(或释后)母戊"三字。该鼎为王室青铜祭器,一说为商王文丁为其母而铸;另一说为商王祖庚或祖甲为其母而铸。此鼎形制雄伟,是中国目前已发现的最大、最重的古代青铜器,现藏中国历史博物馆。

②湖北江陵楚墓中发现的埋藏2 000多年仍金光闪闪、锋利无比的越王勾践宝剑,如图1.2所示。

越王剑的刃口磨得非常精细,可与目前经精密磨床磨削得到的产品相媲美。该剑当时经过了硫化处理。

③陕西临潼发掘的铜车马,如图1.3所示。

1980年秦陵出土的铜车马,全长328.4 cm,现藏于陕西临潼秦始皇兵马俑博物馆,其工艺设计和部件比例极为精确。秦(约公元前221—公元前206年)统一天下,拥有当时最高超的技术,该器由3 000多个部件组成,不愧为世界八大奇迹之一秦兵马俑中的珍品。

图1.1　商代"司母戊"大方鼎

图1.2　越王勾践宝剑

图1.3　铜车马

我国在材料生产及其成形工艺方面取得的辉煌成就还有很多。中国是世界文明古国之一,早在公元前16世纪的殷商时代,就已大量使用青铜,并已具有高超的冶铸技术;公元前4世纪以前的春秋战国时期出现了铁器,铸铁技术比欧洲约早1 000年,在世界材料发展史中写下了光辉的篇章。新中国成立后,我国一直把材料工业作为重点发展领域之一,我国钢产量在1996年突破了1亿t,达到世界第一;2003年突破2亿t,已成为世界上最大的钢铁生产和消费国家。

二、工程材料的分类及发展趋势

材料是一切事物的物质基础,一种新技术的实现,往往需要新材料的支持。材料、能源、信息、生物工程是现代文明的四大支柱。

(一)工程材料的分类

在生活、生产和科技等各个领域中,用于制造结构、机器、工具和功能器件的各类材料统称为工程材料。工程材料的分类方法主要有以下三种:

①按组成特点分为金属材料、有机高分子材料、无机非金属材料、复合材料;

②按使用性能分为结构材料、功能材料；

③按使用领域分为信息材料、能源材料、建筑材料、机械工程材料、生物材料和航空航天材料等多种类别。

1. 金属材料

金属材料的分类如图1.4所示。由于金属材料具有良好的力学性能、物理性能、化学性能及工艺性能，能采用比较简便和经济的工艺方法制成零件，因此金属材料是目前应用最广泛的材料。

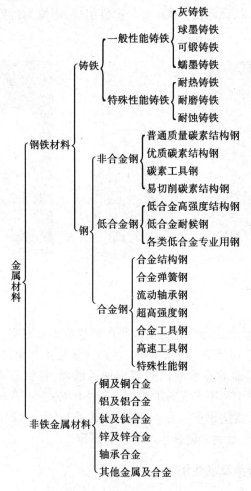

图1.4　金属材料的分类

2. 有机高分子材料

有机高分子材料包括塑料、橡胶、合成纤维、胶黏剂、液晶、木材、油脂和涂料等。因其原料丰富、成本低，加工方便等优点，发展极其迅速，目前已在工业上广泛应用，并将越来越多地被采用。

工程上通常根据高分子材料的力学性能和使用状态将其分为三大类。

①塑料。主要指强度、韧性和耐磨性较好的,可制造某些机器零件或构件的工程塑料,分热塑料和热固性塑料两种。

②橡胶。通常指经硫化处理的、弹性特别优良的聚合物,有通用橡胶和特种橡胶两种。

③合成纤维。指由单体聚合而成的、强度很高的聚合物,通过机械处理所获得的纤维材料。

3. 无机非金属材料

无机非金属材料的分类如图 1.5 所示。无机非金属材料主要是陶瓷材料、水泥、玻璃、耐火材料等。它具有不可燃性、高耐热性、高化学稳定性、不老化性以及高的硬度和良好的耐压性,且原料丰富,受到材料工作者和特殊行业的广泛关注。

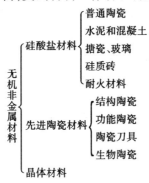

图 1.5　无机非金属材料的分类

4. 复合材料

复合材料的分类如图 1.6 所示。

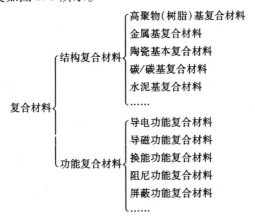

图 1.6　复合材料的分类

复合材料是两种或两种以上不同材料的组合材料,它的结合键非常复杂,其性能是它的组成材料所不具备的。复合材料通常是由基体材料(树脂、金属、陶瓷)和增强剂(颗粒、纤维、晶须)复合而成的。它既保持所组成材料的各自特性,又具有组成

5

后的新特性,它在强度、刚度和耐蚀性方面比单纯的金属、陶瓷和聚合物都优越,且它的力学性能和功能可以根据使用需要进行设计、制造。所以自1940年玻璃钢问世以来,复合材料的应用领域在迅速扩大,其品种、数量和质量有了飞速发展,具有广阔的发展前景。

(二)工程材料的发展趋势

工程材料的发展趋势可概括为以下几个方面:

①从均质材料向复合材料发展;

②由结构材料为主的方向,向功能材料、多功能材料并重的方向发展;

③材料结构的尺度向越来越小的方向发展;

④由被动性材料向具有主动性的智能材料方向发展;

⑤通过仿生途径来发展新材料。

(三)金属材料在近代工业中的地位

金属分为黑色金属和有色金属两类。通常情况下,人们把铁及铁合金称为黑色金属,即钢铁材料。黑色金属之外的所有金属及其合金称为有色金属(如铝及铝合金、铜及铜合金等)。

金属材料在工农业生产中占有极其重要的地位,在日常生活中得到广泛应用。其原因主要有以下三个方面:

①来源广泛;

②优良的使用性能和工艺性能;

③通过热处理可使金属的性能显著提高。

三、机械制造过程

机械制造工艺是指将各种原材料、半成品加工成为产品的方法和过程。机械生产过程按其功能不同主要分为两类。一类是直接改变工件的形状、尺寸、性能以及决定零件相互位置关系的加工过程,如毛坯制造、机械加工、热处理、表面保护、装配等,以材料成形工艺技术为主,它们直接创造附加价值;另一类是搬运、贮存、检验、包装等辅助生产过程,它们间接创造附加价值。机械制造工艺流程如图1.7所示。

机械工业生产的原材料主要是以钢铁为主的金属结构材料,包括由冶金工厂直接供应的棒、板、管、线材、型材,供进行切割、焊接、冲压、锻造或下料后直接进行机械加工;也包括生铁、废钢、铝锭、电解铜板等材料,进行二次熔化和加工。随着机械工程材料结构的不断调整,各种特种合金、金属粉末、工程塑料、复合材料和陶瓷材料的应用比例也不断扩大。

金属毛坯和零件的成形一般有铸造、锻压、冲压、焊接和轧材下料等五种常用方法;其他材料(塑料等)各有各自的特殊成形方法。

零件的机械加工指采用切削、磨削和特种加工等方法,改变毛坯形状、尺寸及表面质量,使其成为合格零件的过程。根据加工余量的大小及所能达到的精度,一般分

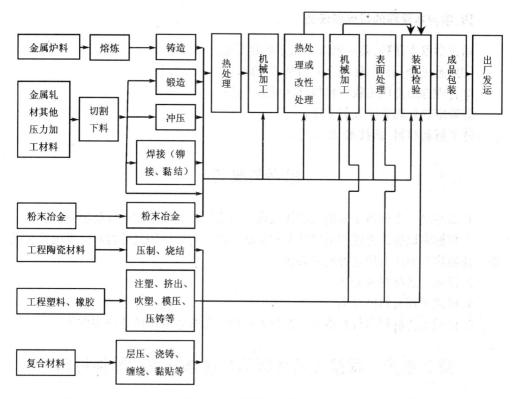

图 1.7　机械制造工艺流程图

粗加工和精加工两种。

　　金属材料的热处理可分为预备热处理和最终热处理。前者一般在毛坯成形后粗加工前进行;后者一般在粗加工后精加工前进行。

　　材料电镀、转化膜、气相沉积、热喷涂、涂装等表面处理工艺,一般在零件精加工后装配前进行,用以改变零件表面的力学性能及物理化学性能,使其具有符合使用要求的各种性能。

　　在加工工艺过程中,有大量的主题工序(如造型、熔化浇注、切削等),也有大量的辅助工序(如毛坯打磨、焊补等)。在工艺装备中要有相应的辅助工装(如砂箱、夹具等)和工艺材料(如原砂、焊条、切削液等)配合。辅助工序、辅助工装和工艺材料对产品质量也具有重大影响。

　　在机械制造生产过程中,各种物料(原材料、工件、成品、工具、废品废料等)的搬运和贮存,材料产品和工艺过程的检测和质量监控,生产过程中各种信息的传递和控制都是贯穿于整个机械制造工艺过程的,是保证生产工艺过程的正确实施、提高产品质量稳定性和提高经济效益的重要环节。

四、学习本课程的目标和任务

通过学习本课程,要达到以下几方面的要求:
①熟悉成分、组织、性能之间的基本规律;
②合理选用常用工程材料与材料成形工艺;
③确定热处理方法及其工序;
④了解新材料、新技术、新工艺。

思考与练习

1.试举出一个您所了解的反映我国在材料成形工艺技术方面成就的例子。

2.根据常识您认为锉刀是用什么材料制作的? 为什么用这种材料? 采用什么成形方法制作? 为什么用这种成形方法?

3.试述金属材料的分类。

4.试述工程材料的分类。

5.说明工程材料与材料成形工艺技术在机械制造过程中的地位和作用。

第 2 单元 根据工程材料的性能选择机械零件材料

学习目标

1.掌握材料的力学性能指标。

2.掌握强度和塑性判据。

3.了解材料的物理性能、化学性能、工艺性能和经济性。

4.能够根据工程材料的性能进行机械零件的选材。

任务要求

对钢材而言,有 2 000 多个不同的种类和型号。要制造一个特定的零件,应根据什么原则来选择材料呢? 如何科学地评价材料的性能? 材料的力学性能主要有哪些? 如何测定材料的力学性能? 材料的力学性能有何实际作用? 如何根据工程材料的性能选择机械零件的材料?

任务分析

该任务是根据工程材料的性能进行机械零件的选材,在进行材料选择时,必须首先考虑材料的强度、导电性或导热性、密度及其他性能;然后,考虑材料的加工性能和使用行为(其中重点是材料的可成形性、机械加工、电稳定性、化学持久性);最后还需考虑材料的成本。因此需要学习以下相关新知识。

相关新知识

工程材料的性能可分为使用性能、工艺性能和经济性三大类。使用性能是指在正常工作条件下材料应具备的性能,主要包括力学性能、物理性能、化学性能。工艺性能是指材料在加工制造中表现出的难易程度,主要包括铸造性能、锻造性能、焊接性能、切削加工性能和热处理性能。经济性即经济效益,是指零件的生产和使用的总成本。

一、材料的力学性能

材料的力学性能是指材料在力的作用下所显示的涉及弹性和非弹性反应或应力—应变关系的性能,通俗地讲是指材料抵抗外力引起的变形与破坏的能力。常用的力学性能指标有强度、塑性、硬度、冲击韧度、疲劳极限等。

（一）材料的强度与塑性

材料的强度是指材料在力的作用下抵抗塑性变形和断裂的能力。材料的强度分为抗拉强度、抗压强度、抗弯强度、抗剪强度等。材料的塑性是指金属在外力作用下能稳定地改变自己的形状和尺寸,而各质点间的联系不被破坏的性能。材料的强度与塑性是重要的力学性能指标,采用拉伸试验方法测定其大小。

1. 拉伸试验

拉伸试验是指用静拉伸力对标准拉伸试样进行缓慢的轴向拉伸,直至拉断的一种试验方法。通过拉伸试验可以测出力的变化与相应的伸长,从而测出材料的强度和塑性。试验前将材料制成一定形状和尺寸的标准拉伸试样（见 GB/T 228—2002）。图 2.1 为常用的标准拉伸试样,试样的直径为 d_0,标距为 L_0。把试样安装在拉伸试验机上,并对试样施加一个缓慢增加的轴向拉力,试样产生变形,直

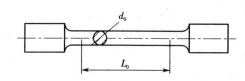

图 2.1　标准拉伸试样

至拉断。若将试样从开始加载直到断裂前所受的拉力 F,与其标距 L_0 的伸长量 ΔL 绘成曲线,便得到拉伸曲线。图 2.2 为低碳钢拉伸曲线。用试样原始截面积 S_0 去除

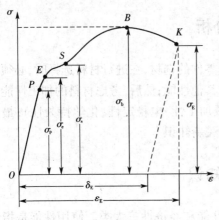

图 2.2　低碳钢的拉伸曲线

拉力 F 得到应力 σ，以试样原始标距 L_0 去除伸长量 ΔL 得到应变 ε，即 $\sigma = F/S_0$，$\varepsilon = \Delta L/L_0$，则力—伸长（$F$—$\Delta L$）曲线就成了应力—应变（$\sigma$—$\varepsilon$）曲线。从 σ—ε 曲线中可以得到两个重要的力学性能指标：强度和塑性。

2. 强度

强度是材料在外力作用下抵抗塑性变形和断裂的能力。工程上常用的静拉伸强度判据有如下几个。

（1）弹性极限

在弹性阶段内，如卸去载荷，试样伸长量消失，试样恢复原状。材料的这种不产生永久残余变形的能力称为弹性。E 点对应的应力值称为弹性极限，记为 σ_e，是保持纯弹性变形的最大应力。

$$\sigma_e = F_e/S_0$$

式中：F_e——将在试样产生完全弹性变形时的最大拉伸力，N；

S_0——试样原始截面积，mm^2。

应力的单位通常用 MPa 表示，$1\ MPa = 1\ N/mm^2$。

拉伸曲线 OP 段是直线，金属材料处在弹性变形阶段，且应力与应变成正比，服从胡克定律，外力与变形成正比时的最大应力称为比例极限，用 σ_p 表示：

$$\sigma_p = F_p/S_0$$

式中：F_p——试样服从胡克定律的最大外力，N。

由于难以用试验直接测定弹性极限和比例极限，故在拉伸试验方法标准（见 GB/T 228—2002）中采用"规定非比例伸长应力"代之。

（2）屈服点和规定残余伸长应力

开始产生屈服现象时的应力称为屈服点，其含义是指材料在外力作用下开始产生明显塑性变形的最小应力，也即材料抵抗微量塑性变形的能力，用 σ_s 表示：

$$\sigma_s = F_s/S_0$$

式中：F_s——材料屈服时的最小拉伸力，N。

屈服点是具有屈服现象的材料特有的强度指标。由于大多数合金没有明显的屈服现象，难于确定产生塑性变形的最小应力，因此提出"规定残余伸长应力"作为相应的强度指标。国家标准规定：当试样卸除拉伸力后，其标距部分的残余伸长达到规定的原始标距百分比时的应力，作为规定残余伸长应力（σ_r）。例如 $\sigma_{r0.2}$ 表示规定残余伸长率为 0.2% 时的应力。

（3）抗拉强度

当负荷继续增加超过 S 点后，变形量随着负荷的增加而急剧增加。当负荷超过

B 点,变形集中在试样的某一部位上,试样在该部位出现颈缩现象,拉伸变形集中在颈缩处。继续施加负荷,试样在 K 点断裂。材料断裂前所承受的最大应力,即为抗拉强度(强度极限),它也是试样能够保持均匀塑性变形的最大应力,用 σ_b 表示:

$$\sigma_b = F_b / S_0$$

式中:F_b——试样被拉断前所承受的最大载荷,N。

注意:零件设计时对塑性材料采用屈服点;脆性材料采用抗拉强度。

3. 塑性

塑性是指材料在断裂前产生不可逆永久变形的能力。反映材料塑性的力学性能指标有断后伸长率和断面收缩率。

(1)断后伸长率

断后伸长率又称延伸率,是指试样拉断后,其标距的伸长量与原始标距的百分比,用 δ 表示:

$$\delta = \left[(L_1 - L_0) / L_0 \right] \times 100\%$$

式中:L_1——试样拉断后的标距,mm;

L_0——试样原始标距,mm。

(2)断面收缩率

断面收缩率是指试样拉断后颈缩处横截面积的最大缩减量与原始横截面积的百分比,用 ψ 表示:

$$\psi = \left[(S_0 - S_1) / S_0 \right] \times 100\%$$

注意:δ 和 ψ 数值越大,材料的塑性越好。

(二)硬度

硬度指金属材料抵抗外物压入其表面的能力,也是衡量金属材料软硬程度的一种力学性能指标。工程上常用的有布氏硬度、洛氏硬度和维氏硬度。

1. 布氏硬度

布氏硬度是在布氏硬度计上进行测量的,用一定直径的钢球或硬质合金球作为压头,以相应的试验力压入试样表面,保持规定的时间后,卸除试验力,在试样表面形成压痕,以压痕球形表面所承受的平均负荷作为布氏硬度值,如图 2.3 所示。

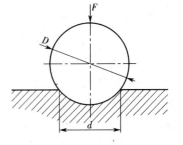

$$\text{HBS(HBW)} = 0.102 \times \frac{2F}{\pi D(D - \sqrt{D^2 - d^2})}$$

图 2.3 布氏硬度试验原理示意图

式中:F——试验力,N;

D——球体直径,mm;

d——压痕平均直径,mm。

在做布氏试验时,只需测量出 d 值即可从有关表格上查出相应的布氏硬度值。

压头为淬火钢球时,记为 HBS,适用于布氏硬度 450 以下的材料;压头为硬质合金球时,记为 HBW,适用于布氏硬度 650 以下的材料。

注意:布氏硬度试验的优点是测量结果准确;缺点是压痕大,不适合成品检验。目前主要应用于铸铁、有色金属以及经退火、正火和调质处理的钢材的硬度测定。

2. 洛氏硬度

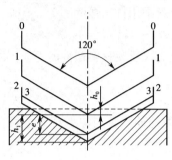

图 2.4 洛氏硬度试验原理示意图

洛氏硬度是用压头压入的压痕深度作为测量硬度值的依据,如图 2.4 所示。

洛氏硬度值可以直接从洛氏硬度计的表盘上读出,它是一个相对值,人们规定每 0.002 mm 压痕深度为一个洛氏硬度单位。洛氏硬度用 HRA、HRB 和 HRC 来表示。HRC 采用顶角为 120°的金刚石圆锥体为压头,施加 1 471.5 N 的外力,主要用于淬火钢等较硬材料的测定,可测硬度范围为 20 ~ 67 HRC;HRA 采用 588.6 N 外加载荷,用于测量高硬度薄层,可测硬度范围为 70 ~ 85 HRA;

HRB 采用直径 1.588 mm 的钢球,981 N 的外加载荷,用于硬度较低的材料,可测硬度范围为 25 ~ 100 HRB。常用的三种洛氏硬度的试验条件和应用范围见表 2.1。

洛氏硬度值标注方法为硬度符号前面注明硬度数值,例如 52 HRC、70 HRA 等。

注意:洛氏硬度试验优点是测量迅速简便,压痕小,可在成品零件上检测;缺点是测量数值分散;目前主要应用于淬火钢、调质钢批生产零件,当硬度值为 20 ~ 67 HRC 时有效。

表 2.1 常用的三种洛氏硬度的试验条件和应用范围

硬度符号	压头类型	总试验力 F/kN	硬度值有效范围	适用范围
HRA	120°金刚石圆锥体	0.588 4	70 ~ 85 HRA	硬质合金,表面淬硬层,渗碳层
HRB	ϕ1.588 mm 钢球	0.980 7	25 ~ 100 HRB	非铁金属,退火、正火钢等
HRC	120°金刚石圆锥体	1.471 1	20 ~ 67 HRC	淬火钢、调质钢等

3. 维氏硬度

维氏硬度测试的基本原理与布氏硬度相同,但压头采用锥面夹角 136°的金刚石正四棱锥体,维氏硬度试验所用载荷小,压痕深度浅,适用于测量零件薄的表面硬化层的硬度。

注意:维氏硬度试验载荷可任意选择,故可测硬度范围宽,但工作效率较低。

(三)冲击韧度

有些机械(如冲床、锻锤等)的零部件在使用过程中不仅受到静载荷或动载荷作用,而且还会受到不同程度的冲击载荷作用。因此,在设计和制造受冲击载荷的零件和工具时,还必须考虑所用材料的冲击吸收功或冲击韧度。

冲击韧度是指金属材料抵抗冲击负荷的能力,测定金属材料的冲击韧度值目前

最常用的试验方法是摆锤式一
次冲击试验。其试验原理如图
2.5所示。冲击韧度值可用下
式计算：

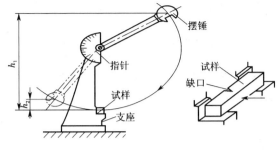

$$\alpha_k = A_k / S_N$$

式中：A_k——摆锤冲断试样所做
　　　　的功，称为冲击吸
　　　　收功，J;

图2.5　一次摆锤冲击弯曲试验示意图

　　　S_N——试样缺口处截面积，cm^2。

冲击韧度对材料内部缺陷很敏感，因此可用来鉴定材料的冶金质量和热加工质
量。另外，冲击韧度随温度的降低而下降，可用来评定材料的冷脆现象。

注意：α_k值越大，材料的韧性越好。

（四）疲劳极限

许多机械零件（如齿轮、轴等）和工程结构都是在循环或交变应力下工作的，它
们工作时所承受的应力通常都低于材料的屈服点。交变应力是指大小、方向随时间
周期性变化的应力，如图2.6所示。交变应力和重复应力相对应，重复应力是指方向
不随时间变化的应力，如图2.7所示。

图2.6　交变应力示意图

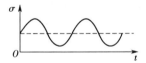

图2.7　重复应力示意图

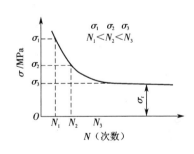

图2.8　疲劳曲线示意图

材料在循环应力和应变作用卜，在一处或几
处产生局部永久性累积损伤，经一定循环次数后
产生裂纹或突然发生完全断裂的过程称为材料
的疲劳。

疲劳失效断裂前无明显塑性变形，发生断裂
较突然，这种断裂具有很大的危险性，常常造成
严重事故。据统计，大部分机械零件的失效是由
金属疲劳造成的。

疲劳现象是材料在交变载荷长期作用下，无明显塑性变形就断裂的现象。

材料的疲劳极限是指材料经无限多次应力循环而不会发生疲劳断裂的最大应
力。它表示材料抵抗疲劳断裂的能力。无限多次当然不是数学上的无穷大，只是一
个很大的数而已，对于钢铁材料为10^7，有色金属材料为10^8。通常材料的疲劳性能
测定是在旋转弯曲疲劳试验机上进行的，对称弯曲疲劳极限用σ_{-1}表示。

提示：为了提高机械零件的疲劳抗力，防止疲劳断裂事故的发生，在进行机械零

件的设计和成形加工时,应选择合理的结构形状,防止表面损伤,避免应力集中。

二、材料的物理性能

材料的物理性能表示的是材料固有的一些属性,如密度、熔点、热膨胀性、磁性、导热性和导电性等。

(一)密度

材料的密度是指单位体积中材料的质量。不同材料的密度各不相同,如钢为 7.8×10^3 kg/m³;陶瓷的密度为 $2.2 \times 10^3 \sim 2.5 \times 10^3$ kg/m³;各种塑料的密度较小。材料的密度直接关系到产品的质量和效能。如发动机的活塞,常采用密度小的铝合金制造。一般将密度小于 5×10^3 kg/m³ 的金属称为轻金属,密度大于 5×10^3 kg/m³ 的金属称为重金属。

抗拉强度 σ_b 与密度 ρ 之比称为比强度;弹性模量 E 与密度 ρ 之比称为比弹性模量。二者也是考虑某些零件材料性能的重要指标。

(二)熔点

熔点是指材料的熔化温度。金属都有固定的熔点,常用金属的熔点见表 2.2;陶瓷的熔点一般都显著高于金属及合金的熔点;高分子材料一般不是完全晶体,所以没有固定的熔点。熔点高的金属称为难熔金属(如钨、钼、钒等),可以用于制造耐高温的零件,在燃气轮机、航空航天等领域有广泛的应用;熔点低的金属称为易熔金属(如锡、铅等),可用来制造保险丝、防火安全阀等零件。

表 2.2 常用金属的物理性能

金属名称	符号	密度 ρ/ $(kg/m^3) \times 10^3 (20℃)$	熔点/℃	热导率 λ/ $W/(m \cdot K)$	线胀系数 α/ $(0 \sim 100℃) K^{-1} \times 10^{-6}$	电阻率/$(\Omega \cdot m) \times 10^{-8}(0℃)$
银	Ag	10.49	960.8	418.6	19.7	1.5
铝	Al	2.698 4	660.1	221.9	23.6	2.655
铜	Cu	8.96	1 083	393.5	17.0	1.67～1.68(20℃)
铬	Cr	7.19	1 903	67	6.2	12.9
铁	Fe	7.84	1 538	75.4	11.76	9.7
镁	Mg	1.74	650	153.7	24.3	4.47
锰	Mn	7.43	1 244	4.98(-192℃)	37	185(20℃)
镍	Ni	8.90	1 453	92.1	13.4	6.84
钛	Ti	4.508	1 677	15.1	8.2	42.1～47.8
锡	Sn	7.298	231.91	62.8	2.3	11.5
钨	W	19.3	3 380	166.2	4.6(20℃)	5.1

(三)热膨胀性

材料的热膨胀性通常用线胀系数来表示。对精密仪器或机器的零件,线胀系数是一个非常重要的性能指标。在异种金属的焊接中,常因材料的热膨胀性相差过大而使焊件变形或破坏。一般地,陶瓷的线胀系数最低,金属次之,高分子材料最高。

（四）磁性

材料能导磁的性能叫磁性。磁性材料中又分为容易被磁化、导磁性良好,但外磁场去掉后磁性基本消失的软磁性材料（如电工用纯铁、硅钢片等）以及去磁后保持磁场、磁性不易消失的硬磁性材料（如淬火的钴钢、稀土钴等）。许多金属都具有较高的磁性（如铁、镍、钴等）,但也有许多金属（如铝、铜、铅等）是无磁性的。非金属材料一般无磁性。

（五）导热性

材料的导热性用热导率 λ 来表示。材料的热导率越大,说明材料的导热性越好。一般来说,金属越纯,其导热能力越强。银的导热能力最好,铜、铝次之。金属及合金材料的热导率远高于非金属材料。导热性好的材料其散热性也好,可用来制造热交换器等传热设备的零部件。在制定各类加工工艺时必须考虑材料的导热性,以防止材料在加热或冷却过程中,由于表面和内部产生温差,膨胀不同形成过大的内应力,引起材料变形或开裂。

（六）导电性

材料的导电性一般用电阻率 ρ 表示。通常金属的电阻率随温度升高而增加,而非金属材料则与此相反。金属一般有良好的导电性,银的导电性最好,铜、铝次之。导电性与导热性一样,是随合金成分的复杂化而降低的,因而纯金属的导电性总比合金要好。高分子材料都是绝缘体,但有的高分子材料也有良好的导电性。陶瓷材料虽然也是良好的绝缘体,但某些特殊成分的陶瓷却是有一定导电性的半导体。

三、材料的化学性能

材料的化学性能是指材料在室温或高温下抵抗各种化学介质作用的能力,一般包括耐腐蚀性与高温抗氧化性等。

（一）金属腐蚀的基本过程

1. 化学腐蚀

金属与周围介质（非电解质）接触时单纯由化学作用而引起的腐蚀叫做化学腐蚀。如金属和干燥气体 O_2、H_2S、SO_2 等相接触时,在金属表面上生成相应的化合物,如氧化物、硫化物等,从而使金属零件因腐蚀而损坏。氧化是最常见的化学腐蚀,温度越高,高温下加热时间越长,氧化越严重。

2. 电化学腐蚀

金属与电解质溶液（如酸、碱、盐）构成原电池而引起的腐蚀,称为电化学腐蚀。如金属在海水中发生的腐蚀,地下金属管道在土壤中的腐蚀等。

（二）防止金属腐蚀的途径

1. 提高金属耐腐蚀能力的途径

提高金属耐腐蚀能力的途径主要有如下几种:

①形成有保护作用的钝化膜；

②尽可能使金属保持均匀的单相组织，即无电极电位差；

③尽量降低两极之间的电极电位差，并提高阴极的电极电位；

④尽量不与电解质溶液接触，减少甚至隔绝腐蚀电流。

2. 工程上的防腐蚀方法

工程上经常采用的防腐蚀方法主要有如下几种：

①选择合理的防腐蚀材料，如不锈钢；

②采用覆盖法防腐蚀，如采用电镀、热镀、喷镀或采用油漆、搪瓷、涂料、合成树脂等防护；

③改善腐蚀环境，如用干燥气体封存；

④电化学保护，如采用阴极保护法等。

四、材料的工艺性能

工艺性能是指材料在制造机械零件和工具的过程中，采用某种加工方法制成成品的难易程度，包括铸造性能、锻造性能、焊接性能及切削加工性能等。材料工艺性能的好坏，会直接影响制造零件的工艺方法、质量以及制造成本。

比如切削加工性能就是指材料在切削加工时的难易程度。它与材料种类、成分、硬度、韧性、导热性以及内部组织状态等许多因素有关。从材料种类而言，铸铁、铜合金、铝合金及一般碳钢的切削加工性较好。

五、材料的经济性

作为一名现代的生产、技术或管理人员，仅仅关注材料的力学性能等还是远远不够的，必须建立材料性能的技术经济概念，力求选用的材料总成本最低。据统计，一般的工业部门中，材料价格要占产品价格的 30% ~ 70%。所以，在满足使用要求的前提下，应尽可能采用廉价的材料并充分考虑材料的可得性，把产品的总成本降至最低，以取得最大的经济效益。零件的总成本通常包括材料本身的价格和与生产有关的其他一切费用。

思考与练习

1. 材料的强度判据有哪些？

2. 材料的塑性判据有哪些？

3. 如何计算材料的 σ_s，σ_b，δ 和 ψ？

4. 有一低碳钢拉伸试样，原直径为 10 mm，长为 100 mm，拉伸时在载荷为 21 000 N 时发生屈服，试样断裂前的最大载荷为 30 000 N，断裂后长度为 133 mm，断裂处最小直径为 6 mm，试计算 σ_s、σ_b、δ、ψ。

第 3 单元　金属的结构与结晶

学习目标
1. 建立单位晶胞的概念，用以想象原子的空间排列。
2. 熟悉常见晶体中原子的规则排列形式。
3. 认识晶体缺陷的基本类型、基本特征。
4. 了解晶界的特性和分类。
5. 熟悉固溶体的分类、金属化合物的特点及性能。
6. 掌握金属的结晶特点。

任务要求

金属材料强度、硬度低，但塑性好，导电和导热性优良；陶瓷材料有高的熔点和很高的硬度，但脆性较大。同学们想一想：为什么不同的材料有不同的性能表现呢？其取决于什么？

任务分析

通过实践和研究表明：决定材料性能的两个根本性问题是原子间的结合键和内部的结构。为此，这一单元主要学习金属材料的微观构造，即内部结构、组织状态以及结晶规律，以便从其内部的矛盾性找出改善和发展材料的途径。

相关新知识

一、化学键

组成物质的质点(原子、分子或离子)之间通过某种相互作用而联系在一起，这种作用力称为化学键。化学键使固体具有强度以及相应的电学和热学性能。例如，强的化学键导致高熔点、高弹性模量、较短的原子间距和较低的热膨胀系数。

通常化学键分为结合力较强的离子键、共价键、金属键和结合力较弱的分子键与氢键。大学所要学习的金属材料的化学键主要是金属键。金属原子的外层电子少，容易失去。当金属原子相互靠近时，这些外层原子就脱离原子成为自由电子，为整个金属所共有，自由电子在金属内部运动，形成电子气。这种自由电子与金属正离子之间的结合方式称为金属键，如图 3.1 所示。

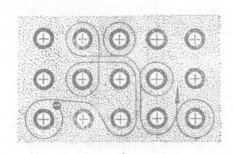

图 3.1　金属键示意图

金属材料的一般性能与金属键的结合特点密切相关。由于金属键的结合，使金属晶体中有大量自由电子存在，当有电场作用时，自由电子则作定向运动形成电流，显示良好导电性；自由电子的运动还可以传递热能，因而又具有良好导热性；自由电子能吸收可见光的能量，故使金属具有不透明性；自由电子由较高能级返回较低能级时，会以电磁波的形式将能量辐射出来，宏观上表现为金属光泽。另外，由于金属键中的自由电子为各正离子所共有，所以，当正离子位置发生相对移动时，它们仍能保持良好的结合而不被破坏，表现出良好的塑性。同时，金属键有较强的结合力，使金属晶体大多趋于紧密排列，从而具有比非金属晶体更高的强度等优良力学性能。当然，金属中除了主要以金属键结合外，也有共价键（如灰锡）和离子键（如金属间化合物 Mg_3Sb_2）。

二、晶体结构

除化学键外，内部结构是决定材料性能的又一根本性因素。当原子或分子通过化学键结合在一起时，依化学键的不同以及原子或分子的大小可在空间组成不同的排列，即形成不同的结构。即使材料类型和化学键都相同，但是原子排列结构不同，其性能可以有很大的差别。因此，大家要首先建立晶体结构与空间点阵、晶格、晶胞等概念，并了解金属中常见的三种典型的晶格类型。

（一）金属的晶体结构

1. 晶体与非晶体

几乎所有的金属、大部分的陶瓷以及一些聚合物在其凝固时都要发生结晶，也就是原子本身沿三维空间重复排列成有序的结构，即所谓的长程有序结构，这种结构称为晶体。晶体的特点是：①结构有序；②物理性质表现为各向异性；③有固定的熔点。

非晶体的结构是原子无序排列的，这一点与液体的结构很相似，所以非晶体往往被称为过冷液体。典型的非晶体材料是玻璃，所以非晶体也被称为玻璃体。虽然非晶体在整体上是无序的，但在很小的范围内观察，还具有一定的规律性，所以在结构上称之为短程有序。非晶体材料的特点是：①结构无序；②物理性质表现为各向同性；③没有固定熔点；④热导率和热膨胀性小；⑤塑性形变大；⑥组成的范围变化大。

非晶体结构是短程有序的，即在很小的尺寸范围内存在着有序性，而晶体内部也有缺陷，在很小的尺寸范围内也存在着无序性。所以两者之间也有共同特点。而物质在不同条件下，既可形成晶体结构，也可形成非晶体结构。比如，金属液体在高速冷却条件下可以得到非晶态金属，即所谓的金属玻璃；而玻璃经过适当处理，也可形成晶态玻璃。有些物质可以看成是有序和无序的中间状态,如塑料、液晶、准晶态等。

2. 晶体结构的基本概念

大家所学习的金属材料大部分是晶体。实际晶体中的各类质点虽然都是在不停地运动着,但是,在讨论晶体结构时,通常把构成晶体的原子看成是一个个固定的小球,这些原子小球按一定的几何形式在空间紧密堆积,如图3.2(a)所示。

为了便于描述晶体内部原子排列的规律,将每个原子视为一个几何质点,并用一些假想的几何线条将各质点连接起来,便形成一个空间几何格架。这种抽象的用于描述原子在晶体中排列方式的空间几何格架称为晶格,如图3.2(b)所示。由于晶体中原子作周期性规则排列,因此可以在晶格内取一个能代表晶格特征的,由最少数目的原子构成的最小结构单元来表示晶格,称为晶胞,如图3.2(c)所示。并用棱边长度 a、b、c 和棱边夹角来表示晶胞的几何形状及尺寸。

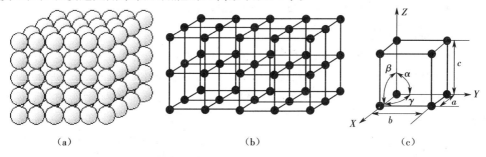

图3.2 简单立方晶格与晶胞示意图
(a)晶体示意图;(b)晶格示意图;(c)晶胞示意图

3. 三种典型的金属晶格结构

由于金属键有很强的结合力,而且无方向性,所以金属晶体具有紧密排列的趋势。这使得金属晶格的排列形式的类型大为减少,约有90%的金属属于下列三种常见的晶格类型。

(1)体心立方晶格

如图3.3所示,晶胞是一个立方体,在立方体的8个角上和晶胞中心各有一个原子。因每个顶角上的原子同属于周围8个晶胞所共有,所以每个体心立方晶胞的原子数为 $(1/8) \times 8 + 1 = 2$。属于这种晶格类型的纯金属有 α-Fe、Cr、Mo、W、V、Nb 等。

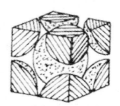

图3.3 体心立方晶胞示意图

（2）面心立方晶格

如图3.4所示，在立方晶胞的8个顶角上各有一个原子，每个面的中心各有一个原子。因每个面中心的原子同属于相邻2个晶胞所共有，故每个面心立方晶胞的原子个数为(1/8)×8＋(1/2)×6＝4。属于这种晶体结构的纯金属有Al、Cu、Au、Ag、Ni、Pb、γ-Fe等。

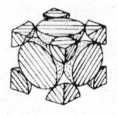

图3.4　面心立方晶胞示意图

（3）密排六方晶格

如图3.5所示，密排六方晶格是在六棱柱体晶胞的12个顶角上各有一个原子，上下顶面中心各有一个原子，在六棱柱中3个相间的三棱柱中心各有一个原子，其晶胞的实际原子数为12×(1/6)＋2×(1/2)＋3＝6。属于这种晶体结构的纯金属有Mg、Zn、Cd等。

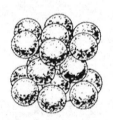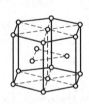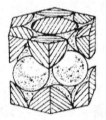

图3.5　密排六方晶格

（二）实际金属的晶体结构

前面所讨论的晶体及其晶格类型都是理想化的、单晶体的构造情况，其特点是内部的晶格位向完全一致。这种金属单晶体目前在半导体元件、磁性材料、高温合金材料等方面已得到开发和应用。但要想得到金属单晶体只能靠特殊的方法制得，目前它的制取还相当困难。现在讨论一下传统方法获得的金属材料的结构。

1. 多晶体结构

实际使用的金属材料都是由许多晶格位向不同的微小晶体组成，称为多晶体。如图3.6所示，每个小晶体都相当于一个单晶体。这种外形呈多面体颗粒状的小晶体称为晶粒。晶粒与晶粒之间的界面，称为晶界。

2. 晶体缺陷

在多晶体中，在晶粒内部，实际上也不是理想的规则排列，而是由于结晶或其他加工等条件的影响，存在很多类型不同的缺陷，正如我们日常生活中见到玉米棒上玉米粒的分布。尽管这些缺陷很少,可能在1 010个原子中只有1个脱离其平衡位置,但这些缺陷极为重要。按照几何特征,晶体中的缺陷可分为点缺陷、线缺陷和面缺陷。

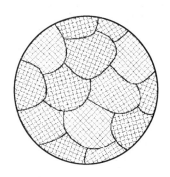

图 3.6 多晶体的晶粒与晶界示意

(1)点缺陷

点缺陷是指在空间三个方向尺寸很小的缺陷。最常见的点缺陷是晶格空位和间隙原子。

晶格中某个原子脱离了平衡位置,形成空节点,称为空位。某个晶格间隙挤进了原子,称为间隙原子。点缺陷如图3.7所示。缺陷的出现,破坏了原子的平衡状态,使晶格发生扭曲,称为晶格畸变。点缺陷的存在,提高了材料的硬度、强度和电阻,降低了材料的塑性和韧性。

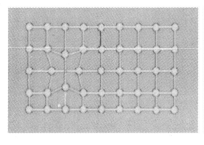

（a）

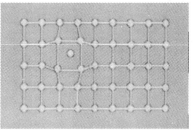

（b）

图 3.7 点缺陷
（a）空位示意图;（b）间隙原子示意图

应当指出,晶格中的空位和间隙原子都处于不断的运动和变化之中,温度越高,运动越剧烈。这种运动是金属中原子扩散的主要方式之一,在热处理和化学热原理过程中都是十分重要的。

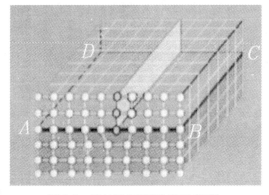

图 3.8 线缺陷(刃型位错示意图)

(2)线缺陷

线缺陷是指在晶体空间两个方向上尺寸很小,而第三个方向的尺寸很大的缺陷。晶体中最普通的线缺陷就是位错,它是在晶体中某处有一列或若干列原子发生了有规律的错排现象。而刃型位错是最简单最常见的一种位错,如图3.8所示。这种位错的特点是,在晶体的某一个晶面的上下两原子面产生错排,就好像沿着某方位的晶面插入的一个多余原子面,但又未插到底,就像插入刀刃一样,故称刃型位错线,而多余原子面的底边称为位错线。在位错线周围引起晶格畸变,并且越靠近畸变越严重。

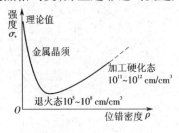

图 3.9　金属强度与位错密度的关系

晶体中位错的数量通常用位错密度来表示。位错的存在及其密度的变化对金属很多性能会产生重大影响。图 3.9 就定性地表达了金属强度与位错密度之间的关系。从图中可以看出,增加或降低位错密度都能有效提高金属的强度。目前生产中一般采用增加位错密度的方法(如冷塑性变形)来提高金属强度。

(3)面缺陷

面缺陷是指在晶体的三维空间中一维方向上的尺寸很小,而另外二维方向上的尺寸很大的缺陷。常见的面缺陷有晶界和亚晶界。

晶界处的原子排列与晶内是不同的,要同时受到其两侧晶粒不同位向的综合影响,所以晶界处原子排列是不规则的,是从一种取向向另一种取向的过渡状态,如图 3.10 所示。而在晶粒内部,还可能存在许多更细小的晶块,它们之间晶格位相差很小,通常小于 2°~3°,这些小晶块称为亚晶粒,亚晶粒与亚晶粒之间的界面,称为亚晶界。

晶界有许多不同于晶粒内部的特性,如常温下晶界越多,即晶粒越细,金属的强度和硬度亦越高,而在高温下则相反。又如晶界的熔点低,易被腐蚀,对塑性变形有阻碍作用等。亚晶界对金属性能的影响与晶界相似。

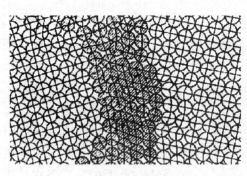 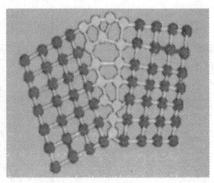

图 3.10　晶界原子排列示意图

(三)合金的晶体结构

由于纯金属的力学性能较低,所以工程上应用最广泛的是各种合金。对合金而言,其结构及影响性能的因素更为复杂。下面以合金的基本相为重点介绍合金的结构。

1. 基本概念

合金是由两种或两种以上的金属元素或金属与非金属元素组成的、具有金属特征的物质。组成合金最基本的独立物质称为组元。组元在一般情况下是元素,例如黄铜是由 Cu 和 Zn 组成的二元合金;硬铝是 Al、Cu、Mg 组成的三元合金。当然,组元也可能是稳定的化合物。

所谓相是金属或合金中具有相同的结构,相同的物理、化学性能,并与该系统中其余部分有明显界面分开的均匀部分。例如水和冰虽然化学成分相同,但物理状态不同,因此为两个相。冰可碎成许多块,但还是一个固相。金属或合金在液态时通常为均匀的同一种液相。

显微组织是指在显微镜下所观察到的组成相的种类、大小、形状、数量、分布及相间结合状态。相和组织是两个不同的概念:组织可以由一个相组成,也可以由几个相复合组成。但两者又具有不可分割的联系。例如铁碳合金中各个相的形状、大小、数量和分布便构成了铁碳合金的组织。这就是通常所谓的"相构成了组织"的意思。

2. 合金中的基本相

通常,合金在熔点以上各组元相互溶解成为均匀的一种液相。当合金溶液凝固后,由于各组元之间的相互作用不同,可以形成固溶体和金属化合物两大类型的相通常结构。

(1)固溶体

溶质原子溶入溶剂晶格中而仍保持溶剂晶格类型的合金相称为固溶体。固溶体是单相,它的晶格类型与溶剂组元相同。根据溶质原子在晶格中占据位置的不同,分为置换固溶体和间隙固溶体两类,如图 3.11 所示。

①置换固溶体:溶质原子占据晶格的正常节点,这些节点上的溶剂原子被溶质原子所替换,当合金中的二组元的原子半径相近时,更易形成这种置换固溶体,如图 3.11(a)(b)所示。有些置换固溶体的溶解度有限,称有限固溶体。但当溶剂与溶质原子的半径相当,并具有相同的晶格类型时,它们可以按任意比例溶解,这种置换固溶体称为无限固溶体。

②间隙固溶体:溶质原子不占据正常的晶格节点,而是嵌入晶格间隙中。由于溶剂的间隙尺寸和数量有限,所以只有原子半径较小的溶质(如碳、氮、硼等非金属元素)才能溶入溶剂中形成间隙固溶体,且这种固溶体的溶解度有限。间隙固溶体如图 3.11(c)所示。

由于溶质原子的溶入,会引起固溶体晶格发生畸变,使合金的强度、硬度提高。这种通过溶入原子,使合金强度和硬度提高的方法叫固溶强化。固溶强化是强化金属的主要手段之一。因为晶格畸变阻碍了位错运动,使晶面间的滑动变得困难,提高了合金抵抗塑性变形的能力。

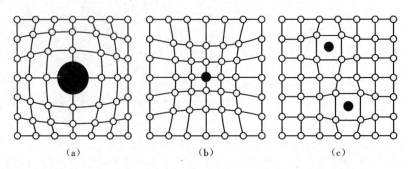

图 3.11 固溶体结构示意图

(a)(b)置换固溶体；(c)间隙固溶体

（2）金属化合物

金属化合物是合金中各组元间发生相互作用而形成的具有金属特性的一种新相，其晶体结构一般比较复杂，而且不同于任一组成元素的晶体类型。它的组成一般可用分子式来表示，如铁碳合金中的 Fe_3C（渗碳体）。

金属化合物具有较高的熔点、较高的硬度和较大的脆性，是合金中的强化相。它的出现可提高合金的强度、硬度和耐磨性，但降低塑性和韧性。

由上述可知，合金的组织可以是单相固溶体，但由于其强度不够高，其应用具有局限性；绝大多数合金的组织是固溶体与少量金属化合物组成的混合物。通过调整固溶体中溶质原子的含量以及控制金属化合物的数量、形态、分布状况，可以改变合金的力学性能，以满足不同的需要。

三、金属的结晶

实际的金属材料为何通常是多晶体的材料呢？这与结晶过程有密切的关系。金属材料的成形，除粉末冶金材料外，一般要经过熔炼和浇注，即经过一个结晶过程。金属结晶形成的组织——铸态组织，不仅影响其铸态的性能，而且也影响其冷却、热加工后材料的组织和性能。因此了解金属的结晶过程是很有必要的。

物质从液体状态变为晶体状态，即原子由不规则排列的液体状态逐步过渡到原子有规则排列的晶体状态，这一过程称为结晶。

（一）金属结晶的过冷现象

晶体物质都有一个理论结晶温度 T_0（即熔点）。事实表明，高温液体金属冷却到理论结晶温度时并没有结晶，实际结晶温度 T_1 要低于理论结晶温度 T_0，这种现象叫做过冷现象。实际结晶温度与理论结晶温度之间的差值 ΔT 称为过冷度，且由于结晶潜热的放出，使结晶过程温度保持不变，如图 3.12 所示。

实验表明：过冷度不是恒定值，其大小与金属的性质、纯度和冷却速度有关。冷却速度 V 越大，过冷度就越大，如图 3.13 所示。存在过冷度是金属结晶的必要条件。

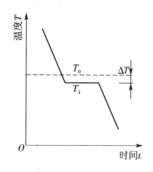

图 3.12　纯金属的结晶曲线

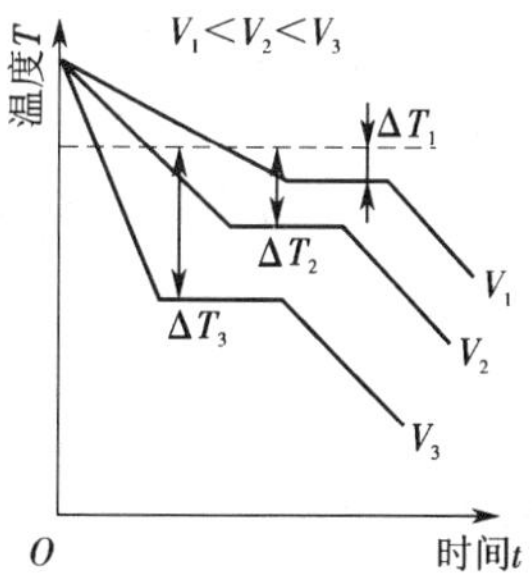

图 3.13　不同冷却速度下的冷却曲线

（二）金属的结晶过程

实验证明,结晶是晶体在液体中从无到有(晶核的形成)、由小变大(晶核的长大)两个过程。

在液态金属中,总是存在着许多类似于晶体中原子排列的小集团。当高温液体冷却到实际结晶温度时,某些具有较大尺寸的小集团可成为稳定的、能长大的结晶核心,称为晶核。这些晶核不断长大,同时在液态金属中又会不断产生新的晶核,并不断长大。随着新的晶核的不断形成和长大,液态金属越来越少,直到所有长大着的晶体都彼此相遇时,液体金属即已耗尽,结晶过程完成。图 3.14 为纯金属结晶过程示意图。

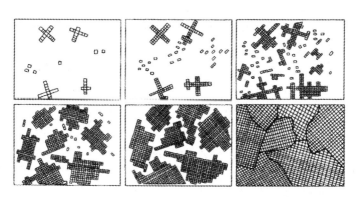

图 3.14　金属的结晶过程示意

在上述的结晶过程中,晶核形成的方式有两种:一种晶核的形成是从液体内部自发产生的,称为自发形核或均匀形核;另一种晶核是依附于外来杂质而生成的,称为非自发形核或非均匀形核。在实际金属和合金中,这两种形核方式通常是同时存在的。但一般情况下,非均匀形核比均匀形核更容易发生,往往起到优先和主导作用。

（三）影响晶粒大小的因素

晶粒度是表示晶粒大小的指标。工业上,通常采用晶粒度等级表示晶粒大小。标准晶粒度一般分为 8 级,1 级最粗,8 级最细。工业中常用的细晶粒是 7 ~ 8 级,晶粒尺寸为 0.022 mm。

试验表明,晶粒大小对力学性能影响很大,晶粒越细、晶粒数越多,变形可以分散在更多的晶粒内,力学性能越好。因此有必要了解影响金属结晶后晶粒大小的因素和控制方法。

1. 冷却速度或过冷度的影响

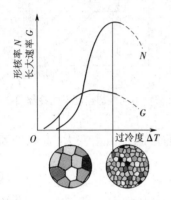

图 3.15　形核率和长大速率相对于过冷度的关系曲线图

如图 3.15 所示,形核率 N 和长大速率 G 都随过冷度 ΔT 增大而增大,但在很大范围内形核率比长大速率变化更快,因此增加过冷度总能使晶粒细化。比如用金属型铸造代替砂型铸造得到的铸件晶粒细小。

2. 变质处理

在浇注前向金属液体中加入一些能促进形核或抑制晶核长大的物质,使金属晶粒细化,这种方法称为变质处理。比如,在铸造中加入硅铁。

3. 附加振动、搅拌

金属结晶时,如对液态金属附加机械振动、超声振动、电磁振动等措施,则会增加液态金属在铸模中的运动,造成枝晶破碎。这样不仅使已生长的晶粒因破碎而细化,而且破碎的枝晶尖端可起到晶核作用,使单位体积晶核的数量增加,因而细化了晶粒。

通过细化晶粒而使材料强度提高的方法称为细晶强化,是强化材料的方法之一。

(四)金属的同素异构转变

大多数金属结晶完成后,晶格类型不再发生变化。但也有少数金属如铁、钴、锰、钛、锡等,在结晶成固态后继续冷却时晶格类型还会发生变化。这种金属在固态下晶格类型随温度发生变化的现象,称为同素异构转变。下面以纯铁为例讨论它的同素异构转变过程。

图 3.16 为纯铁的冷却曲线。纯铁的异构转变可用下式表示:

$$\delta\text{-Fe}\rightarrow\gamma\text{-Fe}\rightarrow\alpha\text{-Fe}$$

　　体心　　面心　　体心

金属的同素异构转变与液态金属的结晶过程相似,它遵循液体结晶的一般规律:有一定的转变温度;转变时有过冷现象;放出或吸收热量等。需要指出的是,控制冷却速度,可以改变同素异构转变后的晶粒大小以及合金元素在晶格中的溶解度,从而改变金属的性能,这种方法具有极其重要的意义,是热处理

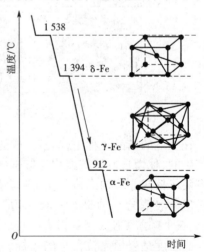

图 3.16　纯铁的冷却曲线及晶体结构变化

的重要理论之一。

思考与练习

1. 晶体缺陷有哪些？对金属材料的力学性能有什么影响？

2. 合金的结构与纯金属的结构有什么不同？合金的力学性能为什么优于纯金属？

3. 过冷度与冷却速度有何关系？它对金属的结晶过程和晶粒粗细有什么影响？

4. 试述细晶强化和固溶强化的原理，并说明它们的区别。

5. 细晶粒组织为什么具有较好的综合力学性能？细化晶粒的基本途径有哪几条？

第 4 单元　铁碳合金相图

学习目标

1. 弄清相、组织、组织组成物等基本概念。

2. 熟悉铁碳合金平衡结晶过程及室温下所得到的组织。

任务要求

在目前使用的工程材料中,合金占有十分重要的位置。合金的结晶过程与内部组织远比纯金属复杂。同一合金系,合金的组织随化学成分的不同而变化;同一成分的合金,其组织则随温度不同而变化。同学们想一想,能否通过一个图形全面了解合金的组织随成分、温度变化的规律？

任务分析

大家可以对合金系中不同成分的合金进行实验,测定冷却曲线,观察并分析其在缓慢加热、冷却过程中内部组织的变化,然后组合绘制成图。这种表示在平衡条件下合金的成分、温度与其相和组织状态之间关系的图形,称为合金相图。利用相图不仅可以分析平衡态的组织变化,制定材料生产和处理的工艺,而且可以用来研制、开发新材料。对材料工作者来说,相图是一种不可缺少的工具。钢铁材料(又称铁碳合金)是工业生产和日常生活中应用最广泛的合金材料,下面学习铁碳合金相图。

相关新知识

一、铁碳合金的基本相

铁碳合金在液态时可以无限互溶,在固态时碳能溶解于铁的晶格中,形成间隙固溶体。当含碳量超过铁的溶解度时,多余的碳便与铁形成化合物 Fe_3C。现将它们的相结构及性能介绍如下。

（一）液相

铁碳合金在熔化温度以上形成的均匀液体称为液相,常以符号 L 表示。

（二）铁素体

纯铁在 912 ℃以下为具有体心立方晶格的 α-Fe。碳溶于 α-Fe 中形成的间隙固溶体称为铁素体,常用符号 F 表示。铁素体又称 α 相,它的显微组织如图 4.1 所示。由于体心立方晶格的间隙小,因此碳在 α-Fe 中的溶解度很小。在 727 ℃时,溶解度最大,为 0.021 8%,在室温(20 ℃)时溶解度仅为 0.000 8%。铁素体在形成单相组织时,它的力学性能几乎和纯铁相同,其强度和硬度很低,但塑性和韧性很好。

（三）奥氏体

纯铁在 912～1 394 ℃之间为面心立方晶格的 γ-Fe。碳溶于 γ-Fe 中形成的间隙固溶体称为奥氏体,常用符号 A 表示。奥氏体又称 γ 相,它的显微组织如图 4.2 所示。由于面心立方晶格的间隙比体心立方晶格的大,所以碳在 γ-Fe 中的溶解度比在 α-Fe 中大。在 1 148 ℃时溶解度最大,为 2.11%。随着温度的降低,溶解度也逐渐降低,在 727 ℃时,溶解度为 0.77%。奥氏体具有一定的硬度(170～220 HBS)、良好的塑性和低的变形能力,易于锻压成形。

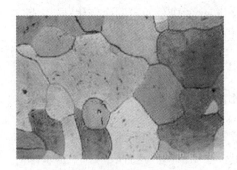

图 4.1　铁素体显微组织

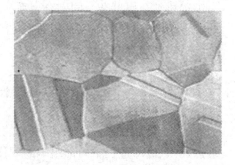

图 4.2　奥氏体显微组织

（四）渗碳体

渗碳体是铁与碳形成的金属化合物,其晶体结构比较复杂,如图 4.3 所示。它的分子式为 Fe_3C,含碳量为 6.69%。渗碳体硬度很高,而塑性和韧性几乎为零,是一种硬而脆的相。其熔点为 1 227 ℃。渗碳体是铁碳合金中的主要强化相,它的形状、大小与分布对钢的性能有很大影响。

二、Fe-Fe₃C 相图分析

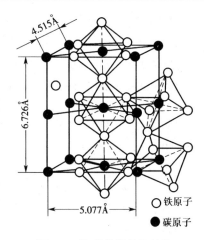

图 4.3 渗碳体的晶格结构

铁碳合金相图是表示在极缓慢冷却(或加热)情况下,不同成分的铁碳合金的状态组织随温度变化关系的一种图形。

铁碳合金相图是研究钢、铁的基本工具。由于含碳量大于 6.69% 的铁碳合金脆性极大,工业上没有实用价值,所以,目前应用的铁碳合金相图的含碳量不是 0～100% 的完整图形,而只是研究含碳 0～6.69% 的部分,即以 Fe 作为一个组元,以 Fe₃C 作为另一组元的 Fe-Fe₃C 二元合金相图,如图 4.4 所示。图中左上角部分实际应用较少,为了便于研究和分析,将此部分加以简化。图 4.5 为简化相图。

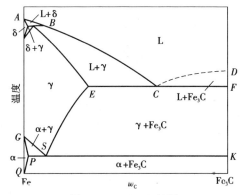

图 4.4 Fe-Fe₃C 相图

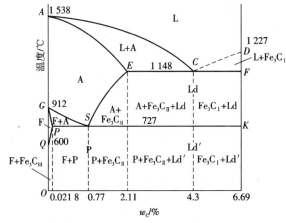

图 4.5 简化后的 Fe-Fe₃C 相图

29

（一）相图中的点

1.组元的熔点

①A 点是纯铁的熔点（1 538 ℃）。

②D 点是渗碳体的熔点（1 227 ℃）。

2.同素异构转变点

G 点是铁的同素异构转变点（912 ℃）。铁在该点发生面心立方晶格与体心立方晶格的相互转变。

3.碳在铁中的溶解度点

①E 点是碳在 γ-Fe 中的最大溶解度点，$w_C = 2.11\%$，温度为 1 148 ℃。

②P 点是碳在 α-Fe 中的最大溶解度点，$w_C = 0.021\ 8\%$，温度为 727 ℃。

③Q 点是室温下碳在 α-Fe 中的溶解度，$w_C = 0.000\ 8\%$。

4.转变点

①C 点是共晶点，液相在 1 148 ℃同时结晶出奥氏体和渗碳体。此转变称为共晶转变。共晶转变的表达式如下：

$$L \xrightarrow{\ 1\ 148\ ℃\ } \underbrace{A + Fe_3C}_{莱氏体Ld}$$

共晶转变的产物称为莱氏体，它是奥氏体和渗碳体组成的机械混合物，用 Ld 表示。

②S 点是共析点，奥氏体在 727 ℃同时析出铁素体和渗碳体。此转变称为共析转变。共析转变的表达式如下：

$$A \xrightarrow{\ 727\ ℃\ } \underbrace{F + Fe_3C}_{珠光体P}$$

共析转变的产物称为珠光体，它是铁素体和渗碳体组成的机械混合物，用 P 表示。

（二）相图中的线

①ACD 线是液相线，该线以上为完全液相。液相冷却至此开始析出晶体，加热至此全部转化为液相。

②AECF 线是固相线，该线以下是完全固相。液态合金至此线全部结晶为固相，加热至此开始转化为液相。

③ECF 线是共晶线，凡是 $w_C = 2.11\% \sim 6.69\%$ 的铁碳合金都要发生共晶转变。

④PSK 线是共析线，凡是 $w_C = 0.0218\% \sim 6.69\%$ 的铁碳合金都要发生共析转变。

⑤GS 线是冷却时奥氏体开始析出铁素体，或加热时铁素体全部溶入奥氏体的转变温度线。

⑥ES 线是碳在奥氏体中的溶解度曲线。温度升高，溶解度增加。

⑦PQ 线是碳在铁素体中的溶解度曲线。温度升高，溶解度增加。

根据相图原则,两个单相区之间必然夹一个两相区,两相区的两个相就是由这两个单相区的相组成的。

(三)相区

①单相区:简化的铁碳合金相图中有 F、A、L 和 Fe_3C 四个单相区。其中 Fe_3C 单相区退化为其垂直线段 DFK。

②两相区:简化的铁碳合金相图中有五个两相区,即 L + A 两相区、L + Fe_3C 两相区、A + Fe_3C 两相区、A + F 两相区和 F + Fe_3C 两相区。

(四)总结

从 Fe-Fe_3C 相图可知如下结论。

①某种铁碳合金在加热或冷却过程中,只发生组织的转变,而含碳量是固定的。

②随着含碳量的增加,铁碳合金的熔点先降低后增加。含碳量为 4.3% 时,熔点最低,为 1 148 ℃。

③共晶渗碳体、共析渗碳体、二次渗碳体(Fe_3C_{II})、三次渗碳体(Fe_3C_{III})、一次渗碳体(Fe_3C_I)的区别是:共晶渗碳体是发生共晶转变生成的渗碳体;共析渗碳体是发生共析转变生成的渗碳体;二次渗碳体是在 727 ℃ 以上从奥氏体沿晶界析出的渗碳体;三次渗碳体是在 727 ℃ 以下从铁素体中沿晶界析出的渗碳体;一次渗碳体是从液相直接结晶出的渗碳体。

④莱氏体的含碳量为 4.3%,珠光体的含碳量为 0.77%。

⑤727 ℃ 以下,只存在铁素体,不可能存在奥氏体。

三、典型合金结晶过程及组织

从 Fe-Fe_3C 相图可知,含碳量不同的铁碳合金,在加热和冷却过程中,其组织的变化是不同的。下面参照相图来学习合金的结晶过程。

(一)铁碳合金分类

根据铁碳合金的含碳量和室温时的组织不同,可将铁碳合金分为三大类。

1. 工业纯铁

工业纯铁是含碳量小于 0.021 8% 的铁碳合金。在其合金的平衡结晶过程中,既无共析转变,又无共晶转变。室温时的组织为铁素体和微量三次渗碳体。

2. 钢

钢为含碳量 0.021 8% ~ 2.11% 的铁碳合金。在其合金的平衡结晶过程中,有共析转变,但无共晶转变。其高温下为单相奥氏体,易于变形。根据室温组织的不同,钢又可分为以下三类。

①共析钢:含碳量为 0.77% 的钢。室温时的组织为珠光体。

②亚共析钢:含碳量小于 0.77% 的钢。室温时的组织为珠光体 + 铁素体。

③过共析钢:含碳量大于 0.77% 的钢。室温时的组织为珠光体 + 二次渗碳体。

3. 白口铸铁

白口铸铁为含碳量 2.11% ~ 6.69% 的铁碳合金。在其合金的平衡结晶过程中,有共晶转变,也必然有共析转变。它铸造性好,但硬而脆。根据室温组织的不同,白口铸铁又可以分为三类。

①共晶白口铸铁:含碳量为4.3%的白口铸铁。室温时的组织为低温莱氏体 Ld′($P + Fe_3C_{II} + Fe_3C_I$)。

②亚共晶白口铸铁:含碳量小于4.3%的白口铸铁。室温下的组织为低温莱氏体 + 珠光体 + 二次渗碳体。

③过共晶白口铸铁:含碳量大于4.3%的白口铸铁。室温下的组织为低温莱氏体 + 一次渗碳体。

(二)结晶过程

1.典型铁碳合金的平衡结晶过程

典型铁碳合金主要有六种:共析钢、亚共析钢、过共析钢、共晶白口铸铁、亚共晶白口铸铁和过共晶白口铸铁。下面以这六种典型的铁碳合金为例,进一步分析它们的平衡结晶过程和室温时的显微组织。

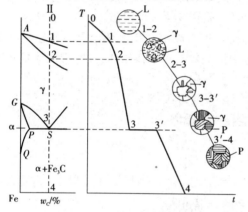

图4.6 共析钢的平衡结晶过程

(1)共析钢的结晶过程

共析钢的平衡结晶过程如图4.6所示。它在高温时处于液态,当合金 Ⅱ 冷却到 1 点时,开始从液体中结晶出奥氏体。随着温度的降低,不断结晶出奥氏体。冷却到 2 点温度时,液相全部结晶成奥氏体。从 2 至 3 点温度范围内为单相奥氏体的冷却。冷至 3 点温度(727 ℃)时,奥氏体发生共析转变,生成珠光体。图 4.7 是共析钢的显微组织。

图4.7 共析钢显微组织

(2)亚共析钢的结晶过程

亚共析钢的平衡结晶过程如图4.8所示。液态合金结晶过程与共析钢相似,为奥氏体的结晶形成与冷却。当合金Ⅲ冷至 3 点温度时,开始从奥氏体中析出铁素体,称为先析出铁素体。冷却到 4 点温度时,剩余的奥氏体发生共析转变,生成珠光体。

此时先析出的铁素体不变,所以共析转变刚结束时,合金的组织为先析出的铁素体 +
珠光体。图 4.9 为亚共析钢的显微组织。

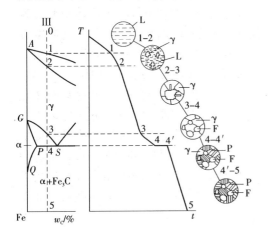

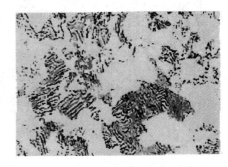

图 4.9　亚共析钢显微组织

图 4.8　亚共析钢的平衡结晶过程

（3）过共析钢的结晶过程

过共析钢的平衡结晶过程如图 4.10 所示。液态合金结晶过程与共析钢类似,为
奥氏体结晶的形成与冷却。当温度降至 3 点时,奥氏体的含碳量达到饱和而开始析
出二次渗碳体。随着温度的降低,奥氏体的相对量不断减少,二次渗碳体的相对量不
断增加。当温度降低到 4 点时,剩余奥氏体发生共析转变,生成珠光体,此时二次渗
碳体不发生变化。因此,过共析钢室温下的平衡组织为珠光体和二次渗碳。过共
析钢的显微组织如图 4.11 所示。

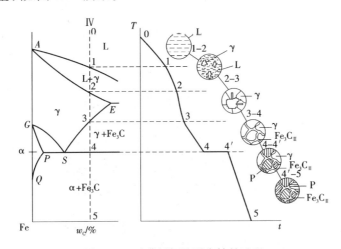

图 4.10　过共析钢的平衡结晶过程

（4）共晶白口铸铁的结晶过程

共晶白口铸铁的平衡结晶过程如图 4.12 所示。当合金 V 在 1 点以上的温度时,

图 4.11 过共析钢的显微组织

共晶白口铸铁保持均匀液相状态。当由液相缓冷到液相线 1 点温度时，开始发生共晶转变，生成莱氏体。莱氏体由共晶奥氏体和共晶渗碳体组成。由 1 点温度继续冷却，莱氏体中的奥氏体将不断析出二次渗碳体。由于二次渗碳体的析出，剩余奥氏体的含碳量不断降低，当冷却到 2 点温度（727℃）时，奥氏体的含碳量为 0.77%，在此温度下剩余奥氏体发生共析反应转变为珠光体。继续冷却，合金组织不再发生变化，共晶白口铸铁室温下的组织是由珠光体、二次渗碳体和共晶渗碳体组成的机械混合物，称为低温莱氏体，以符号 Ld′ 表示。共晶白口铸铁的显微组织如图 4.13 所示。

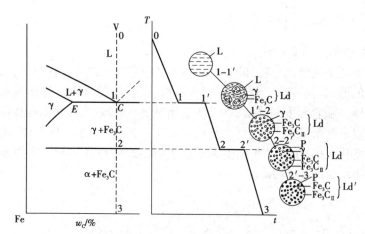

图 4.12 共晶白口铸铁的结晶过程

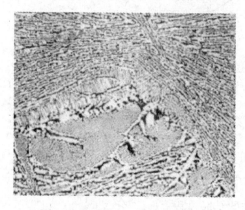

图 4.13 共晶白口铸铁显微组织

（5）亚共晶白口铸铁的结晶过程

亚共晶白口铸铁的平衡结晶过程如图4.14所示。当合金Ⅵ在1点以上的温度时,保持均匀液相状态。当由液相缓冷到液相线1点温度时,液态合金开始结晶出奥氏体,为了区别于共晶奥氏体,称之为初晶奥氏体。继续冷却,初晶奥氏体量不断增多,由于奥氏体含碳量较少,剩余液态合金的含碳量相对增加,当缓慢冷却到2点温度时,液态合金的含碳量达到4.3%,在此温度发生共晶反应,转变为莱氏体。此时合金的组织为初晶奥氏体+莱氏体。当由2点继续冷却,共晶奥氏体和初晶奥氏体都要析出二次渗碳体。当温度达到3点(727 ℃)时,所有奥氏体含碳量都下降到了0.77%,发生共析反应转变为珠光体,继续冷却,合金组织不再发生变化。所以,亚共晶白口铸铁的室温组织为珠光体+二次渗碳体+低温莱氏体。图4.15所示为亚共晶白口铸铁的显微组织。

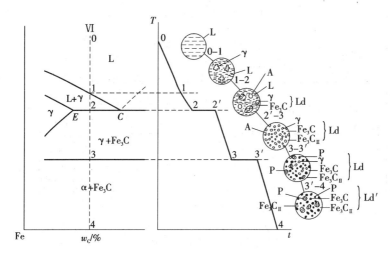

图4.14　亚共晶白口铸铁的平衡结晶过程

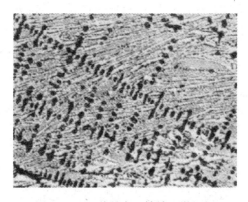

图4.15　亚共晶白口铸铁显微组织

(6)过共晶白口铸铁的结晶过程

过共晶白口铸铁的平衡结晶过程如图 4.16 所示。当合金Ⅶ在 1 点以上的温度时,保持均匀液相状态。当由液相缓冷到液相线 1 点温度时,液态合金开始结晶出一次渗碳体。继续冷却,一次渗碳体越来越多,由于渗碳体含碳量高,剩余液体合金中含碳量逐渐降低,当冷却到 2 点时,液体合金成分达到 4.3%,在此温度发生共晶反应,转变为莱氏体。这时合金由一次渗碳体和莱氏体组成。随着温度的降低,莱氏体中的奥氏体逐渐析出二次渗碳体,当温度降到 3 点时,奥氏体发生共析反应,转变为珠光体。继续冷却,合金组织不再发生变化。所以,过共晶白口铸铁室温组织为一次渗碳体和低温莱氏体所组成。图 4.17 所示为过共晶白口铸铁的显微组织。

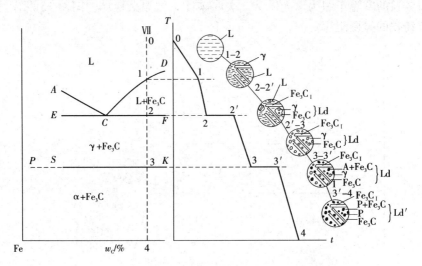

图 4.16　过共晶白口铸铁的平衡结晶过程

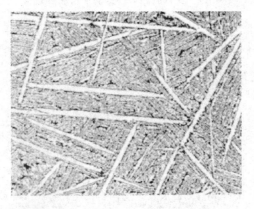

图 4.17　过共晶白口铸铁显微组织

四、含碳量与铁碳合金组织及性能的关系

从对 Fe-Fe₃C 相图的分析可知,在一定的温度下,合金的成分决定了组织,而组织又决定了合金的性能。任何铁碳合金室温组织都是由铁素体和渗碳体两相组成,但成分(含碳量)不同,组织中两个相的相对数量、相对分布及形态也不同,因而不同成分的铁碳合金具有不同的组织和性能。下面具体研究含碳量与铁碳合金组织和性能的关系。

（一）铁碳合金含碳量与组织的关系

根据对铁碳合金结晶过程中组织转变的分析,大家已经了解了在不同含碳量情况下铁碳合金的组织构成。图 4.18 表示了室温下铁碳合金中含碳量与平衡组织组成物间的定量关系。从图中可以清楚看出铁碳合金组织变化的基本规律。

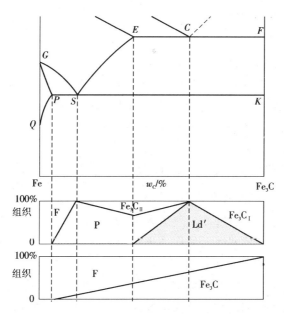

图 4.18　室温下铁碳合金的含碳量与相和组织的关系

随含碳量的增加,铁素体相逐渐减少,渗碳体相逐渐增多;组织构成也在发生变化,如亚共析钢的铁素体含量减少,而珠光体含量在增加,到共析钢就变成完全的珠光体了。

（二）铁碳合金含碳量与力学性能的关系

在铁碳合金中,碳的含量和存在形式对合金的力学性能有直接的影响。铁碳合金组织中的铁素体是软韧相,渗碳体是硬脆相。因此,铁碳合金的力学性能,决定于铁素体与渗碳体的相对量及它们的相对分布。

图 4.19 表示含碳量对缓冷状态钢力学性能的影响。随着含碳量的提高,合金的硬度直线上升,塑性和韧性逐渐降低。但是强度是先增加后降低,在含碳量为 0.9%

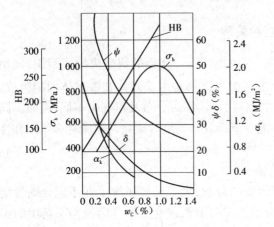

图 4.19 含碳量对缓冷钢力学性能的影响

的时候强度出现峰值。这是由于二次渗碳体量逐渐增加形成了连续的网状,从而使钢的脆性增加。如果能设法控制二次渗碳体的形态,不使其形成网状,则强度不会明显下降。

五、铁碳合金相图的应用

铁碳合金相图对生产实践具有重要意义。除了作为材料选用的参考外,还可作为制定铸造、锻造、焊接及热处理工艺的重要依据。

(一)选材方面的应用

铁碳相图总结了铁碳合金组织和性能随成分的变化规律。这样,就可以根据零件的服役条件和性能要求选择合适的材料。例如,要求塑性和韧性好,可选用低碳钢;要求强度、硬度和塑性都好的,可选用中碳钢;要求硬度高、耐磨性好的材料选用高碳钢;要求耐磨性高,不受冲击的工件用材料,可选用白口铸铁。

(二)铸造方面的应用

从 Fe-Fe$_3$C 相图可以看出,共晶成分的铁碳合金熔点最低,结晶温度范围最小,具有良好的铸造性能。因此,铸造生产中多选用接近共晶成分的铸铁。根据 Fe-Fe$_3$C 相图可以确定铸造的浇注温度,如图 4.20 所示,一般在液相线以上 50 ~ 100 ℃,铸钢(w_C = 0.15% ~ 0.6%)的熔化温度和浇注温度要高得多,其铸造性能较差,铸造工艺比铸铁的铸造工艺复杂。

(三)压力加工方面的应用

由 Fe-Fe$_3$C 相图可知,钢在高温时处于奥氏体状态,而奥氏体的强度较低,塑性好,有利于进行塑性变形。因此,钢材的锻造、轧制(热轧)等均选择在单相奥氏体的适当温度范围内进行,如图 4.20 所示。

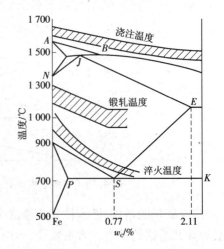

图 4.20 铁碳合金在热加工中的应用

(四)热处理方面的应用

Fe-Fe$_3$C 相图对于制定热处理工艺有着特别重要的意义。热处理常用工艺如退火、正火、淬火的加热温度都是根据 Fe-Fe$_3$C 相图确定的。这将在下一单元中详细阐述。

思考与练习

1. 说明铁素体、奥氏体、渗碳体、珠光体和莱氏体等基本组织的显微特征及其性能,分析一次渗碳体、二次渗碳体、三次渗碳体、共晶渗碳体、共析渗碳体的异同之处。

2. 默画简化的 Fe-Fe$_3$C 相图,说明图中主要点、线的意义,填出各相区的相和组织组成物。

3. 碳质量分数的改变是怎样影响铁碳合金的组织和性能的?

4. 根据 Fe-Fe$_3$C 相图,说明下列现象的原因:

①低碳钢具有较好的塑性,而高碳钢具有较好的耐磨性和硬度;

②在室温下,含碳量0.8%的钢比含碳量0.4%的钢硬度高,比含碳量1.2%的钢强度高;

③钢适于锻压成形,而铸铁不能锻压,只能铸造成形;

④绑扎物体一般用铁丝(镀锌低碳钢丝),而起重机吊重物都用钢丝绳(用60钢、65钢等制成)。

第 5 单元　非金属材料与新型材料的选择

学习目标

1. 了解常用高分子材料的种类、性能与应用。

2. 了解陶瓷材料的种类、性能与应用。

3. 了解复合材料的种类、性能与应用。

4. 了解其他新型材料。

任务要求

在你的周围,哪些材料属于非金属材料?是哪种非金属材料?非金属材料在机械制造中有哪些应用?

任务分析

长期以来,在机械工程中主要使用金属材料,特别是钢铁材料。但是随着生产的发展和科学技术的进步,金属材料已不能完全满足各种不同零件的要求,非金属材料正越来越多地应用于各类工程结构中,并且获得了巨大的技术及经济效益。

非金属材料是除金属材料以外的其他一切材料的总称,主要包括高分子材料、陶瓷材料及复合材料等。它们具有金属材料所不及的一些特异性能,如塑料的质轻、绝缘、耐磨、隔热、美观、耐腐蚀、易成形,橡胶的高弹性、吸振、耐磨、绝缘等,陶瓷的高硬度、耐高温、抗腐蚀等,加上它们的原料来源广泛,自然资源丰富,成形工艺简便,故在生产中的应用得到了迅速发展,在某些生产领域中已成为不可取代的材料。

而由几种不同材料复合的复合材料,不仅保留了各自优点,而且能得到单一材料无法比拟的、优越的综合性能,成为一类很有发展前途的新型工程材料。

本单元介绍的是关于非金属材料与新型材料选择方面的问题,因此需要学习以下相关新知识。

相关新知识

一、高分子材料

高分子化合物包括有机高分子化合物和无机高分子化合物两大类,有机高分子有合成的和天然的。工程中使用的有机高分子材料主要是人工合成的高分子聚合物,简称高聚物。

（一）高聚物的人工合成

由单体聚合成的高分子化合物,是通过聚合反应由低分子化合物结合形成的。聚合反应有加聚反应和缩聚反应两种。

1. 加聚反应

加聚反应是由一种或多种单体相互加成而形成聚合物的反应。其中,由一种单体经过加聚反应形成的高分子化合物（高聚物）称为均聚物,如产量很大、用途很广的聚乙烯、聚氯乙烯、聚四氟乙烯等都是均聚物。这类聚合物的使用往往有比较大的局限性,甚至有明显的不足,不能满足很多工件的使用要求。将两种或两种以上单体通过加聚反应生成的高聚物,称为共聚物。通过共聚反应生成共聚物是改善均聚物性能、创造新品种高分子材料的重要途径。如耐磨性能较好的丁苯橡胶是丁二烯和苯乙烯的共聚物,腈纶（人造毛）是由丙烯腈和丙烯酸甲酯共聚而成的。

在加聚反应中没有低分子物质（如水、氨、卤化氢等）的析出,因此加聚反应生成的高分子化合物和原料单体具有相同的成分。

2. 缩聚反应

缩聚反应是由一种或多种单体相互混合而连接成聚合物,同时析出某种低分子物质（如水、氨、卤化氢等）的反应。通过缩聚反应合成的高分子材料有环氧树脂、酚醛树脂、聚苯醚、涤纶以及芳香尼龙等。

　　缩聚反应因其特有的反应规律和产物结构上的多样性,是合成杂链聚合物,即在大分子主链上引进 O、N、S、Si 等原子的重要途径,对改善聚合物性能和发展新品种都具有非常重要的意义。在近代技术的发展中,性能要求严格和特殊的新型耐热高分子材料,如聚酰亚胺、尼龙等都是由缩聚来合成的。在缩聚反应的过程中,由于有低分子物质析出,所以反应所得高分子化合物和原料单体具有不同的成分。

　　(二)有机高分子材料组成及性能特点

　　1.有机高分子材料的组成

　　有机高分子材料以高聚物为主要组分,再添加各种辅助组分而成。前者称为基料,例如合成高聚物(树脂、生橡胶)等;后者称为添加剂,例如填充剂、增塑剂、软化剂、固化剂、稳定剂、防老化剂、润滑剂、发泡剂和着色剂等。

　　基料是主要组分,对高分子材料起决定性作用;添加剂是辅助组分,对材料起改善性能、补充性能的作用。

　　2.有机高分子材料的性能特点

　　由于结构的层次多,状态的多重性以及对温度和时间较为敏感,高分子材料的许多性能相对不够稳定,变化幅度较大,它的力学、物理及化学性能都具有某些明显的特点。

　　(1)高弹性

　　无定型和部分晶态高分子材料在玻璃化温度以上时,由于其链段能自由运动,从而表现出很高的弹性。其弹性与金属材料在数量上存在巨大差别,说明它们之间在本质上是不同的。高分子材料的高弹性决定于分子链的柔顺性,且与分子量及分子间交联密度紧密相关。

　　(2)重量轻

　　高分子材料是最轻的一类材料,一般密度在 $1.0 \sim 2.0$ g/cm^3 之间,约为钢密度的 $1/8 \sim 1/4$,陶瓷密度的一半以下。最轻的塑料聚丙烯的密度为 0.91 g/cm^3。重量轻是高分子材料的优点之一,具有非常重要的实际意义。

　　(3)滞弹性

　　某些高分子材料的高弹性表现出强烈的时间依赖性,即应变不随应力即时建立平衡,而有所滞后。产生滞弹性的原因是链段的运动遇到困难时,需要时间来调整构象以适应外力的要求。所以,应力作用的速度愈快,链段愈来不及作出反应,则滞弹性愈明显。滞弹性的主要表现有蠕变、应力松弛和内耗等。

　　(4)强度与断裂

　　高分子材料的强度比金属低得多,但由于其密度小,所以它的比强度还是很高的,某些高分子材料的比强度比钢铁和其他金属还高。高分子材料的实际强度远低于理论强度,预示了提高高分子材料实际强度的潜力很大,在受力的工程结构中更广泛地应用高分子材料是很有发展前途的。

　　高分子材料的断裂也有两种形式,即脆性断裂和韧性断裂。

高分子材料的力学性能对温度和时间有着强烈的依赖性,从而使得其力学性能的变化比金属材料更为复杂。

(5)韧性

由于高分子材料的塑性相对较好,因此在非金属材料中,它的韧性是比较好的。但是只有材料的强度和塑性都高时,其韧性的绝对值才可能高。而高分子材料的强度低,因此其冲击韧性值比金属低得多,一般仅为金属百分之一的数量级。这也是高分子材料不能作为重要的工程结构材料使用的主要原因之一。为了提高高分子材料的韧性,可采取提高其强度或增加其断裂伸长量等办法。

(6)减摩、耐磨性

大多数塑料对金属或塑料对塑料的摩擦系数值一般在 0.2~0.4 范围内,但有一些塑料的摩擦系数很低,如聚四氟乙烯对聚四氟乙烯的摩擦系数只有 0.04,几乎是所有固体中最低的。像尼龙、聚甲醛、聚碳酸酯等工程塑料,均有较好的摩擦性能,可用于制造轴承、轴套、机床导轨贴面等。塑料(一部分)除了摩擦系数低以外,更主要的优点是磨损率低且可以作一定的估计。其原因是它们的自润滑性能好,对工作条件及磨粒的适应性强。特别在无润滑和少润滑条件下,它们的减摩、耐磨性能是金属材料无法比拟的。

(7)绝缘性

高分子的化学键为共价键,没有自由电子和可移动的离子,不能电离,因此是良好的绝缘体,其绝缘性能与陶瓷材料相当。随着近代合成高分子材料的发展,出现了许多具有各种优异电性能的新型高分子材料,并且还出现了高分子半导体、超导体等。另外,由于高分子链细长、卷曲,在受热、声之后振动困难,所以对热、声通常也具有良好的绝缘性能。

(8)耐热性

同金属材料相比,高分子材料的耐热性是比较低的,这也是高分子材料的不足之处。热固性塑料的耐热性比热塑性塑料要高,但也一般只能在 200 ℃以下长期工作。提高高分子材料的耐热性可通过以下途径:

①增大主链的刚性,如引进较大的侧基、增大链的内旋转阻力等;

②增强分子间的作用力,如形成交联、氢键,引入较强的极性基团等;

③提高高分子的结晶度,以及加入填充剂、增强剂等。

(9)耐蚀性

由于高分子材料的大分子链都是强大的共价键结合,没有自由电子和可移动的离子,不发生电化学腐蚀,而只可能有化学腐蚀问题。但是,高分子化合物的分子链长而卷曲、缠结,链上的基团大多被包围在内部,只有少数露在外面的基团才与活性介质起反应,因此其化学稳定性相当高。高分子材料具有良好的耐蚀性能,它们能耐水、无机溶剂、酸、碱的腐蚀。

（10）老化

老化是指高分子材料在加工、储存和使用过程中，由于内外因素的综合作用，使高分子材料失去原有性能而丧失使用价值的过程。在日常生活中，高分子材料的力学、物理、化学性能衰退的老化现象是非常普遍的。有的表现为材料变硬、变脆、龟裂，有的则变软、褪色、透明度下降等。产生老化的原因主要是高分子的分子链的结构发生了降解（大分子链发生断裂或裂解的过程）或交联（分子链之间生成新的化学键，形成网状结构）。影响老化的内在因素主要是其化学结构、分子链结构和聚集态结构中的各种弱点。外在因素有：热、光、辐射、应力等物理因素；水、氧、酸、碱、盐等化学因素；昆虫、微生物等生物因素。老化现象是一个影响高分子材料使用的严重缺点，应采取积极有效的措施来提高高分子材料的抗老化能力。

为了获得具有各种性能的高分子材料，可根据需要向高分子材料中掺入其他一些物质（高分子化合物或其他低分子物质）组成更加复杂的混合物体系，形成"复合物"。这类材料类似金属材料中多相组织的合金。这种方法已成为开发新型高分子材料的重要途径。如在脆性高分子材料中掺入增塑剂可显著改善其韧性和塑性成形的能力；如掺铁、铜可提高高分子材料的承载能力和导热性；掺入石棉、云母可提高其耐热性和绝缘性等。目前，高分子材料一般只能用于制造一些受力不大的零件和构件，大都需经复合增强后才能作为承受较大载荷的工程材料使用。研究表明，改善高分子材料性能的主要途径有：增大高分子材料的分子量；提高高分子化合物的结晶度；使高分子材料中各分子链之间形成新的强化学键，彼此交联成为体型高分子；在大分子链中接入阻碍链自旋的原子或原子团，也可在链上接大的侧基，使其变为刚性链。

（三）有机高分子材料种类

高分子材料主要有塑料、合成橡胶、合成纤维、胶黏剂及涂料等。下面只介绍在机械工业中应用广泛的塑料和合成橡胶。

1. 塑料

塑料是以合成树脂为主要成分，加入各种添加剂，在加工过程中能塑制成形的有机高分子材料。它具有质轻、绝缘、减摩、耐蚀、消音、吸振、价廉、美观等优点，已成为人们日常生活中不可缺少的材料之一，并且越来越多地应用于各工业部门及各类工程结构中。

（1）塑料的组成

塑料是合成树脂和其他添加剂的组成物。其中合成树脂是塑料的主要成分，它对塑料的性能起着决定性的作用。添加剂是为了改善塑料的某些性能而加入的物质，各种添加剂的加入与否及加入量的多少，需根据塑料的性能和用途来确定。

1）合成树脂

它是由低分子化合物通过加聚反应或缩聚反应合成的高分子化合物。在常温下呈固态或黏稠液态，受热后软化或呈熔融状态。它可把其他添加剂黏结起来，故又称黏料。单一组分的塑料中树脂几乎达100%,多组分塑料中,树脂含量一般为30% ~ 70%。而且,大多数塑料都是以树脂名称来命名的,如聚氯乙烯塑料的树脂就是聚氯乙烯。

2)添加剂

添加剂种类很多,作用各异。

①填充剂。填充剂又称填料,它赋予塑料各种不同的性能,并可降低塑料的成本,是塑料中又一重要组分。填料的品种很多,性能各异。不同塑料在加入不同的填料后,对其性能的改进程度均有所不同。一般来说,以有机材料作填料可提高塑料的强度;以无机物作填料则可使塑料具有较高的耐磨、耐蚀、耐热、导热及自润滑性等。如石棉纤维、玻璃纤维等可提高强度;云母可增强电绝缘性;铜、银金属粉末可改善导电性;石墨可改善塑料的摩擦和磨损性能。

②增塑剂。其作用是进一步提高树脂的可塑性,以增加塑料在成形时的流动性,并赋予制品以柔软性和弹性,减少脆性,还可改善塑料的加工工艺性。如在聚氯乙烯中加入适量的磷苯二甲酸二丁酯增塑剂后,就可制得软质聚氯乙烯薄膜、人造革等。增塑剂含量过高会降低塑料的刚度,故其在塑料中含量一般为5% ~ 20%。

③固化剂。它通过与树脂中的不饱和键或反应基团作用,使各条大分子链相互交联,让受热可塑的线型结构变成体型(网状)的热稳定结构,成形后获得坚硬的塑料制品。为了加速固化,常与促进剂配合使用。

④稳定剂。防止某些塑料在成形加工和使用过程中受光、热等外界因素影响而使分子链断裂,分子结构变化,性能变差(即老化)。稳定剂的加入可延长塑料制品的使用寿命。其用量一般为千分之几。

⑤着色剂。装饰用塑料常要求有一定的色泽和鲜艳外观,着色剂则使塑料具有各种不同的颜色,以适应使用要求。着色剂有有机染料和无机染料两大类。它应色泽鲜艳,易于着色,耐热耐晒,与塑料结合牢固,在加工成形温度下不变色,不起化学反应,加入后不降低塑料性能,价格便宜等。

另外,还有其他种类的添加剂如润滑剂、发泡剂、防静电剂、阻燃剂、稀释剂、芳香剂等。

(2)塑料的分类

塑料的种类繁多,分类方法也多种多样。

1)按塑料受热后所表现的性能分

按受热后所表现的性能不同,塑料可分为热塑性塑料和热固性塑料两大类。

①热塑性塑料的合成树脂的分子链具有线型结构,柔顺性好,经加热后软化并熔融成为流动的黏稠液体,冷却后即成形固化。此过程是物理变化,其化学结构基本不发生改变,可反复多次进行,其性能并不发生显著变化。如聚乙烯、聚氯乙烯、聚酰胺(尼龙)等均属热塑性塑料。这类塑料的优点是成形加工简便,具有较高的力学性能,缺点是刚性及耐热性较差。

②热固性塑料在受热后软化,冷却后成形固化,发生化学变化,再加热时不再转化(即变化是不可逆的)。如酚醛、环氧、氨基塑料及有机硅塑料等均属热固性塑料。这类塑料具有耐热性高,受压不易变形等优点。缺点是脆性较大,力学性能不好,但可通过加入填料或磨压塑料以提高其强度,成形工艺复杂,生产效率低。

2)按应用范围分

按应用范围不同,塑料可分为通用塑料和工程塑料两大类。

①通用塑料指产量大,用途广,价格低廉,通用性强的聚乙烯、聚氯乙烯、聚苯乙烯、聚丙烯、酚醛塑料和氨基塑料等六大品种,它们占塑料总产量的 3/4 以上。

②工程塑料力学性能比较好,可以代替金属在工程结构和机械设备中应用,它们通常具有较高的强度、刚度和韧性,而且耐热、耐辐射、耐蚀性能以及尺寸稳定性能好。常用的有聚酰胺(尼龙)、聚甲醛、酚醛塑料、有机玻璃、ABS 等。

(3)常用工程塑料的性能及应用

常用工程塑料的力学性能及应用见表 5.1。由表可见,工程塑料相对金属来说,具有密度小,比强度高,耐腐蚀,电绝缘性好,减摩、减振、消音、耐磨性好等优点;也有强度低、耐热性差(一般仅能在 100 ℃ 以下长期工作,只有少数能在 200 ℃ 左右温度下工作)、热膨胀系数很大(约为金属的 10 倍)、导热性很差以及易老化、易燃烧等缺点,这些都有待进一步研究和探索,逐步得到改善。

表 5.1 常用塑料的力学性能及应用

塑料名称	抗拉强度 /MPa	抗压强度 /MPa	抗弯强度 /MPa	冲击韧性 /(kJ/m²)	使用温度 /℃	应 用
聚乙烯	8～36	20～25	20～45	>2	-70～100	一般机械构件,电缆包覆,耐蚀、耐磨涂层等
聚丙烯	40～49	40～60	30～50	5～10	-35～121	一般机械零件,高频绝缘,电缆、电线包覆等
聚氯乙烯	30～60	60～90	70～110	4～11	-15～55	化工耐蚀构件,一般绝缘,薄膜、电缆套管等
聚苯乙烯	≥60	—	70～80	12～16	-30～75	高频绝缘,耐蚀及装饰,也可作一般构件
ABS	21～63	18～70	25～97	6～53	-40～90	一般构件、减摩、耐磨、传动件,一般化工装置、管道、容器等
聚酰胺	45～90	70～120	50～110	4～15	<100	一般构件、减摩、耐磨、传动件,高压油润滑密封圈,金属防蚀、耐磨涂层等
聚甲醛	60～75	125	100	6	-40～100	一般构件、减摩、耐磨、传动件,绝缘、耐蚀件及化工容器等
聚碳酸酯	55～70	85	100	65～75	-100～130	耐磨、受力、受冲击的机械和仪表零件,透明、绝缘件等
聚四氟乙烯	21～28	7	11～14	98	-180～260	耐蚀件、耐磨件、密封件、高温绝缘件等
聚砜	70	100	105	5	-100～150	高强度耐热件、绝缘件、高频印刷电路板等

续表

塑料名称	抗拉强度 /MPa	抗压强度 /MPa	抗弯强度 /MPa	冲击韧性 /(kJ/m²)	使用温度 /℃	应 用
有机玻璃	42～50	80～126	75～135	1～6	-60～100	透明件、装饰件、绝缘件等
酚醛塑料	21～56	105～245	56～84	0.05～0.82	-110～200	一般构件,水润滑轴承、绝缘件、耐蚀衬里等,可作复合材料
环氧塑料	56～70	84～140	105～126	5	-80～155	塑料模、精密模、仪表构件、电气元件的灌注、金属涂覆、包封、修补,可作复合材料

2. 橡胶

橡胶是一种天然的或人工合成的高分子弹性体。橡胶的主要成分是生橡胶(天然的或合成的)。生橡胶是一种不饱和的橡胶烃,它是线型的或含有支链型的长链状高分子,分子中有不稳定的双键存在,故性能上有很多缺点,如受热发黏、遇冷变硬,只能在 5～35℃范围内保持弹性,而且强度差、不耐磨,也不耐溶剂腐蚀。所以不能直接用来制造橡胶制品。工业上使用的橡胶制品是在生橡胶中加入各种添加剂(填料、增塑剂、硫化剂、硫化促进剂、防老化剂等),经过加热、加压的硫化处理,使各高分子链间相互交联成网状结构而得到的产品。此外,某些特种用途的橡胶,还添加了其他一些专门的配合剂(发泡剂、硬化剂等)。经硫化处理后,克服了橡胶因温度上升而变软发黏的缺点,并且还大幅度地提高了它的力学性能。

(1)橡胶的分类

橡胶通常有两种分类方法。

1)按原料来源分

橡胶按原料来源可分为天然橡胶和合成橡胶两大类。

①天然橡胶是一种从天然植物中采集到的以聚异戊二烯为主要成分的高分子化合物。这种橡胶弹性、耐磨性、加工性能都很好,其综合力学性能优于多数合成橡胶,但耐氧、耐油、耐热性差,抗酸、碱的腐蚀能力低,容易老化变质,主要用于制造轮胎及通用制品。

②合成橡胶是从石油、天然气或农副产品中提炼出某些低分子的不饱和烃作原料,制成"单体"物质,然后经过复杂的化学反应聚合而成的高分子化合物,故有人造橡胶之称。它通常具有比天然橡胶更优异的性能,原料来源充足,价格便宜,在生产中应用更为广泛。合成橡胶的品种很多,如丁苯橡胶、顺丁橡胶、异戊橡胶等。

2)按应用范围分

根据橡胶应用范围不同,可将其分为通用橡胶和特种橡胶两大类。

①通用橡胶是指产量大、应用广,在使用上一般无特殊性能要求的通用性橡胶。它主要用于制造轮胎、工业用品及日用品,如天然橡胶、丁苯橡胶、顺丁橡胶等。

②特种橡胶是指用于制造在高温、低温、酸、碱、油、辐射等特殊条件下使用的零部件的橡胶,如乙丙橡胶、硅橡胶、氟橡胶等。

（2）常用橡胶的性能及应用

常用橡胶的性能及应用见表5.2。由表可见，在机械工业中，橡胶主要应用于动、静态密封件，如管道接口密封；减振防振件，如汽车底盘橡胶弹簧、机座减振垫片；传动件，如三角胶带、特制O形圈；运输胶带和管道；电线、电缆和电工绝缘材料；滚动件，如各种轮胎；耐辐射、防霉、制动、导电、导磁等特性的橡胶制品。

表5.2　常用橡胶材料的性能及应用

品　种	优　点	缺　点	应　用
天然橡胶（NR）	弹性高、抗撕裂性能优良，加工性能好，易与其他材料相混合，耐磨性良好	耐油、耐溶剂性差，易老化，不适用于100 ℃以上	轮胎、通用制品
丁苯橡胶（SBR）	与天然橡胶性能相近，耐磨性突出，耐热性、耐老化性较好	生胶强度低，加工性能较天然橡胶差	轮胎、胶板、胶布、通用制品
丁腈橡胶（NBR）	耐油性好，耐水，气密	耐寒性、耐臭氧性较差，加工性不好	输油管、耐油密封垫圈及一般耐油制品
氯丁橡胶（CR）	耐酸、耐碱、耐油、耐燃、耐臭氧和大气老化	电绝缘性差，加工时易粘辊、粘模	胶管、胶带、胶黏剂、一般制品
丁基橡胶（HR）	气密性、耐老化性和耐热性最好，耐酸、耐碱性良好	弹性大、加工性差、耐光老化性差	内胎、外胎、化工衬里及防振制品
乙丙橡胶（EPDM）	耐燃、耐臭氧、耐龟裂性好，电性能好	耐油性差，不易硫化	耐热、散热胶管、胶带，汽车配件及其他工业制品
硅橡胶（SI）	耐热、耐寒，绝缘性好	强度低	耐高低温制品，印膜材料
聚氨酯橡胶（UR）	耐油、耐磨耗、耐老化、耐水，强度和耐热性好	耐水、耐酸碱性差，高温性能差	胶轮、实心轮胎、齿轮带及耐磨制品

为了保持橡胶的高弹性，延长其使用寿命，在橡胶的储存、使用和保管过程中要注意以下问题。

①光、氧、热及重复的屈挠作用，都会损害橡胶的弹性，应注意防护。

②橡胶中如含有少量变价金属（铜、铁、锰）的盐类，都会加速其老化。

③根据需要选用合适的橡胶配方。

④不使用时，尽可能使橡胶件处于松弛状态。

⑤在运输和储存过程中，避免日晒雨淋，保持干燥清洁，避免与酸、碱、汽油、有机溶剂等物质接触。

⑥在存放或使用时，要远离热源。

⑦橡胶件如断裂，可用室温硫化胶浆胶结。

二、陶瓷材料

（一）陶瓷材料概述

陶瓷是一种无机非金属固体材料，大体上可分为传统陶瓷和特种陶瓷两大类。

传统陶瓷是以黏土、长石和石英等天然原料,经粉碎、成形和烧结而制成。因此,传统陶瓷又称为硅酸盐陶瓷。传统陶瓷主要用于日用、建筑、卫生陶瓷用品以及工业上应用的低压和高压陶瓷、耐酸陶瓷、过滤陶瓷等。特种陶瓷则是以纯度较高的人工化合物为原料(如氧化物、氮化物、硼化物等),经配料、成形、烧结而制得的陶瓷。它具有独特的力学、物理、化学、电、磁、光学性能,因而又被称为现代陶瓷或新型陶瓷。

陶瓷材料具有熔点高、硬度高、化学稳定性好、耐高温、耐腐蚀、耐磨损、绝缘等优点;某些特种陶瓷还具有导电、导热、导磁、透明、超高频绝缘、红外线透过率高等特性以及压电、声光、激光等能量转换的功能。但陶瓷脆性大、韧性低、不能承受冲击载荷,抗急冷、急热性能差。同时还存在成形精度差、装配性能不良、难以修复等缺点,因而在一定程度上限制了它的使用。

陶瓷主要用于化工、机械、冶金、能源、电子和一些新技术中。尤其在某些特殊场合,陶瓷是唯一能选用的材料。例如内燃机的火花塞,引爆时瞬间温度可达 2 500 ℃,并要求绝缘和耐化学腐蚀,这种工作条件,金属材料与高分子材料都不能胜任,唯有陶瓷材料最合适。现代陶瓷是国防、航天等高科技领域中不可缺少的高温结构材料和功能材料。

陶瓷材料既是最古老的传统材料,又是最年轻的近代新型材料。它和金属材料、高分子材料一起,构成了工程材料三大支柱。

(二)陶瓷材料的结构特点

与金属材料、高分子材料一样,陶瓷材料的性能也是由其化学组成和内部组织结构决定的。但陶瓷内部组织结构比较复杂,一般情况下,在烧结温度下,陶瓷内部各种物理、化学转变以及扩散过程都不能充分进行。所以陶瓷和金属不同,一般都是非平衡的组织,且组织很不均匀,很复杂,难以从相图上去分析。

在陶瓷内部结构中,主要以离子键和共价键结合,并且通常是由上述两种键混合组成。而以离子键结合的陶瓷材料,一般情况下其离子半径很小,离子电价较高,键的结合力大,正负离子的结合非常牢固,抵抗外力弹性变形、刻划和压入的能力很强,所以表现出很高的硬度和弹性模量。部分陶瓷虽然是由共价键组成的共价晶体,但它却与高分子化合物的共价键不同,它们的共价电子分布不对称,往往倾向于"堆积"在负电性大的离子那一边,称为"极化效应"。极化的共价键具有一定的离子键特性,常常使结合更加牢固,具有相当高的结合能,因此也同样表现出硬度高、弹性模量大的性能特点。

陶瓷是一种多晶固体材料,它的内部组织结构较为复杂,一般是由晶相、玻璃相和气相组成。这些相的结构、数量、晶粒大小、形态、结晶特性、分布状况、晶界及表面特征的不同,都会对陶瓷的性能产生重要影响。

(三)陶瓷材料的性能特点

陶瓷材料的性能主要包括力学性能、热性能、化学性能、电性能、磁性能以及光学性能等方面。

1. 力学性能

(1) 硬度高、耐磨性好

大多数陶瓷的硬度远高于金属材料,其硬度大都在 1 500 HV 以上,而淬火钢只有 500 ~ 800 HV。陶瓷的硬度随温度的升高而降低,但在高温下仍有较高的数值。陶瓷的耐磨性也好,常用来制作耐磨零件,如轴承、刀具等。

(2) 高的抗压强度、低的抗拉强度

陶瓷由于内部存在大量气孔,其致密程度远不及金属高,且气孔在拉应力作用下易于扩展而导致脆断,故抗拉强度低。但在受压时,气孔不会导致裂纹的扩展,因而陶瓷的抗压强度还是较高的。

(3) 塑性和韧性极低

由于陶瓷晶体一般为离子键或共价键结合,其滑移系要比金属材料少得多,因此大多数陶瓷材料在常温下受外力作用时几乎不产生塑性变形,而是在一定弹性变形后直接发生脆性断裂。又由于陶瓷中存在气相,所以其冲击韧性和断裂韧度要比金属材料低得多。如 45 钢的 K_{IC} 约为 90 MPa·$m^{1/2}$,而氮化硅陶瓷的 K_{IC} 则仅有 4.5 ~ 5.7 MPa·$m^{1/2}$。脆性是陶瓷材料的最大缺点,是阻碍其作为工程结构材料广泛使用的主要问题。可通过以下几方面来改善陶瓷的韧性:消除陶瓷表面的微裂纹;使陶瓷表面承受压应力;防止陶瓷中特别是表面上产生缺陷。

2. 热性能

(1) 熔点高

陶瓷由于离子键和共价键强有力的键合,其熔点一般都高于金属,大多在 2 000 ℃ 以上,有的甚至可达 3 000 ℃ 左右,因此,它是工程上常用的耐高温材料。

(2) 优良高温强度和低抗热震性

多数金属在 1 000 ℃ 以上高温即丧失强度,而陶瓷却仍能在此高温下保持其室温强度,并且多数陶瓷的高温抗蠕变能力强。但当温度剧烈变化时,陶瓷易破裂,即它的抗热震性能低。

(3) 低的热导率、低的热容量

陶瓷的热传导主要靠原子、离子或分子的热振动来完成的,所以,大多数陶瓷的热导率低,且随温度升高而下降。陶瓷的热容随温度升高而增加,但总的来说较小,且气孔率大的陶瓷热容更小。

3. 化学性能

陶瓷是离子晶体,其金属原子被周围的非金属元素(氧原子)所包围,屏蔽于非金属原子的间隙之中,形成极为稳定的化学结构。因此,它不但在室温下不会与介质中的氧发生反应,而且在高温下(即使 1 000 ℃ 以上)也不易被氧化,所以具有很高的耐火性能及不可燃烧性,是非常好的耐火材料。并且陶瓷对酸、碱、盐类以及熔融的有色金属均有较强的抗蚀能力。

4. 电学性能

陶瓷有较高的电阻率、较小的介电常数和介电损耗,是优良的电绝缘材料。只有当温度升高到熔点附近时,才表现出一定的导电能力。随着科学技术的发展,在新型陶瓷中已经出现了一批具有各种电性能的产品,如经高温烧结的氧化锡就是半导体,可作整流器,还有些半导体陶瓷,可用来制作热敏电阻、光敏电阻等敏感元件;铁电陶瓷(钛酸钡和其他类似的钙钛矿结构)具有较高的介电常数,可用来制作较小的电容器;压电陶瓷则具有由电能转换成机械能的特性,可用作电唱机、扩音机中的换能器以及无损检测用的超声波仪器等。

5. 磁学性能

通常被称为铁氧体的磁性陶瓷材料(如 Fe_3O_4、$CuFe_2O_4$ 等)在唱片和录音磁带、变压器铁芯、大型计算机的记忆元件等方面应用广泛。

6. 光学性能

陶瓷作为功能材料,还具有特殊光学性能,如固体激光材料、光导纤维、光储存材料等。它们对通信、摄影、激光技术和电子计算机技术的发展有很大的影响。近代透明陶瓷的出现,是光学材料的重大突破,现已广泛用于高压钠灯灯管、耐高温及辐射的工作窗口、整流罩以及高温透镜等工业领域。

(四)常用的工程陶瓷材料

1. 普通陶瓷

它是由天然原料配制、成形和烧结而成的黏土类陶瓷,质地坚硬,绝缘性、耐蚀性、工艺性都好,可耐 1 200 ℃高温,且成本低廉。普通陶瓷的使用温度一般为 -15～100 ℃,冷热骤变温差不大于 50 ℃,且它抗拉强度低,脆性大。除用作日用陶瓷外,工业上主要用作绝缘的电瓷和对酸碱有耐蚀性的化学瓷,有时也可作承载较低的结构零件用瓷。

2. 氧化铝陶瓷

氧化铝陶瓷是一种以 Al_2O_3 为主要成分(一般含量在 45%以上)的陶瓷,又称高铝瓷。其玻璃相和气相含量极少,故硬度高,强度大,抗化学腐蚀能力和介电性能好,且耐高温(熔点为 2 050 ℃),力学性能一般随氧化铝(Al_2O_3)含量提高而改善。但其脆性大,抗冲击性差,抗热震性能低。氧化瓷主要用作高温器皿、电绝缘及电真空器件,也用作磨料和高速刀具等。近年来出现的微晶刚玉瓷、氧化铝金属瓷等,进一步提高了氧化铝瓷的性能,它们的强度、耐磨性、抗热震性能更高。广泛用于制造高温测温热电偶绝缘套管,耐磨、耐蚀用水泵、拉丝模及加工淬火钢的刀具等。

3. 氮化硅陶瓷

氮化硅陶瓷是将硅粉经反应烧结或将 Si_3N_4 经热压烧结而成的一种新型陶瓷。它们都是以共价键为主的化合物,原子间结合牢固,因此,这类陶瓷化学稳定性好,硬度高,耐磨性好,摩擦系数小并能自润滑;具有良好的耐蚀、耐高温、抗热震性和耐疲劳性能,在空气中使用到 1 200 ℃以上其强度几乎不变;线膨胀系数比其他陶瓷材料小,有良好的电绝缘性和耐辐射性能。反应烧结的氮化硅陶瓷,其生坯经烧结成形后,收缩率极小,一般不需研磨加工即可使用。它适于制造形状复杂、尺寸精确的零件,且成本较低,如耐蚀泵密封环、热电偶套管、阀芯等。热压氮化硅陶瓷的力学性能比反应烧结氮化硅瓷好,但只能制造形状简单的制品,如用于转子发动机中的刮片、高温轴承等。

近年来在 Si_3N_4 中添加一定数量的 Al_2O_3,合成一种 Si-Al-O-N 系统的新型陶瓷材料,称为赛隆陶瓷。这类材料可用常压烧结方法达到接近热压氮化硅瓷的性能,是目前强度最高的陶瓷材料,并兼有优异的化学稳定性、耐磨性及良好的热稳定性。

4. 碳化硅陶瓷

碳化硅陶瓷是采用石英和碳为原料,经高温烧结而成的一种陶瓷。碳化硅瓷的最大特点是高温强度很大。它的抗弯强度在 1 400 ℃ 高温下仍可保持 500 ~ 600 MPa 的水平,而其他陶瓷材料在 1 200 ~ 1 400 ℃ 时高温强度就已开始显著下降,因此,热压碳化硅瓷是目前高温强度最高的陶瓷材料之一。此外,它的热导率高,热稳定性好,同时耐磨、耐蚀、抗蠕变性能好,其综合性能不低于氮化硅陶瓷。它主要用于制作高温强度要求高的结构零件,如火箭尾部喷嘴、热电偶套管、炉管等;以及要求热传导能力高的零件,如高温下的热交换器、核燃料的包封材料等。

5. 氮化硼陶瓷

氮化硼陶瓷是将氮化硼(BN)粉末经冷压或热压烧结而成的一种陶瓷。其晶体结构属六方晶型,结构与石墨相似,故又有"白石墨"之称。六方氮化硼是氮化硼瓷的主晶相,具有很好的耐热性(在氮气或惰性气氛中最高使用温度可达2 800 ℃),有良好的化学稳定性、抗热震性和电绝缘性,还具有较好的机械加工性能。主要用于制造高频电绝缘材料、半导体的散热绝缘零件、高温轴衬耐磨零件、熔炼特种金属材料的坩埚和热电偶套管等。

以六方氮化硼为原料,经碱金属触媒作用,并在高温、高压下转化为立方氮化硼。立方氮化硼晶格结构非常牢固,其硬度仅次于金刚石,是优良的耐磨材料,可作为砂轮磨料用于磨削既硬又韧的高速钢、模具钢、耐热钢,并可制成超硬刀具。

三、复合材料

(一)复合材料概述

复合材料是由两种或两种以上不同化学性质或不同组织结构的材料经人工组合而成的合成材料。它通常具有多相结构,其中一类组成物(或相)为基体,起黏结作用;另一类组成物为增强相,起提高强度和韧性的作用。

自然界中,许多物质都可称为复合材料,如树木是由纤维素和木质素复合而成的,纤维素抗拉强度大,比较柔软,木质素则将众多纤维黏结成刚性体;动物的骨骼是由硬而脆的无机磷酸盐和软而韧的蛋白质骨胶组成的复合材料。人们早就利用复合原理,在生产中创造了许多人工复合材料,如混凝土是由水泥、沙子、石头组成的复合材料;轮胎是纤维和橡胶的复合体等。

复合材料既保持了各组分材料的性能特点,同时通过叠加效应,使各组分之间取长补短,相互协同,形成优于原材料的特性,取得多种优异性能,这是任何单一材料所无法比拟的。例如玻璃和树脂的强度和韧性都很低,可是由它们组成的复合材料(玻璃钢)却具有很高的强度和韧性,而且重量轻。

通过对复合材料的研究试验和使用表明,人们不仅可复合出重量轻、力学性能高的结构材料,也能复合出具有耐磨、耐蚀、绝缘、隔热、减振、隔音、吸波、抗辐射等一系列特殊功能材料。总之,自上世纪40年代玻璃钢问世以来,复合材料获得了飞速发展,具有优越性能的新的复合材料不断涌现并获得广泛应用。复合材料的出现,开辟了一条创造新材料的有效途径,可以预计,未来人们将进入复合材料的新时代。

(二)复合材料的种类

复合材料主要有以下几种分类方法。

1.按基体类型分

①金属基复合材料,如纤维增强金属、铝聚乙烯复合薄膜等。

②高分子基复合材料,如纤维增强塑料、碳/碳复合材料、合成皮革等。

③陶瓷基复合材料,如金属陶瓷、纤维增强陶瓷、钢筋混凝土等。

2.按增强材料类型分

①纤维增强复合材料,如玻璃纤维、碳纤维、硼纤维、碳化硅纤维、难熔金属丝等。

②颗粒增强复合材料,如金属离子与塑料复合、陶瓷颗粒与金属复合等。

③层叠复合材料,如双金属、填充泡沫塑料等。

3.按复合材料用途分

①结构复合材料。通过复合,材料的力学性能得到显著提高,主要用作各类结构零件,如利用玻璃纤维优良的抗拉、抗弯、抗压及抗蠕变性能,可用来制作减摩、耐磨的机械零件。

②功能复合材料。通过复合,使材料具有其他一些特殊的物理、化学性能,从而制成一种多功能的复合材料,如雷达用玻璃钢天线罩就是具有良好透过电磁波性能的磁性复合材料。

(三)复合材料的性能

复合材料是各向异性的非匀质材料,与传统材料相比,它具有以下几种性能特点。

1.比强度与比模量高

比强度与比模量是指材料的强度、弹性模量与其相对密度之比。比强度越大,同样承载能力下零件自重越轻;比模量越大,零件的刚性越好。复合材料的比强度和比模量比金属要高得多,如硼纤维增强环氧树脂复合材料的比强度是钢的5倍,比模量是钢的4倍。表5.3为某些材料的性能比较。

表 5.3 某些材料的性能比较

材料名称	密度 /(g·cm⁻³)	弹性模量 /10²GPa	抗拉强度 /MPa	比模量 /10²m	比强度 /0.1m
钢	7.8	2 100	1 030	0.27	0.13
硬铝	2.8	750	470	0.26	0.17
玻璃钢	2.0	400	1 060	0.21	0.53
碳纤维-环氧树脂	1.45	1 400	1 500	0.21	1.03
硼纤维-环氧树脂	2.1	2 100	1 380	1.00	0.66

2. 抗疲劳性能好

纤维增强复合材料的基体中密布着大量细小纤维,当发生疲劳破坏时,裂纹的扩展要经历非常曲折和复杂的路径,且纤维与基体间的界面处能有效地阻止疲劳裂纹的进一步扩展,因此它的疲劳强度很高。如碳纤维增强塑料的疲劳强度为其抗拉强度的 70% ~80%,而金属材料一般只有 40% ~50%。图 5.1 所示为三种不同材料的抗疲劳性能比较。

3. 减振性能好

在各种动力机械中,振动问题比较突出。当外加载荷的频率与构件的自振频率相同时,会产生严重的共振现象,使构件破坏。如选用比模量大的复合材料,可提高工件的自振频率,能有效防止它在工作状态下产生共振而造成早期破坏。此外,复合材料中的纤维与基体界面间的吸振能力较强,阻尼特性好,即使外加频率与自振频率相近而产生了振动,也会很快衰减下去。如用同样尺寸和形状的梁作振动试验,金属梁需 9 s 才停止振动,而碳纤维复合材料则只需 2.5 s。图 5.2 为两种材料的振动衰减特性比较。

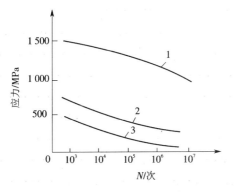

图 5.1 几种材料的疲劳曲线
1—碳纤维复合材料;2—玻璃钢;3—铝合金

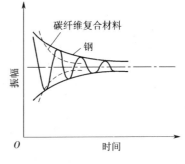

图 5.2 两种材料的振动衰减特性比较

4. 优良的高温性能

大多数增强纤维可提高耐高温性能,使材料在高温下仍保持相当高的强度。例如,铝合金在400 ℃时强度已显著下降,若以碳纤维或硼纤维增强铝材,则能显著提高材料的高温性能,400 ℃时的强度与模量几乎与室温下一样。同样,用钨纤维增强钴、镍及其合金,可将这些材料的使用温度提高到1 000 ℃以上。而石墨纤维复合材料的瞬时耐高温性可达2 000 ℃。

5. 工作安全性好

在纤维增强复合材料中,每平方厘米横截面上分布着成千上万根纤维,一旦过载,会使其中少数纤维断裂,但随即应力迅速进行重新分配,由未断的纤维将载荷承担起来,不致在短时间内造成零件整体破坏,因而提高了零件使用时的安全可靠性能。

此外,复合材料往往还具有其他一些特殊性能,如隔热、隔音、耐蚀性以及特殊的光、电、磁等性能。

(四)复合材料的增强机理

复合材料的复合不是材料间的简单组合,而是一个包括物理、化学、力学,甚至生物学的相互作用的复杂的结合过程,其增强的实质和某些规律可概括为以下内容。对于颗粒增强复合材料,承受载荷的主要是基体。细粒相的作用在于阻碍基体中位错的运动(基体是金属时)或分子链的运动(基体是高分子材料时)。增强的效果与颗粒的体积含量、分布状况、颗粒大小等有关,一般来说颗粒的直径为0.01～0.1 μm时的增强效果较好。对于纤维增强复合材料,承受载荷的主要是增强相纤维。因此,纤维应是具有强结合键的物质或硬质材料,且尺寸要细小,从而在提高复合材料强度的同时明显改善脆性。纤维处于基体之中,彼此隔离,不易受损伤,也很难在受载过程中产生裂纹,使承载能力显著增强。当材料受到很大的应力时,一些纤维可能断裂,但塑性和韧性较好的基体能阻止裂纹的扩展。另外,纤维受力断裂时,它们的断口不可能处于同一平面上,因此,欲使材料整体断裂,必须要将许多根纤维从基体中拔出,这就要克服基体对纤维的黏结力,所以材料的断裂强度得以很大的提高。还有,在不均匀的三向应力下,即使是脆性组成,也会表现出明显的塑性。综合上述原因,增强纤维与黏结基体复合时,材料可获得显著的强化效果。

(五)常用的复合材料

1. 纤维增强复合材料

纤维增强复合材料通常是以金属、塑料、陶瓷或橡胶为基体,以高强度、高弹性模量的纤维为增强材料而形成的一类复合材料。它是复合材料中最重要的一类,应用也最为广泛。它的性能主要取决于纤维的特性、含量及排布方式。增强纤维主要有玻璃纤维、碳纤维、石墨纤维、碳化硅纤维以及氮化铝、氮化硅晶须(直径几十微米的针状单晶)等。

（1）玻璃纤维复合材料

用玻璃纤维增强工程塑料的复合材料称为玻璃钢,分为热塑性玻璃钢和热固性玻璃钢两种。

①热塑性玻璃钢是以热塑性树脂为黏结材料,以玻璃纤维为增强材料制成的一类复合材料。热塑性树脂有尼龙、聚碳酸酯、聚乙烯和聚丙烯等。热塑性玻璃钢与未增强的热塑性塑料相比较,当基体相同时,其强度、冲击韧性和疲劳极限等均可提高2倍以上,接近或超过了某些金属的强度。如40%玻璃纤维增强尼龙的强度超过了铝合金而接近于镁合金。这类材料大量用于要求强度高、重量轻的机械零件,如车辆、船舶、航天航空机械等受力受热结构件、传动件和电机、电器绝缘件等。

②热固性玻璃钢是以热固性树脂为黏结材料,以玻璃纤维为增强材料制成的一类复合材料。热固性树脂有环氧树脂、氨基树脂、酚醛树脂、有机硅等。其主要优点是重量轻、比强度高、成形工艺简单、耐蚀、电波透过性好。作为结构材料它可制成板材、管材、棒材及各种成形工件,广泛应用于各工业部门。但其刚度较差,耐热性不高,容易蠕变和老化。

玻璃钢在机械工业各个方面的应用不仅可以简化加工工艺,节省工艺装备,延长使用寿命,而且还可以节约各种金属材料,降低成本,取得可观的经济效益。

（2）碳纤维复合材料

碳纤维复合材料是以树脂为基体材料,碳纤维为增强材料的一类新型结构复合材料。常用树脂有环氧树脂、酚醛树脂和聚四氟乙烯等。碳纤维比玻璃纤维具有更高的强度和弹性模量,并且在2 000 ℃以上的高温下仍能保持不变,耐寒性也相当高,所以,碳纤维是一种比较理想的增强材料。这种复合材料具有重量轻、高强度、热导系数大、摩擦系数小、抗冲击性能好、疲劳强度高、化学稳定性好等一系列优越性能。可用作各类机器中的齿轮、轴承等耐磨零件,活塞、密封圈、衬垫板等,也可用于航天航空工业中,如飞机的翼尖、起落架、直升机的旋翼以及火箭、导弹的鼻锥体、喷嘴、人造卫星支承架及天线构架等。

（3）金属纤维复合材料

作为增强纤维的金属主要是强度较高的高熔点金属钨、钼、钛、铍、不锈钢等,它们能被基体金属润湿,也能增强陶瓷基体。用金属纤维增强金属基体材料,除了强度和高温强度较高外,还具有较好的塑性和韧性,而且此类材料比较容易制造。但是,由于金属与金属之间润湿性好,在制造和使用中应避免或控制纤维与基体之间的相互扩散、沉淀析出和再结晶等过程的发展,防止材料强度和韧性的下降。用钼纤维增强钛合金复合材料的高温强度和弹性模量,比未增强的高得多,可望用于飞机的许多构件。用钨纤维增强镍基合金,可大大提高复合材料的高温强度,用它制造涡轮叶片,在提高工作温度的同时,显著提高其工作应力。另外,采用金属纤维增强陶瓷,可充分利用金属纤维的韧性和抗拉强度,有效地改善陶瓷的脆性。

2.颗粒增强复合材料

颗粒增强复合材料是由一种或多种高硬度、高强度的细小颗粒均匀分布在韧性好的基体材料中所形成的一类复合材料。增强颗粒在复合材料中的作用，随粒子的种类及尺寸大小不同而异。不同的颗粒发挥着不同的功能，如加入银、铜的细小颗粒主要提高导电、导热作用；加入 Fe_3O_4 磁粉则起着增加导磁性的作用。粒子尺寸大小不同，增强效果也不一样，一般来说颗粒越小，强化效果越显著。

按化学成分的不同，颗粒主要分为金属颗粒和陶瓷颗粒两大类，如由 Al_2O_3、MgO 等氧化物或 TiC、SiC 等碳化物陶瓷颗粒分布在金属（如 Ti、Co、Fe 等）基体中形成的金属陶瓷就是一类陶瓷颗粒复合材料。它具有高强度、耐热、耐磨、耐蚀和热膨胀系数低等特性，可用来制作高速切削刀具、火花塞、喷嘴等高温工作零件。

3.层叠复合材料

层叠复合材料是由两层或两层以上材料叠合而成的一类复合材料，各层片可由相同材料也可由不同材料组成，层叠复合材料可分为夹层结构复合材料、双层金属复合材料和金属-塑料多层复合材料三种。

（1）夹层结构复合材料

夹层结构复合材料是由两层具有较高的硬度、强度、耐磨、耐蚀及耐热性的面板与具有低密度、低热导性、隔音性及绝缘性较好的心部材料复合而成。其中心部材料有实心或蜂窝状两种。面板与心部一般采用胶黏剂胶接，若由金属材料制成，可用焊接等方法。这类材料具有较大的抗弯刚度，常用于装饰、车厢、容器外壳等。

（2）双层金属复合材料

它使用胶合或熔合等方法将性能不同的两种金属复合在一起而成，如锡基轴承合金-钢双金属层滑动轴承材料，合金钢-普通碳钢复合钢板，以及日光灯中的启辉器双金属片等。

（3）金属-塑料多层复合材料

如钢-铜-塑料三层复合无油滑动轴承材料，就是以钢为基体，烧结铜网为中间层，塑料为表面层的金属-塑料多层复合材料。它具有金属基体优良的力学性能和塑料良好的耐摩擦、减摩性低、磨损小的性能特点。这种复合材料适用于制造尺寸精度要求高的各种机器的无润滑或少润滑条件下的轴承、垫片、衬套、球座等，并且广泛应用于化工机械、矿山机械、交通运输等部门。

思考与练习

1.什么是高分子材料？高分子材料有哪些特性？

2.通常塑料由哪些组成物构成？塑料有何性能特点？还存在哪些不足之处？

3.塑料成形加工方法有哪些？各种方法有何特点？

4.与金属相比，工程塑料在结构、性能及应用上有何区别？

5. 塑料、橡胶、胶黏剂使用时各处于什么状态？这三种材料的 T_g、T_f 温度是高好还是低一些好呢？

6. 什么是橡胶制品？它有哪些特性？在使用和保养橡胶制品时应注意哪些问题？

7. 陶瓷的各组成物对其性能有何影响？

8. 试述陶瓷材料的性能特点及生产应用。

9. 什么是复合材料？它有哪些突出的性能特点？试列举一些复合材料的例子。

10. 复合材料是如何组成的？为什么说复合材料的出现，开辟了一条创造新材料的有效途径？

模块二
材料的强化与处理

第 6 单元 钢的热处理

学习目标

1. 掌握钢的热处理特点和四种整体热处理工艺方法及表面热处理。

2. 了解热处理过程中的组织转变及转变产物的形态与性能。

3. 初步具备正确选用常规热处理工艺、安排其工艺位置并进行热处理操作的能力。

任务要求

想一想:加入合金元素可以改变钢的性能,那么还有没有其他手段改变钢的性能? 一把含碳量为 1.2% 的高碳钢锉刀能不能不经过处理就直接使用?

任务分析

通过适当的热处理可以显著提高钢的力学性能,充分发挥钢材的性能潜力,保证零件的内在质量,延长零件的使用寿命。恰当的热处理工艺可以消除铸、锻、焊件等的某些缺陷,改善其工艺性能。因此,热处理在现代工业中占有重要地位。例如,在机床制造中 60% ~70% 的零件,汽车、拖拉机制造中 70% ~80% 的零件都要经过热处理;而工量模具和滚动轴承等则 100% 都需要进行热处理。下面具体介绍钢的热处理。

相关新知识

一、钢的热处理概述

钢的热处理是将钢在固态下以适当的方式进行加热、保温和冷却,以获得所需组织和性能的一种工艺方法。

热处理在机械制造工业中占有十分重要的地位。它不仅能充分发挥材料的性能潜力,提高零件使用性能,延长使用寿命,同时还可改善材料的加工工艺性能,是强化材料的重要工艺途径之一。

热处理工艺的种类很多,通常根据其加热、冷却方法的不同及钢组织和性能的变化特点分为整体热处理(如退火、正火、淬火及回火等)和表面热处理(如表面淬火和化学热处理等)两类。

　　尽管热处理种类繁多,但其基本过程都由加热、保温和冷却三个阶段组成,如图6.1所示。因此要了解各种热处理的工艺方法,首先必须研究钢在加热(包括保温)和冷却过程中的组织变化规律。

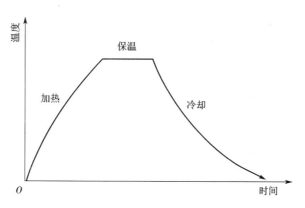

图 6.1　钢的热处理工艺曲线

(一)钢在加热时的转变

　　加热是热处理的第一道工序。加热的目的就是为了获得奥氏体。任何一种钢加热到 A_1 线以上,都要发生珠光体向奥氏体的转化,这种转变过程称为奥氏体化。由铁碳合金相图可知,奥氏体化有两种情况:一种是把钢加热到单相奥氏体区,例如把共析钢加热到 A_1 线以上一定温度范围,或者把亚共析钢加热到 A_3 线以上一定温度范围,或者把过共析钢加热到 A_{cm} 线以上一定温度范围内,经过保温后,钢的相结构会全部转变为单相奥氏体,这种转变称为完全奥氏体化;另一种情况是把钢加热到包含奥氏体的两相区温度范围内,即把亚共析钢加热到 A_1 线和 A_3 线之间的温度范围,或者把过共析钢加热到 A_1 线和 A_{cm} 线之间的温度范围,则经过保温后钢的相结构不能全部转变为奥氏体,这种转变称为不完全奥氏体化。

　　钢奥氏体化的主要目的是获得成分均匀、晶粒细小的奥氏体晶粒,为热处理的冷却阶段作好组织准备。要达到这个目的,除了要有适当的加热温度条件外,还需要一定的保温时间。显然加热温度越高,原子的扩散能力越强,奥氏体化所需的保温时间越短。

　　1. 钢在加热或冷却时的相变温度

　　在铁碳合金相图中, A_1 线、 A_3 线、 A_{cm} 线表示钢的平衡相变的温度,称为平衡相变点,它们是碳钢在无限缓慢的加热或冷却速度条件下的相变点。而实际热处理过程中,加热和冷却速度都不可能是非常缓慢的,因此组织转变都要偏离平衡相变点,即加热偏向高温,冷却偏向低温,并且随着加热或冷却速度的增加,它们的温度差别就越大。为了区别于平衡相变点,将加热时的各相变点用 Ac_1、Ac_3、Ac_{cm} 表示;而冷却时

的各相变点用 Ar_1、Ar_3、Ar_{cm} 表示。如图 6.2 所示。

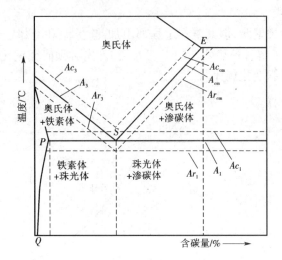

图 6.2 加热和冷却时钢相变临界点的位置

2. 奥氏体的形成过程

如图 6.3 所示,以共析钢为例,其奥氏体化过程包括以下四个阶段。

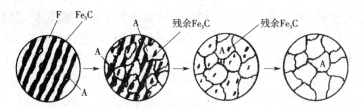

图 6.3 共析钢中奥氏体形成过程示意图

（1）奥氏体晶核的形成

将钢加热到 Ac_1 以上时,珠光体转变成奥氏体,奥氏体晶核首先在铁素体和渗碳体的相界面形成。

（2）奥氏体长大

稳定的奥氏体晶核形成后,开始长大生成小晶体,同时又有新的晶核形成。奥氏体的长大是新相界面分别向渗碳体和铁素体两侧推移,直至铁素体完全消失,奥氏体彼此相遇的过程。该过程是依靠铁、碳原子的不断扩散,使渗碳体不断溶解、铁素体晶格改组为面心立方的奥氏体晶格来完成的。

（3）残余渗碳体的溶解

由于铁素体的碳浓度和结构与奥氏体相近,铁素体转变为奥氏体的速度远比渗碳体向奥氏体中溶解的速度快。铁素体消失后,未溶解的残余渗碳体,在随后的保温过程中溶解,直到完全消失。

（4）奥氏体成分的均匀化

在渗碳体全部溶解完时，奥氏体的成分是不均匀的，需要保温一定时间，碳原子充分扩散，获得均匀的单相奥氏体。

3. 奥氏体晶粒的长大

加热后获得的奥氏体晶粒的大小对冷却转变后的钢的性能有很大影响。热处理加热时，若获得细小、均匀的奥氏体，则冷却后钢的力学性能就好。因此，奥氏体晶粒的大小是评定热处理加热质量的主要指标之一。

在高温下，奥氏体晶粒长大是一个自发的过程。影响奥氏体晶粒长大的因素有如下几个。

（1）加热温度和保温时间

加热温度越高，晶粒长大速度越快，奥氏体晶粒越容易粗化。延长保温时间也会引起晶粒长大，但后者的影响要比前者大。

（2）加热速度

快速加热和短时间保温的工艺在生产上常用来细化晶粒。

（3）钢的成分的影响

当加热温度相同时，钢中含碳量越高，则奥氏体晶粒越粗大。在钢中加入能与碳形成稳定碳化物的元素如钛、钒、铌等以及能生成氧化物或氮化物的元素如铝、钛等，均有阻碍奥氏体晶粒长大的作用。而锰和磷是促进奥氏体晶粒长大的元素。

（二）钢在冷却时的转变

钢的奥氏体化不是热处理的最终目的，它是为了随后的冷却转变作组织准备。钢件性能最终取决于奥氏体冷却转变后的组织。由表6.1可以看出，45钢在同样奥氏体化条件下，由于冷却速度不同，其在性能上有明显差别。因此研究不同冷却条件下钢中奥氏体组织的转变规律是掌握热处理理论关键所在。

表 6.1　45 钢经 840 ℃加热后，不同条件冷却后的力学性能

热处理方法	力　学　性　能				
	σ_b/MPa	σ_s/MPa	δ/%	ψ/%	A_k/J
退火（随炉冷却）	600～700	300～350	15～20	40～50	32～48
正火（空气冷却）	700～800	350～450	15～20	45～55	40～64
淬火（水冷）低温回火	1 500～1 800	1 350～1 600	2～3	10～12	16～24
淬火（水冷）高温回火	850～900	650～750	12～14	60～66	96～112

在热处理生产中，常用的冷却方式有两种：一种是等温冷却，即把已奥氏体化的钢快速冷却到 Ar_1 以下某一温度，并在这一温度下保温，促使奥氏体发生转变，转变结束后再空冷至室温；另一种是连续冷却，即把已奥氏体化的钢，以不同的冷却速度，如炉冷、空冷、油冷、水冷等，连续冷却到室温，使奥氏体发生转变。由于等温下测定奥氏体分解过程的方法比较简单，下面就以共析钢为例，介绍奥氏体的等温转变。

1.过冷奥氏体的等温转变曲线

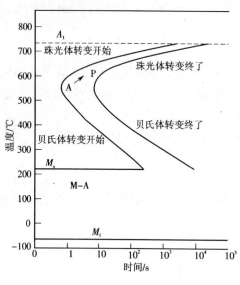

图 6.4　共析钢的 C 曲线

钢在 A_1 以上温度时奥氏体是稳定的相,当冷却到 A_1 以下时奥氏体是不稳定的,必定要发生转变。这种在 A_1 温度以下未发生转变而处于不稳定状态的奥氏体称为"过冷奥氏体"。过冷奥氏体在不同温度下进行等温转变,将获得不同的组织和性能。全面表示过冷奥氏体的等温转变温度与转变产物之间关系的图形,称为奥氏体等温转变曲线。由于曲线的形状与字母"C"相似,故过冷奥氏体等温转变曲线又称为 C 曲线,如图 6.4 所示。纵坐标表示转变温度,横坐标表示转变时间。靠近纵坐标的第一条曲线,反映过冷奥氏体相应于一定温度开始转变为其他组织的时间,称为转变开始线;接着的第二条曲线,反映了过冷奥氏体相应于一定温度转变为其他组织的终了时间,称为转变终了线。

图中 A_1 线以上是奥氏体稳定区域,最下面 M_s 线与 M_f 线之间为马氏体转变区,马氏体是奥氏体连续冷却过程中转变的一种组织,而不是等温转变的产物。将过冷奥氏体连续冷却转变的马氏体转变画入过冷奥氏体等温转变曲线中,则此曲线更完整,更具有实用价值。

在 $A_1 \sim M_s$ 之间及转变开始线以左的区域称为孕育区,内部是没有转变的过冷奥氏体。过冷奥氏体开始发生转变前所经历的等温时间称为孕育期。孕育期越短,说明过冷奥氏体相变时形核所需要的时间越短,过冷奥氏体越不稳定。从图中可知,随着等温转变的温度下降,开始孕育期逐渐缩短,随后又逐渐变长,在 550 ℃ 左右等温转变时的孕育期最短,过冷奥氏体最不稳定,转变速度加快。C 曲线上的该处位置称为"鼻尖"。

A_1 线以下转变终了线以右的区域为转变产物区;而转变开始线与转变终了线之间为过冷奥氏体和转变产物共存区。

2.过冷奥氏体等温转变类型及其产物的组织形态与性能

(1)珠光体型转变

从 A_1 到 C 曲线鼻尖处的温度(550 ℃)范围内,因转变温度较高,奥氏体中的碳原子和铁原子都能充分扩散,形成的组织属于层片状的珠光体,如图 6.5 所示为层片状珠光体的显微组织。

由于随着等温转变温度的下降,珠光体的层片间距离变小,因此习惯上把珠光体分成三类。在 A_1 至 650 ℃之间温度范围内等温转变所获得的是粗片层状的珠光体,仍称为珠光体,符号为 P。其硬度为 170 ~ 200 HBS。在 650 ~ 600 ℃温度范围内等温转变所获得的较薄片层状珠光体称为索氏体,符号为 S。索氏体显微组织如图 6.6 所示,其硬度为 230 ~ 320 HBS。在 600 ~ 550 ℃温度范围内等温转变获得

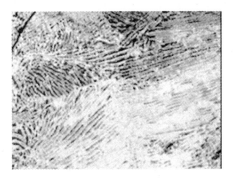

图 6.5　层片状珠光体显微组织

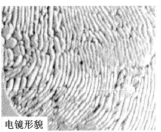

光镜形貌　　　　电镜形貌

图 6.6　索氏体显微组织

更薄的片层状珠光体称为托氏体,符号为 T。托氏体显微组织如图 6.7 所示,其硬度为 330 ~ 400 HBS。随着层片间距的减小,强度、硬度增高,同时塑性和韧性也有所改善。

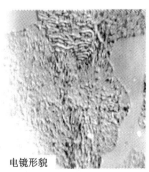

20 μm　　光镜形貌　　电镜形貌

图 6.7　托氏体显微组织

(2)贝氏体型转变

奥氏体在 550 ℃ ~ M_s 之间,由于转变温度较低,因此在转变过程中只有碳原子的扩散,铁原子不发生扩散,转变产物的组织为贝氏体,符号为 B。

贝氏体的组织形态主要有上贝氏体($B_上$)和下贝氏体($B_下$)。上贝氏体是在550

~350 ℃温度范围内形成的,呈羽毛状,如图6.8所示。下贝氏体是在350 ℃ ~ M_s 温度范围内形成的,呈黑色针叶状,如图6.9所示。从性能上讲,上贝氏体脆性较大,基本无使用价值。而下贝氏体不仅强度、硬度较高,塑性和韧性也较好,具有良好的综合力学性能。生产中常用等温淬火来获得下贝氏体组织。

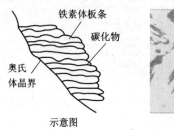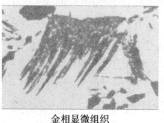

图6.8 上贝氏体组织

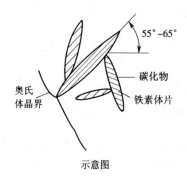

图6.9 下贝氏体组织

3.影响C曲线的因素

C曲线的位置和形状不仅对奥氏体等温转变速度及转变产物的性质具有十分重要的意义,同时对钢的热处理工艺有重要指导作用。一切影响奥氏体稳定性和分解特性的因素都能影响过冷奥氏体的等温转变,从而改变C曲线的位置和形状。C曲线越靠右说明过冷奥氏体越稳定而不易分解。

(1)含碳量

在正常加热条件下,亚共析钢的C曲线随碳的含量增加而右移,而过共析钢的C曲线随碳的含量增加而左移。即钢中含碳量越接近共析成分,过冷奥氏体越稳定,C曲线就越向右移。

(2)合金元素

除了钴以外的大多数合金元素溶入奥氏体中,都会使C曲线右移,增加了奥氏体的稳定性。当加入的碳化物形成元素Cr、W、Mo、V、Ti等的量较多时,不仅会使C曲线右移,而且使C曲线的形状发生变化。

（3）加热温度和保温时间

加热温度越高，保温时间越长，则奥氏体的成分越均匀，奥氏体晶粒越粗大，其晶界面积越小。这些不利于奥氏体转变时的形核，故使孕育期变长，C 曲线右移。

4.过冷奥氏体的连续转变及马氏体转变

（1）过冷奥氏体的连续转变曲线

图 6.10 是共析钢的连续冷却曲线，又称 CCT 曲线。为了便于比较，同时在图 6.10 上表示了钢的奥氏体等温转变曲线图，即 TTT 图（虚线表示）。图中，P_s 线为过冷奥氏体转变为珠光体的开始线，P_f 为转变终了线，两线之间为转变过渡区。KK' 线为转变的中止线，当冷却曲线碰到此线时，过冷奥氏体就中止向珠光体型组织转变，继续冷却一直保持到 M_s 点以下，使剩余的奥氏体转变为马氏体。V_k 称为 CCT 曲线的临界冷却速度，它是获得全部马氏体组织（实际还含有一小部分残余奥氏体）的最小冷却速度。

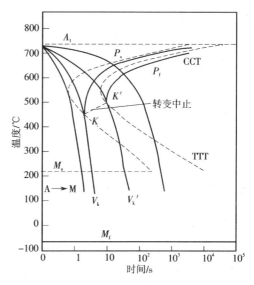

图 6.10 共析钢的连续冷却曲线

以不同的冷却速度连续冷却时，过冷奥氏体将会转变为不同的组织。通过连续转变冷却曲线可以了解冷却速度与过冷奥氏体转变组织的关系。根据等温冷却曲线与 CCT 曲线交点的位置，可以判断连续冷却转变的产物。由图中可知，冷却速度大于 V_k 时，连续冷却转变得到马氏体组织；当冷却速度小于 V_k' 时，连续冷却转变得到珠光体组织；而冷却速度大于 V_k' 而小于 V_k 时，连续冷却转变将得到珠光体+马氏体组织。临界冷却速度越小，奥氏体越稳定，因而即使在较慢的冷却速度下也会得到马氏体。这对淬火工艺操作具有十分重要的意义。

（2）马氏体转变

当冷却速度大于 V_k 时，奥氏体很快过冷到 M_s 点温度以下，开始发生马氏体转变。马氏体转变是在一定温度范围内（$M_s \sim M_f$ 之间）连续冷却时完成的。M_s 和 M_f 分别是马氏体转变的开始温度和终了温度。由于马氏体转变温度低，铁和碳原子均不能扩散，只发生 γ-Fe 向 α-Fe 的晶格改组。碳将全部固溶在 α-Fe 晶格中，这种碳在 α-Fe 中的过饱和固溶体，称为马氏体，以符号 M 表示。由于过饱和的碳原子被强制固溶在晶格中，致使晶格严重畸变。马氏体含碳量越高，则晶格畸变越严重，且体积增长越大，这将引起淬火工件产生相变内应力，容易导致工件变形和开裂。

根据组织形态的不同，马氏体可分为板条状马氏体和针片状马氏体，如图 6.11 所示。M_s 温度较高、含碳量较低的钢淬火时易得到板条状马氏体。板条状马氏体不仅具有较高的强度和硬度,而且还具有较好的塑性和韧性。板条状马氏体是低、中碳钢和低、中碳合金钢淬火组织中的一种典型组织形态。针片状马氏体呈针片状或竹叶状,具有高的强度和硬度,但塑性和韧性差,即硬而脆。M_f较低、含碳量较高的钢淬火时易得到针片状马氏体。针片状马氏体主要出现在中高碳钢、中高碳合金钢和高镍的铁镍合金的淬火组织中,必须经过回火处理后才能使用。

板条状马氏体显微组织   针片状马氏体显微组织

图6.11 马氏体的组织

此外,马氏体转变不能100%完成,总有一小部分奥氏体未能转变而残留下来,这部分奥氏体称为残余奥氏体。钢中残余奥氏体量随M_s点的降低而增加。残余奥氏体的存在,不仅降低淬火钢的硬度和耐磨性,而且在工件长期使用过程中,由于残余奥氏体会继续变为马氏体,使工件尺寸发生变化。因此,生产中对一些高精度工件常采用冷处理的方法,将淬火钢冷却至0 ℃以下,以减少残余奥氏体量。

二、钢的整体热处理工艺

整体热处理就是对工件整体进行穿透加热的热处理,主要有退火、正火、淬火和回火,即"四把火"。它们是最常用的热处理方法。

机械零件的毛坯一般是通过铸造、锻造或焊接的方法加工而成的。这些毛坯往往存在着不同程度的缺陷,如晶粒粗大、加工硬化、内应力较大等。为了克服铸、锻、焊后所遗留下的一系列缺陷,并为后续工序作好组织和性能上的准备,一般在毛坯生产后、切削加工前要进行退火或正火处理,称为预备热处理。

(一)退火

退火是将工件加热到适当温度,保温一定时间,然后缓慢冷却的热处理工艺。

退火的目的在于:降低钢的硬度,提高塑性,以利于切削加工及冷变形;细化晶粒,均匀钢的组织及成分,改善钢的性能,为以后热处理作准备;消除钢中的残余内应力,防止变形和开裂。

根据钢的成分、退火的工艺与目的不同,退火常分为完全退火、等温退火、球化退火和去应力退火等几种。

1. 完全退火

完全退火是指将钢加热到 Ac_3 以上 $30 \sim 50\ ℃$，保温一定时间后以获得均匀的单相奥氏体组织，然后炉冷至 $600\ ℃$ 以下，出炉空冷的退火工艺。

完全退火在加热过程中，需要获得完全的单相奥氏体组织，在退火冷却过程中，奥氏体转变为细小而均匀的平衡组织，从而降低钢的硬度，细化晶粒，充分消除内应力。

在机械制造中，完全退火主要用于亚共析钢的铸、锻件，热轧型材，焊接件等。过共析钢不宜采用完全退火，因为过共析钢完全退火需加热到 Ac_{cm} 以上，在缓慢冷却中，钢中将析出网状的二次渗碳体，使钢的力学性能变坏。45 钢经锻造及完全退火后的性能见表 6.2。

表 6.2　45 钢锻造后与完全退火后的力学性能比较

状态	σ_b/MPa	σ_s/MPa	$\delta/\%$	$\psi/\%$	$\alpha_k/(\text{kJ/m}^2)$	HB
锻造后	$650 \sim 750$	$300 \sim 400$	$5 \sim 15$	$20 \sim 40$	$200 \sim 400$	$\leqslant 229$
完全退火后	$600 \sim 700$	$300 \sim 350$	$15 \sim 20$	$40 \sim 50$	$400 \sim 600$	$\leqslant 207$

2. 等温退火

为缩短完全退火时间，生产中常采用等温退火工艺，即将钢件加热到 Ac_3 以上 $30 \sim 50\ ℃$（亚共析钢）或 Ac_1 以上 $10 \sim 20\ ℃$（共析钢、过共析钢），保温适当时间后，较快冷却到珠光体转变温度区间的适当温度并保持等温，使奥氏体转变为珠光体类组织，然后在空气中冷却的热处理工艺。

等温退火与完全退火目的相同，但转变较易控制，所用时间比完全退火缩短约 $1/3$，并可获得均匀的组织和性能。它可以应用于所有钢。

3. 球化退火

球化退火是指将钢加热到 Ac_1 以上 $20 \sim 30\ ℃$，保温一定时间后，随炉缓冷至室温，或快冷到略低于 Ar_1 温度，保温一段时间，然后炉冷至 $600\ ℃$ 左右空冷，使钢中碳化物球状化的退火工艺。T10 钢的球化退火工艺曲线如图 6.12 所示。

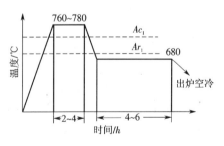

图 6.12　T10 钢的球化退火工艺曲线

球化退火主要应用于共析钢及过共析钢，如碳素工具钢、合金刃具钢、轴承钢等，目的是使热加工后的网状二次渗碳体以及珠光体中的片状渗碳体碳化，从而降低硬度，提高塑性，改善切削加工性能，并避免了网状渗碳体和片状渗碳体容易引起的淬火变形和开裂，为淬火作好组织准备。

在球化退火前，若钢的原始组织中有明显网状二次渗碳体，应先进行正火处理，消除网状渗碳体,以获得良好的球化效果。

4. 去应力退火

去应力退火又称低温退火,是将钢加热到 Ac_1 以下某一温度(一般取 500 ~ 650 ℃),保温后缓慢冷却的热处理工艺。这种退火不发生相变,主要是为了消除铸件、锻件和焊接件中的残余应力,以减少和防止使用过程中发生变形和开裂。

(二)正火

正火是将工件加热到 Ac_3 (亚共析钢)或 Ac_{cm} (共析钢和过共析钢)以上 30 ~ 50 ℃,保温一定时间后空冷的热处理工艺。

正火与退火的主要区别是正火冷却速度稍快,得到的组织较细小,强度和硬度有所提高,操作简便,生产周期短,成本较低。

低碳钢和低碳合金钢经正火后,可提高硬度,改善切削加工性能。对于中碳结构钢制作的较重要工件,正火可作为预先热处理,为最终热处理作好组织准备;对于过共析钢,正火可消除网状二次渗碳体,为球化退火作好组织准备。图 6.13 为各种正火和退火的加热温度范围示意图。图 6.14 为各种退火、正火工艺曲线示意图。

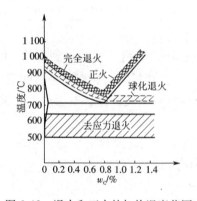

图 6.13　退火和正火的加热温度范围

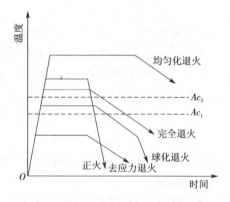

图 6.14　各种退火、正火工艺曲线示意

退火和正火的选用应从以下几点考虑。

①从改善钢的切削加工性能方面考虑。一般认为,钢的硬度在 170 ~ 230 HBS 时具有良好的切削加工性能。$w_C < 0.25\%$ 的碳素钢和低合金钢,退火后硬度偏低,切削加工时易于"粘刀",如采用正火处理,则可适当提高硬度,改善钢的切削加工性能;$w_C = 0.25\% \sim 0.5\%$ 的中碳钢也可用正火代替退火,虽然碳量接近上限的中碳钢正火后硬度偏高,但尚能进行切削加工,而且正火成本低、生产率高;$w_C = 0.5\% \sim 0.75\%$ 的钢,因含碳量较高,正火后的硬度显著高于退火的情况,难以进行切削加工,故一般采用完全退火,降低硬度,改善切削加工性;$w_C > 0.75\%$ 以上的高碳钢或工具钢一般均采用球化退火作为预备热处理。如有网状二次渗碳体存在,则应先进行正火消除。

②从使用性能方面考虑。对于使用性能要求不高的零件,以及某些大型或形状

复杂的零件,当淬火有开裂危险时,可采用正火作为最终热处理。

③从经济性方面考虑。由于正火比退火生产周期短,操作简便,工艺成本低,因此在满足钢的使用性能和工艺性能的前提下,应尽可能用正火代替退火。

（三）淬火

淬火是将工件加热到 Ac_3 或 Ac_1 点以上某一温度保持一定时间,然后快速冷却获得马氏体或(和)下贝氏体组织的热处理工艺。

淬火后的钢很脆,对大多数工件来说,不能满足使用的要求,因此,为了降低脆性和获得所需要的力学性能,淬火后都要进行回火。

在钢的几类组织转变中,马氏体转变的过冷度最大,因此它的组织的晶粒最细小。这使得它的回火组织也非常细小,回火组织的综合力学性能也最好,因此淬火加回火通常作为钢的最终热处理。

1.淬火加热温度

淬火加热温度主要是根据 Fe-Fe₃C 相图中钢的临界点确定,如图 6.15 所示。

亚共析钢的淬火加热温度为 Ac_3 以上 30 ~ 50 ℃,使钢完全奥氏体化,淬火后获得全部马氏体组织。若淬火温度过低,则淬火后组织中将会有 F,使钢的强度、硬度降低;若加热温度超过 Ac_3 以上 30 ~ 50 ℃,奥氏体晶粒粗化,淬火后得到粗大的 M,钢的力学性能变差,且淬火应力增大,易导致变形和开裂。

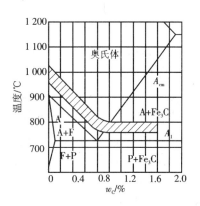

图 6.15 钢的淬火加热温度范围

共析钢、过共析钢的淬火加热温度为 Ac_1 以上 30 ~ 50 ℃,得到奥氏体和部分二次渗碳体,淬火后得到马氏体(共析钢)或马氏体加渗碳体(过共析钢)组织。若温度过高,如过共析钢加热到 Ac_{cm} 以上温度,由于渗碳体全部溶入奥氏体中,奥氏体的碳的质量分数提高, M_s 温度降低,淬火后残留奥氏体量增多,钢的硬度和耐磨性降低。此外,因温度高,奥氏体晶粒粗化,淬火后得到粗大的马氏体,脆性增大。若加热温度低于 Ac_1 点,组织没发生相变,达不到淬火目的。

2.淬火冷却介质

淬火冷却时,要保证获得马氏体组织,必须使奥氏体以大于马氏体临界冷却速度冷却,而快速冷却会产生很大淬火应力,导致钢件的变形与开裂。因此,淬火工艺中最重要的一个问题是既能获得马氏体组织,又要减小变形,防止开裂。

生产中,常用的冷却介质是水、油、碱或盐类水溶液。水具有较强的冷却能力,用作奥氏体稳定性较小的碳钢的淬火,水作为冷却介质最为合适。油的冷却能力比水小,因此,生产中用油作冷却介质,只适用于过冷奥氏体稳定性较高的合金钢淬火。盐或碱类物质,能增加在 650 ~ 400 ℃范围内的冷却能力,这对保证工件,特别是碳钢的淬硬是非常有利的。盐水比较适用于形状简单、硬度要求高而均匀、表面要求光洁、变形要求不严格的碳钢零件。

3. 常用的淬火冷却方法

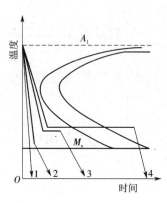

图 6.16　常用淬火方法示意

由于目前还没有理想的淬火介质,因而在实际生产中应根据淬火件的具体情况采用不同的淬火方法,力求达到较好的效果。常用的淬火方法如图 6.16 所示。

(1)单液淬火

单液淬火是将加热至淬火温度的工件,投入单一淬火介质中连续冷却至室温的淬火工艺,如图 6.16 中曲线 1 所示。这种淬火方法的优点是操作简便,易于实现机械化和自动化。缺点是易产生淬火缺陷,水中淬火易产生变形和裂纹,油中淬火易产生硬度不足或硬度不均匀等现象。形状简单、尺寸较大的碳钢工件多采用水淬,小尺寸碳钢件和合金钢件一般用油淬。

(2)双液淬火

双液淬火是指先将工件浸入冷却能力强的介质中,在组织将要发生马氏体转变时立即转入冷却能力弱的介质中冷却的淬火工艺,如图 6.16 中曲线 2 所示。常用的有先水后油、先水后空气等。此种方法操作时,如能控制好工件在水中停留的时间,就可有效地防止淬火变形和开裂,但要求有较高的操作技术。双级淬火主要用于形状复杂的高碳钢件和尺寸较大的合金钢件。

(3)马氏体分级淬火

马氏体分级淬火是将钢件浸入温度稍高或稍低于 M_s 点的盐浴或碱浴中,保持适当时间,待工件整体达到介质温度后取出空冷,以获得马氏体组织的淬火工艺,如图 6.16 中曲线 3 所示。此法操作比双介质淬火容易控制,能减小热应力、相变应力和变形,防止开裂。分级淬火主要用于截面尺寸较小(直径或厚度 <12 mm)、形状较复杂工件的淬火。

(4)等温淬火

等温淬火是将钢件加热到奥氏体化后,随之快冷到贝氏体转变温度区间保持等温,使奥氏体转变为贝氏体的淬火工艺,如图 6.16 中曲线 4 所示。此法淬火后应力和变形很小,但生产周期长,效率低。等温淬火主要用于形状复杂、尺寸要求精确,并要求有较高强韧性的小型工、模具及弹簧的淬火。

4. 钢的淬透性

淬透性是钢的一个重要的热处理工艺性能,它是根据使用性能合理选择钢材和正确制定热处理工艺的重要依据。

钢的淬透性是指钢在淬火时获得马氏体的能力,其大小可用钢在一定条件下淬火获得淬透层的深度表示。淬透层越深,表明钢的淬透性越好。淬火时工件截面上内外各处冷却速度是不同的,表面的冷却速度最大,越靠近中心,冷却速度越小。如果工件截面较大,在距表面某一深处的冷却速度开始小于该钢的临界冷却速度,则淬火后将有非马氏体组织出现,表面钢未被淬透。按道理,淬透层深度应该是全马氏体层的深度。但实际上,淬透层通常以工件表面到半马氏体(50%马氏体+50%托氏体)的深度表示。

钢材淬透性好与差,常用淬硬层深度来表示。淬硬层深度越大,则钢的淬透性越好。钢的淬透性主要取决于它的化学成分。对于碳钢,含碳量越接近共析成分,其淬透性越好。对于合金钢,除钴以外的合金元素,都不同程度提高其淬透性,这是合金钢较碳钢淬火性能好的主要原因。一般人们按负载选择不同淬透性的材料。螺栓、连杆、模具等,截面承载均匀,要全部淬透;轴类、齿轮等,承受弯曲、扭转载荷,不必淬透。

必须注意:①不要把淬硬性和淬透性混为一谈,淬硬性是指淬成马氏体后得到的硬度,主要取决于含碳量,与合金元素关系不大,淬透性好的钢,它的淬硬性不一定高;②不要把钢的淬透性和具体条件下具体零件的淬透层深度混为一谈,同一种钢的淬透性是相同的,但具体淬火条件不同,淬透层深度却不同。

末端淬火法是测定钢材淬透性的常用方法,如图6.17所示。将规定尺寸的试样加热成奥氏体后,立即在标准条件下淬火,由于试样自下端喷水冷却,因此沿试样长度方向冷却速度自下而上递减,试样内组织及硬度也随冷却速度不同而变化。将端淬后的试样沿着轴线方向相对两侧面各磨去0.2～0.5 mm,获得两个相互平行的窄条平面。然后从试样的末端开始,每隔1.5 mm测量一个硬度值,即可得到试样沿轴线方向的硬度分布曲线,这就是钢的淬透性曲线。

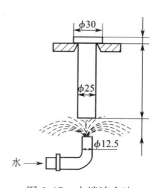

图6.17　末端淬火法

(四)回火

回火是将淬火件加热到Ac_1以下的某一温度,保温一定时间,然后冷却到室温的热处理工艺。

钢在淬火后一般很少直接使用,因为淬火后的组织是马氏体和残余奥氏体,并且有内应力产生,马氏体虽然强度、硬度高,但塑性差、脆性大,在内应力作用下容易产生变形和开裂;此外,淬火后组织是不稳定的,在室温下就能缓慢分解,产生体积变化而导致工件变形。因此,淬火后的零件必须进行回火才能使用。回火的目的是:减小或消除淬火内应力;稳定组织,稳定尺寸;降低脆性,获得所需的力学性能。

1.回火组织转变

淬火钢的组织转变可分为四个阶段。随着回火温度升高,淬火内应力不断下降或消除,硬度逐渐下降,塑性、韧性逐渐升高。

（1）马氏体分解

当回火温度超过 80 ℃时,马氏体开始发生分解,从过饱和 α 固溶体中析出弥散的且与母相保持共格联系的 ε 碳化物。随着回火温度的升高,马氏体中含碳量不断降低,直到 350 ℃左右,马氏体分解基本结束,α 相中的含碳量降至接近平衡浓度,此时的 α 相仍保持板条或针片状特征。

（2）残余奥氏体转变

淬火碳钢加热到 200 ℃时,残余奥氏体开始分解,转变为 ε-碳化物和过饱和 α 相的混合物,即转变为下贝氏体或回火马氏体。α 相中的含碳量与马氏体在相同的温度下分解后的含碳量相近。到 300 ℃时残余奥氏体分解基本完成。

（3）碳化物的转变

当回火温度升至 250 ~ 400 ℃时,亚稳定的 ε-碳化物转变为稳定的 θ-碳化物,即从 α 相中析出渗碳体。这种转变在 350 ℃左右进行得较快,结果 ε-碳化物被渗碳体所代替,从此碳化物与母相之间已不再有共格联系。

（4）渗碳体聚集长大和 α 相再结晶

当回火温度升至 400 ℃以上时,渗碳体开始聚集长大。淬火碳钢经高于 500 ℃回火后,渗碳体已为粒状;当回火温度超过 600 ℃时,细粒状渗碳体迅速粗化,与此同时,在 400 ℃以上 α 相发生回复;当回火温度升到 600 ℃以上时,α 相发生再结晶,失去板条或针片状形态,成为多边形铁素体。

2. 回火方法及应用

（1）低温回火（150 ~ 250 ℃）

低温回火后得到回火马氏体组织,如图 6.18 所示。其目的是降低钢的淬火应力和脆性,回火马氏体具有高的硬度（一般为 58 ~ 64 HRC）、强度和良好耐磨性。因此,低温回火特别适用于刀具、量具、滚动轴承、渗碳件及高频表面淬火等要求高硬度和耐磨性的工件。

（2）中温回火（350 ~ 500 ℃）

中温回火后得到回火托氏体组织,如图 6.19 所示。其目的是使钢具有高的弹性极限,较高的强度和硬度（一般为 35 ~ 50 HRC）,良好的塑性和韧性。中温回火主要用于各种弹性元件及热作模具。

（3）高温回火（500 ~ 650 ℃）

高温回火后得到回火索氏体组织,如图 6.20 所示。工件淬火并高温回火的复合热处理工艺称为调质。调质后,钢具有优良的综合力学性能（一般硬度为 220 ~ 230 HBS）。高温回火主要适用于中碳结构钢或低合金结构钢制作的曲轴、连杆、螺栓、汽车半轴、机床主轴及齿轮等重要的机器零件。

3. 回火脆性

淬火钢在某些温度区间回火或从回火温度缓慢冷却通过该温度区间时,冲击韧性值显著下降的现象称为回火脆性。图 6.21 为 40CrNi 钢的冲击韧性与回火温度关

图6.18　回火马氏体显微组织

图6.19　回火托氏体显微组织

系曲线。

（1）第一类回火脆性

几乎所有淬火后形成马氏体的钢,在300 ℃左右回火时都会出现第一类回火脆性。一般认为是由于亚稳定碳化物转变为渗碳体时沿马氏体晶界析出,形成脆性薄壳,从而破坏了马氏体之间的连接,降低了韧性。目前尚无有效的方法来完全消除第一类回火脆性,只有避开这个回火温度范围。

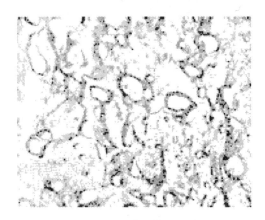

图6.20　回火索氏体显微组织

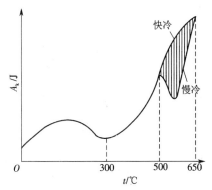

图6.21　40CrNi钢的冲击韧性与
回火温度关系曲线

（2）第二类回火脆性

在500～650 ℃温度范围回火或经更高温度回火后缓慢冷却通过该温度区间所产生的脆性。由此可见,这类回火脆性与冷却速度有关,若回火时采用快速冷却则不出现回火脆性。如果工件已产生回火脆性,可重新加热到550 ℃以上,然后快速冷却即可消除第二类回火脆性。

三、钢的表面热处理

在汽车中有许多零件(如齿轮、活塞销、曲轴等)是在冲击载荷及表面剧烈摩擦条件下工作的。这类零件表面应具有高的硬度和耐磨性,而心部应具有足够的塑性及韧性。为满足这类零件的性能要求,应进行表面热处理。

表面热处理大致分两类:一类是只改变组织结构而不改变化学成分的热处理,叫表面淬火;另一类是改变化学成分的同时又改变组织结构的热处理,叫化学热处理。

(一)表面淬火

表面淬火是通过快速加热至淬火温度,并立即冷却,使工件表层获得马氏体强化的热处理。其主要目的是使钢件的表面获得高硬度和耐磨性,而心部仍保持足够的塑性和韧性。根据表面淬火的加热方式不同,可分为火焰加热表面淬火和感应加热表面淬火。

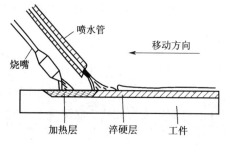

图 6.22　火焰加热表面淬火示意图

1.火焰加热表面淬火

利用高温火焰(常用乙炔-氧焰,最高温度达 3 200 ℃;或煤气-氧焰,最高温度达 2 000 ℃)将零件表面快速加热到淬火温度后,随即喷水快速冷却,以获得 2 ~ 6 mm 淬硬层,这种方法称为火焰加热表面淬火,如图 6.22 所示。这种淬火特点是:加热温度及淬硬层深度不易控制,淬火质量不稳定,但不需特殊设备,故只适用于单件或小批量生产,如中碳钢、中碳合金钢及铸铁制造的大型零件的表面淬火。

2.感应加热表面淬火

感应加热表面淬火的原理如图 6.23 所示。把工件放在空心铜管绕成的感应器内,感应器通入一定频率的交流电以产生交变磁场,于是在工件中便产生同频率的感应电流。这种感应电流在工件中分布是不均匀的,表面电流密度大,心部电流密度小,电流频率愈高,电流密度极大的表面层愈薄,这种现象称为集肤效应。由于钢本身具有电阻,因而集中于工件表面的电流,可使表面迅速加热到淬火温度,而心部温度仍接近室温,因此在随即喷水快速冷却后,就达到了表面淬火的目的。为了得到不同的淬硬层

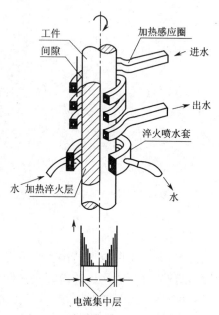

图 6.23　高频加热表面淬火示意图

深度,可采用不同频率的电流进行加热。但为了保证工件心部具有良好的综合力学性能,表面淬火前应进行调质处理。电流频率与淬硬层深度的关系如表6.3所示。感应加热表面淬火的特点:加热速度快,零件由室温加热到淬火温度仅需几秒到几十秒;淬火质量好,由于加热迅速,奥氏体晶粒来不及粗化,淬火后表层可获得针状马氏体,硬度比普通淬火高 2～3 HRC;淬硬层深度易于控制,淬火操作易实现机械化和自动化;但设备较贵,维修调整较困难,故只适用于大批生产。

感应加热表面淬火零件的一般工艺路线如下:下料→锻造→退火或正火→粗加工→调质→精加工→感应淬火→低温回火→磨削加工。

表6.3 感应加热表面淬火的应用

类别	频率范围/kHz	淬硬层/mm	应用举例
高频感应淬火	200～300	0.5～2	中小型轴、销、套等圆柱形零件,小模数齿轮
中频感应淬火	1～10	2～8	尺寸较大的轴类、大模数齿轮
工频感应淬火	0.05	10～15	承受扭曲、压力载荷的大型零件,如冷轧辊

(二)化学热处理

化学热处理是将工件置于一定的活性介质中保温,使一种或几种元素渗入工件表层,以改变其化学成分,从而使工件获得所需组织和性能的热处理工艺。

化学热处理的基本过程包括以下三个阶段。

①渗剂的分解。在一定温度下渗剂的化合物发生分解,产生渗入元素的活性原子(或离子)。值得注意的是,作为化学热处理渗剂的物质必须具有一定的活性,即具有易于分解出被渗元素原子的能力。然而并非所有含被渗元素的物质都能作为渗剂。例如 N_2 在普通渗氮温度下就不能分解出活性氮原子,因此不能作为渗氮的渗剂。

②工件表面的吸收。刚分解出的活性原子(或离子)碰到工件时,首先被工件表面所吸附,而后溶入工件表面,形成固溶体。在活性原子浓度很高时,还可能在工件表面形成化合物。

③工件表面原子向内部扩散。工件表面吸收被渗元素的活性原子后,造成了工件表面与心部的浓度差,促使被渗元素的原子由高浓度表面向内部的定向迁移,从而形成一定深度的扩散层。

化学热处理种类很多,根据渗入元素的不同,可分为渗碳、渗氮(氮化)、碳氮共渗(氰化)、渗硼、渗硫、渗金属、多元共渗等。在机械制造工业中,最常用的化学热处理工艺有钢的渗碳、渗氮和碳氮共渗。

1. 渗碳

将低碳钢放入渗碳介质中,在 900～950 ℃加热保温,使活性碳原子渗入钢件表面以获得高碳渗层的化学热处理工艺称为渗碳。渗碳的主要目的是提高工件表面的硬度、耐磨性和疲劳强度,同时保持心部具有一定强度和良好的塑性与韧性。渗碳钢一般是含碳量为 0.1%～0.25% 的低碳钢和低碳合金钢,如 20、20Cr、20CrMnTi、

12CrNi、20MnVB 等。因此,一些重要的钢制机器零件经渗碳和热处理后,能兼有高碳钢和低碳钢的性能,从而使它们既能承受磨损和较高的表面接触应力,同时又能承受弯曲应力及冲击载荷的作用。

根据所用渗碳剂的不同,渗碳方法可分为三种,即气体渗碳、固体渗碳和液体渗碳三种。本节介绍气体渗碳和固体渗碳。

(1)气体渗碳

气体渗碳是零件在含有气体渗碳介质的密封高温炉罐中进行渗碳处理的工艺。通常使用的渗碳剂是易分解的有机液体,如煤油、苯、甲醇、丙酮等。这些物质在高温下发生分解反应,产生活性碳原子,创造渗碳条件。气体渗碳法如图 6.24 所示。

(2)固体渗碳

如图 6.25 所示,固体渗碳是将工件装入渗碳箱中,周围填满固体渗碳剂,密封后送入加热炉内,进行加热渗碳。固体渗碳温度一般为 900 ~ 950 ℃。

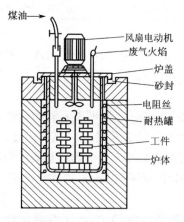

图 6.24　气体渗碳法示意

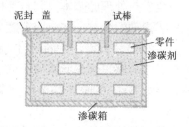

图 6.25　固体渗碳法示意

(3)渗碳层成分、组织和厚度

低碳钢渗碳后,表层含碳量可达过共析成分,由表及里碳浓度逐渐降低,直至渗碳钢的原始成分。所以渗碳件缓冷后,表层组织为珠光体加二次渗碳体,心部为铁素体加少量珠光体组织,两者之间为过渡层,越靠近表层铁素体越少。一般规定,从表面到过渡层一半处的厚度为渗碳层的厚度。

渗碳层的厚度主要根据零件的工作条件来确定。渗碳层太薄,易产生表面疲劳剥落;太厚则使承受冲击载荷的能力降低。一般机械零件的渗碳层厚度在 0.5 ~ 2.0 mm 之间。工作中磨损轻、接触应力小的零件,渗碳层可以薄些;渗碳钢含碳量较低时,渗碳层应厚些;合金钢的渗碳层可以比碳钢的薄些。

(4)渗碳后的热处理及工艺路线

工件渗碳后,若缓冷下来,其表层金相组织为珠光体 + 网状二次渗碳体。这种表层组织不但脆性大,而且硬度和耐磨性也达不到要求。因此,渗碳后必须进行淬火 +

低温回火(180～200 ℃)处理。回火后渗碳表层的组织主要是高碳回火马氏体与少量残余奥氏体,有时还有粒状渗碳体,这要依最后的淬火加热温度而定。而心部组织则主要取决于钢的淬透性。低碳钢(15、20 钢等)的心部组织一般为铁素体 + 珠光体,其硬度的参考值为 10～15 HRC,某些低合金钢(20CrMnTi)的心部组织一般为低碳马氏体 + 铁素体 + 托氏体,其硬度为 30～45 HRC。

渗碳件的一般工艺路线如下:

锻造→正火→切削加工→渗碳→淬火 + 低温回火→精加工(磨削等)

2. 渗氮

向钢的表面渗入氮元素,以获得富氮表层的化学热处理称为渗氮,通常叫做氮化。

目前应用较为广泛的氮化工艺是气体渗氮,即将氨气通入加热到氮化温度的密封氮化罐中,使其分解出活性氮原子,反应如下:

$$2NH_3 \longrightarrow 3H_2 + 2[N]$$

与渗碳相比;渗氮具有如下特点。

①氮化层有很高的硬度和耐磨性,而且氮化后不用淬火即可得到高硬度的表层组织,这种硬度可以维持到 600～650 ℃。

②氮化温度低,工件变形小。

③氮化零件具有很好的耐蚀性,可防止水蒸气、碱性溶液的腐蚀。

④生产周期长、成本高。有的氮化时间长达几十个小时,且氮化层薄而脆,不宜承受集中的重负载,使氮化的应用受到一定的限制。目前,国内外又发展了软氮化、离子氮化等一些新的氮化工艺,尤其近几年内离子氮化发展迅速。

由于上述特点,生产中渗氮主要用于处理重要和复杂的精密零件,如精密丝杠、镗杆、排气阀、精密机床主轴等。38CrMoAl 是应用最广泛的氮化用钢。

氮化零件的一般工艺路线如下:

锻造→退火→粗加工→调质→精加工→去应力退火→粗磨→渗氮→精磨或研磨

3. 碳氮共渗

碳氮共渗也称氰化。氰化就是向钢件表层同时渗入碳和氮的化学热处理工艺。

目前最常用的是中温气体氰化,就是将钢件放入密封炉罐内加热到 820～860 ℃,并向炉内滴入煤油或其他渗碳剂,同时通入氨气。故碳氮共渗后还需淬火和回火。中温气体碳氮共渗具有加热低、零件变形小、生产周期短、工件硬度较高、耐磨性好和疲劳强度高等优点,目前工厂里常用来处理汽车和机床上的齿轮、蜗轮和轴类零件。

注意:齿轮的表面处理既可以采用感应加热表面渗氮,也可以采用化学热处理,如渗碳、渗氮等。经化学热处理的齿轮具有较高的整体强度和一定的韧性;齿面具有良好的耐磨性和接触疲劳强度;由于硬化层沿齿廓分布,残余应力分布合理,齿根具有较高的弯曲疲劳强度,因此对于汽车、拖拉机、飞机及其他动力机械的高负荷、高速度的重载齿轮,常采用渗碳或碳氮共渗处理。

四、热处理新技术简介

随着工业和科学技术的发展,对各种产品的性能、质量、可靠性等方面的要求愈来愈高,传统的热处理已难以满足这些要求。近二三十年来,热处理新工艺发展很快。

(一)可控气氛热处理

在炉气成分可控制在预定范围内的热处理炉中进行的热处理称为可控气氛热处理。可控气氛热处理炉如图 6.26 所示。这种热处理目的是为了有效地控制渗碳时的表面碳浓度,或防止工件在加热时氧化和脱碳。

图 6.26 可控气氛热处理炉

常用的可控气氛中含有 CO、CO_2、CH_4、H_2 等气体。通过控制 CO/CO_2、CH_4/H_2 的比例就可控制气氛的碳势(表征含碳气氛在一定温度下改变钢件表面含碳量能力的参数),使一定温度下处于奥氏体状态的钢保持平均含碳量不变。如气氛的含碳量为 $w_C = 0.8\%$,则共析钢在该气氛中加热时将保持 $w_C = 0.8\%$ 的含碳量,既不脱碳,也不渗碳,但在该气氛下,亚共析钢则会增碳,过共析钢则会脱碳,其结果是钢的表面含碳量都趋于 $w_C = 0.8\%$ 的平衡含量。这样,应用可控气氛并通过碳量控制,可实行低碳钢的光亮退火(多用于冷轧钢带的中间退火),中碳和高碳钢的光亮淬火以及控制表面碳浓度的渗碳处理等。

(二)真空热处理

在真空中进行的热处理称为真空热处理。0.013 399 Pa 真空度的作用相当于99.998 7% 纯氩保护气氛,而在工业中获得纯氩气是困难的,但获得这样的真空度却不难。因此,目前真空热处理被广泛应用。

真空热处理可以减少工件变形,使钢脱碳、脱氢和净化表面。此外,真空热处理的工艺操作条件好,有利于机械化和自动化。目前真空热处理发展较快,不但能在气体、水、油中进行淬火,而且广泛用于化学热处理,如真空渗碳、真空渗铬等。真空热处理生产周期短,可改善表面质量,并兼有减少污染、节省能源等优点。

（三）形变热处理

形变热处理是将塑性变形同热处理结合在一起,获得形变强化和相变强化综合效果的工艺方法。这种热处理能提高钢的强韧性,主要原因是形变热处理增加了钢的位错密度,细化了马氏体晶粒和马氏体中的亚结构,促进了碳化物的弥散析出,改变了残余奥氏体数量分布等。这种工艺方法不仅可提高钢的强韧性,还可以省去热处理时的重新加热工序,大大简化工序,节省能源,因此具有重要的经济意义。目前,这项技术已成功地应用于工业生产中,例如轧钢生产中的应用。

形变热处理的方法很多,典型的工艺有高温形变热处理和低温形变热处理。

1. 高温形变热处理

高温形变热处理是将钢加热到奥氏体化温度区域,进行塑性变形,随后立即进行淬火和回火的综合工艺。这种工艺的要点是,形变后应立即进行快速冷却,以保留形变强化的效果,防止奥氏体发生再结晶。高温形变热处理多用于调质钢及加工量不大的锻件和轧材,如连杆、曲轴、叶片、弹簧等。

2. 低温形变热处理

低温形变热处理是将钢在过冷奥氏体孕育期最长的温度范围（500 ~ 600 ℃）,进行变形度达 70% ~ 90% 的大量塑性变形,然后淬火及中温或低温回火。这种工艺能较大地提高钢的抗拉强度和疲劳强度,而不降低钢的塑性和韧性,目前主要应用于高速钢、模具钢、飞机起落架等要求高强度和抗磨损的零件。

（四）激光热处理和电子束表面淬火

激光热处理是利用专门的激光器发出能量密度极高的激光,以极快的速度加热工件表面,自冷淬火后使工件表面强化的热处理。

电子束表面淬火是利用电子枪发射成束电子,轰击工件表面使之急速加热,自冷淬火后使工件表面强化的热处理。其能量利用率大大高于激光热处理,可达80%。

五、热处理工艺的应用

热处理在机械制造过程中应用相当广泛,它穿插在机械零件制造工程的各个冷、热加工工序之间,正确合理地安排热处理的工序位置是一个重要问题。再者,机械零件类型很多,形状结构复杂,工作时承受各种应力,其选用的材料及要求的性能各异。因此,热处理技术条件的提出,热处理工艺规范的正确制定和实施等是一个相当重要的问题。

（一）热处理的技术条件

设计者根据零件的工作条件、所选用的材料及性能要求提出热处理技术条件,并标注在零件图上。其内容包括热处理的方法及热处理后应达到的力学性能。一般零件需标出硬度值,重要的零件还应标出强度、塑性、韧性指标或金相组织要求。对于化学热处理零件,还应标注渗层部位和渗层的深度。应采用"金属热处理工艺分类及代号"(GB/T12603—90)的规定标注热处理工艺,见表6.4。

热处理工艺代号规定如下:

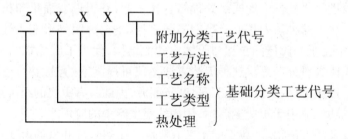

表 6.4　热处理工艺分类及代号

工艺总称	代号	工艺类型	代号	工艺名称	代号	加热方法	代号
热处理	5	整体热处理	1	退火	1	加热炉	1
				正火	2		
				淬火	3	感应	2
				淬火回火	4		
				调质	5		
				稳定化处理	6	火焰	3
				固溶化处理	7		
				固溶化处理和时效	8		
		表面热处理	2	表面淬火和回火	1	电阻	4
				物理气相沉积	2		
				化学气相沉积	3		
				等离子化学气相沉积	4	激光	5
		化学热处理	3	渗碳	1	电子束	6
				碳氮共渗	2		
				渗氮	3		
				氮碳共渗	4	等离子体	7
				渗其他非金属	5		
				渗金属	6		
				多元共渗	7	其他	8
				溶渗	8		

(二)热处理工序位置的确定

热处理工序一般安排在铸、锻、焊等热加工和切削加工的各个工序之间。根据热处理的目的和工序位置的不同,可将其分为预先热处理和最终热处理两大类。

1. 确定热处理工序位置的实例

车床主轴是传递力的重要零件,它承受一般载荷,轴颈处要求耐磨。一般车床主轴选用中碳结构钢(如45钢)制造。热处理技术条件为:整体调质处理,硬度220～250 HBS;轴颈及锥孔表面淬火,硬度50～52 HRC。它的制造工艺过程是:锻造—正火—机加工(粗)—调质—机加工(半精)—高频表面淬火＋低温回火—磨削。

其中热处理各工序的作用是:正火作为预先热处理,目的是消除锻件内应力,细化晶粒,改善切削加工件;调质是获得回火索氏体,使主轴整体具有较好的综合力学性能,为表面淬火做好组织准备;高频表面淬火＋低温回火作为最终热处理,使轴颈及锥孔表面得到高硬度、高耐磨性和高的疲劳强度,并回火消除应力,防止磨削时产生裂纹。

2. 热处理工序位置确定的一般规律

预备热处理包括退火、正火、调质等。其工序位置一般安排在毛坯生产之后,切削加工之前;或粗加工之后,精加工之前。正火和退火的作用是消除热加工毛坯的内应力,细化晶粒,调整组织,改善切削加工性,为后面的热处理工序做好组织准备。调质是为了提高零件的综合力学性能,为最终热处理做组织准备。对于一般性能要求不高的零件,调质也可作为最终热处理。

最终热处理包括各种淬火＋回火及化学热处理。零件经这类热处理后硬度较高,除可以磨削加工外,一般不适宜其他切削加工,故其工序位置一般均安排在半精加工之后,磨削加工(精加工)之前。

在生产过程中,由于零件选用的毛坯和工艺工程不同,热处理工序会有所增减。因此工序位置的安排必须根据具体情况灵活运用。例如要求精度高的零件,在切削加工之后,为了消除加工引起的残余应力,以减小零件变形,在粗加工后可穿插去应力退火。

(三)常见热处理缺陷及其预防

在热处理生产中,由于加热过程控制不良,淬火操作不当或其他原因,会出现一些缺陷。有些缺陷是可以挽救的,有些严重缺陷将使零件报废。因此,了解常见热处理缺陷及其预防是很重要的。

1. 钢在加热时出现的缺陷

(1)欠热

欠热又称加热不足。欠热会在亚共析钢淬火组织中出现铁素体,造成硬度不足;在过共析钢组织中会存在过多的未熔渗碳体。

(2)过热

加热温度偏高而使奥氏体晶粒粗大,淬火后得到粗大的马氏体,导致零件性能变脆。欠热与不严重的过热可通过退火或正火来矫正。

(3)过烧

加热温度过高,使钢的晶界氧化或局部熔化,致使零件报废。过烧是无法挽救的缺陷。

（4）氧化

钢的表面在氧化性介质中加热时与氧原子形成氧化铁的现象叫氧化。氧化会使工件尺寸变小，表面变得粗糙并影响淬火时的冷却速度，从而使工件硬度下降。

（5）脱碳

钢表层的碳被氧化而导致表层硬度不足，疲劳强度下降，并易造成表面淬火裂纹。

一般来说，工件在盐浴炉中加热可减轻钢的氧化和脱碳。另外可采用保护气氛加热、真空加热及工件表面涂层保护的办法来减小这类缺陷的发生。

2. 钢在淬火时易出现的缺陷

（1）淬火变形

淬火变形是零件在淬火时由于热应力与组织应力的综合作用引起的尺寸和形状的偏差。

（2）淬火裂纹

淬火裂纹产生的原因主要是冷却速度过快，另外零件结构设计不合理等因素也会引起此类缺陷。淬火裂纹应绝对避免，否则零件只能报废。

防止淬火工艺过程零件变形、开裂有如下措施。

①正确选材和合理设计。对于形状复杂、截面变化大的零件，应选用淬透性好的钢材，以便采用较缓和的淬火冷却方式。在零件结构设计中，应注意热处理结构工艺性。

②淬火前进行相应的退火或正火，以细化晶粒并使组织均匀化，减小淬火内应力。

③严格控制淬火加热温度，防止过热缺陷，同时也可减小淬火时的热应力。

④采用适当的冷却方法，如双液淬火、马氏体分级淬火或贝氏体等温淬火等。淬火时尽可能使零件均匀冷却，对厚薄不均匀的零件，应先将厚大部分淬入介质中。薄件、细长杆和复杂件，可采用夹具或专用淬火压床控制淬火时的变形。

⑤淬火后应立即回火，以消除应力，降低工件的脆性。

（四）热处理零件结构的工艺性

在实际生产中，工程师们有时只注意到如何使零件的结构、形状及尺寸适合部件机构的需要，而往往忽视了零件在热处理过程中因其结构和加工工艺不合理给热处理工序带来的不便，以致引起淬火变形甚至开裂，使零件报废。因此，在设计时，必须充分考虑淬火零件的结构、形状及各部分的尺寸以及加工工艺与热处理工艺性的关系。

在设计淬火零件的结构、形状及尺寸时，应掌握以下原则。

①在零件设计过程中，要在尖角、棱角地方倒角，如图 6.27 所示。因为尖角、棱角部分是淬火时应力最为集中的地方，往往成为淬火裂纹的起点。设计时要避免厚

薄悬殊(如图6.28所示)，使淬火后薄处变形直径增大。设计时还要考虑零件对称，如图6.29所示的零件形状不对称，淬火后零件椭圆度变大，为此开一个工艺孔可减小椭圆度。

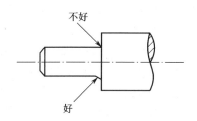

图6.27　零件在尖角、
棱角地方应倒角

②在选择材质时，严格按标准取用钢材，特别要注意其中的化学成分以及硫、磷含量、非金属夹杂等级是否符合标准。

③合理安排加工工艺路线，通过淬火之前的热处理(退火、正火等)将组织调整到正常组织，内应力予以消除，特别要使组织细化。

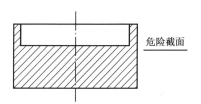

图6.28　零件存在危险截面
应加厚薄壁

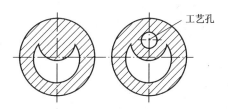

图6.29　开工艺孔避免淬火
变形、开裂

④前序的冷加工及热加工不要留下表面及内部裂纹或者深的刀痕。

⑤淬火前工件预留足够的加工余量。根据前人试验积累的资料一定材质、一定形状的零件在一定的淬火加热工艺下变形是有一定规律的，零件淬火变形后可通过机械方法校直，减少变形量，但仍恢复不到要求的公差，因此需要通过切削或磨削的办法消除变形，为此淬火之前必须留足加工余量。

思考与练习

1.奥氏体晶核优先在什么地方形成？为什么？

2.为什么当铁素体完全转变为奥氏体后仍然有一部分碳化物没有溶解？

3.根据奥氏体形成规律讨论细化奥氏体晶粒的途径。

4.奥氏体在什么条件下转变为片状珠光体，在什么条件下转变为粒状珠光体？

5.为什么珠光体转变温度越低，珠光体的片间距越小？

6.已知马氏体的含碳量超过0.6%时硬度不再随含碳量的增加而明显提高，为什么含碳量高于0.6%的碳钢仍被广泛采用？

7.简述钢中板条状马氏体和针片状马氏体的形状特征、亚结构以及力学性能的差异。

8.简述贝氏体组织的分类、形貌特征及其形成条件。

9. 试比较贝氏体转变与珠光体转变和马氏体转变的异同点。

10. 试从合金元素对钢的 TTT 图的影响讨论合金元素对热处理工艺的影响。

11. 如何区别高碳钢的回火马氏体与下贝氏体？

12. 试说明各种淬火方法的优缺点及其应用范围。

13. 简述低、中、高温回火在生产中的应用范围。

14. 如何抑制回火脆性？

15. 钢经渗碳并热处理后，其力学性能将发生什么变化？ 为什么？

16. 氮化钢在成分上有何特点？ 钢经氮化后性能上有何特点？

17. 为什么钢经高频感应加热表面淬火后，其表面硬度一般要比普通淬火的高？

18. 表面淬火用钢的成分有何特点？

第 7 单元　金属材料及热处理

学习目标

1. 了解合金元素在钢中的作用。

2. 重点掌握常用非合金钢、合金钢的种类、牌号、性能与应用。

3. 掌握铸铁和非铁金属材料的种类、牌号、性能与应用。

任务要求

钢材有 2 000 多种不同种类和型号,面对如此之多的材料种类,对于从事金属材料仓库管理的工作人员,如何将它们进行分门别类、井然有序的存储和管理;对于从事金属材料采购、销售的人员,如何将要求的材料正确地订货、发货,通过本单元的学习可以解决这方面的问题。

任务分析

炼钢时有目的地加入某些合金元素,就得到了低合金钢和合金钢,习惯上将低合金钢与碳钢统称为合金钢。合金钢比碳钢具有更高的力学性能、工艺性能和某些特殊的物理化学性能。本章涉及机械制造的常用钢材,学习者可按照如下思路学习:识别各类常用钢的牌号—知道这类钢化学成分特点(特别是含碳量范围)及力学性能特性—如何进行热处理(一般合金钢使用前都要热处理)—这类钢的大概应用范围。

相关新知识

一、合金元素对钢的影响

（一）合金元素对钢力学性能的影响

1. 溶解于铁，起固溶强化作用

几乎所有合金元素均能不同程度地溶于铁素体、奥氏体中形成固溶体，使钢的强度、硬度提高，但塑性、韧性有所下降。使钢具有强度和韧性的良好配合。

2. 形成碳化物，起第二相强化、硬化作用

按照与碳之间的相互作用不同，常用的合金元素分为非碳化物形成元素和碳化物形成元素两大类。碳化物形成元素包括 Ti、Nb、V、W、Mo、Cr、Mn 等，它们在钢中能与碳结合形成碳化物，如 TiC、VC、WC 等，这些碳化物一般都具有高的硬度、高的熔点和稳定性，当它们颗粒细小并在钢中均匀分布时，能显著提高钢的强度、硬度和耐磨性。

3. 使结构钢中珠光体增加，起强化的作用

合金元素的加入，使 Fe-Fe$_3$C 相图中的共析点左移，因而，与相同含碳量的碳钢相比，亚共析成分的结构钢（一般结构钢为亚共析钢）含碳量更接近于共析成分，组织中珠光体的数量使合金钢的强度提高。

（二）合金元素对钢工艺性能的影响

1. 对热处理的影响

（1）对加热过程奥氏体化的影响

合金钢热处理可适当提高加热温度和延长保温时间。

合金钢中的合金渗碳体、合金碳化物稳定性高，不易溶入奥氏体；合金元素溶入奥氏体后扩散很缓慢，因此合金钢的奥氏体化速度比碳钢慢，为加速奥氏体化，要求将合金钢（锰钢除外）加热到较高的温度和保温较长的时间。除 Mn 外的所有合金元素都有阻碍奥氏体晶粒长大的作用，尤其是 Ti、V 等强碳化物形成的合金碳化物稳定性高，残存在奥氏体晶界上，显著地阻碍奥氏体晶粒长大。因此奥氏体化的晶粒一般比碳钢细。

（2）对过冷奥氏体转变的影响

合金钢淬透性更好，可减小淬火冷速，减小淬火变形，但残余奥氏体增多。

除 Co 外，所有溶于奥氏体中的合金元素，都使过冷奥氏体的稳定性增大，使 C 曲线右移，马氏体临界冷却速度减小，淬透性提高。这使得合金钢利用较小的冷却速度即能淬成马氏体组织，可减小淬火变形。因此大尺寸、形状复杂或要求精度高的重要零件需要用合金钢制作。除 Co、Al 外，大多数合金元素都使 M_s 点（即马氏体开始转变的温度点）降低，使合金钢淬火后的残余奥氏体量比碳钢多，这将对零件的淬火

质量产生不利影响。

（3）对回火转变的影响

合金钢耐回火性好，回火后强度和韧性配合更好，有些钢可产生"二次硬化"。

合金钢回火时马氏体不易分解，抗软化能力强，即提高了钢的耐回火性，回火后能有更好的强度和韧性配合。合金元素能提高马氏体分解温度，对于含有较多 Cr、Mo、W、V 等强碳化物形成元素的钢，当加热至 500 ~ 600 ℃回火时，直接由马氏体中析出合金碳化物，这些碳化物颗粒细小，分布弥散，使钢的硬度不仅不降低，反而升高，这种现象称为"二次硬化"。但有些合金钢应避免"回火脆性"的产生。

2. 对焊接性能的影响

淬透性良好的合金钢在焊接时，容易在接头处出现淬硬组织，使该处脆性增大，容易出现焊接裂纹；焊接时合金元素容易被氧化形成氧化物夹杂，使焊接质量下降。例如，在焊接不锈钢时，形成 Cr_2O_3 夹杂，使焊缝质量受到影响，同时由于铬的损失，不锈钢的耐腐蚀性下降，所以高合金钢最好采用保护作用好的氩弧焊。

3. 对锻造性能的影响

由于合金元素溶入奥氏体后使变形抗力增加，使塑性变形困难，合金钢锻造需要施加更大的压力；同时合金元素使钢的导热性降低、脆性加大，增大了合金钢锻造时和锻后冷却中出现变形、开裂的倾向，因此合金钢锻后一般应控制终锻温度和冷却速度。

二、低合金钢

低合金钢是指合金元素的种类和含量低于国标规定范围的钢。

按质量等级（即按低合金钢中有害杂质 S、P 的含量）又可将低合金钢分为普通质量低合金钢（如一般低合金高强度结构钢、低合金钢筋钢等）、优质低合金钢（如通用低合金高强度结构钢、锅炉和压力容器用低合金钢、造船用低合金钢等）、特殊质量低合金钢（如核能用低合金钢、低温压力容器用钢等）。

（一）低合金高强度结构钢

1. 化学成分

这类钢的成分特点是：低碳、低合金，其 $w_C < 0.20\%$，常加入的合金元素有 Mn、Si、Ti、Nb、V 等。含碳量低是为了获得高的塑性、良好的焊接性和冷变形能力。合金元素 Si 和 Mn 主要溶于铁素体中，起固溶强化作用。Ti、Nb、V 等在钢中形成细小碳化物，起细化晶粒和弥散强化作用，从而提高了钢的强度和韧性。

2. 牌号、性能及用途

低合金高强度结构钢的牌号表示方法有 Q295、Q345、Q390、Q420、Q460，其中 Q345 应用最广泛，其力学性能及应用见表 7.1。

表7.1　常用低合金高强度结构钢的牌号、力学性能及应用(摘自 GB/T 1591—1994)

牌号	质量等级	力学性能				应　用
		σ_b/MPa	δ_5/%	σ/MPa	A_k/J	
Q295	A	390 ~ 570	23	295	—	低、中压化工容器,低压锅炉汽包,车辆冲压件、建筑金属构件、输油管,储油罐,有低温要求的金属构件
	B	390 ~ 570	23	295	34(20℃)	
Q345	A	470 ~ 630	21	345	—	各种大型船舶、铁路车辆、桥梁、管道、锅炉、压力容器、石油储罐、水轮机涡壳、起重及矿山机械、电站设备、厂房钢架等承受动载荷的各种焊接结构件,一般金属构件、零件
	B	470 ~ 630	21	345	34(20℃)	
	C	470 ~ 630	22	345	34(0℃)	
	D	470 ~ 630	22	345	34(-20℃)	
	E	470 ~ 630	22	345	27(-40℃)	
Q390	A	490 ~ 650	19	390	—	中、高压锅炉汽包,中、高压石油化工容器,大型船舶、桥梁、车辆及其他承受较高载荷的大型焊接结构件;承受动载荷的焊接结构件,如水轮机涡壳
	B	490 ~ 650	19	390	34(20℃)	
	C	490 ~ 650	20	390	34(0℃)	
	D	490 ~ 650	20	390	34(-20℃)	
	E	490 ~ 650	20	390	27(-40℃)	
Q420	A	520 ~ 680	18	420	—	中、高压锅炉及容器,大型船舶,车辆、电站设备及焊接结构件
	B	520 ~ 680	18	420	34(20℃)	
	C	520 ~ 680	19	420	34(0℃)	
	D	520 ~ 680	19	420	34(-20℃)	
	E	520 ~ 680	19	420	27(-40℃)	
Q460	C	550 ~ 720	17	460	34(0℃)	淬火、回火后用于大型挖掘机、起重运输机械、钻井平台等
	D	550 ~ 720	17	460	34(-20℃)	
	E	550 ~ 720	17	460	27(-40℃)	

低合金高强度结构钢是一类可焊接的低碳低合金工程结构用钢,具有较高的强度,良好的塑性、韧性、良好的焊接性、耐蚀性和冷成形性,低的韧脆转变温度,适于冷弯和焊接,广泛用于桥梁、车辆、船舶、锅炉、高压容器和输油管等。在某些场合用低合金高强度结构钢代替碳素结构钢可减轻构件的质量。

(二)易切削结构钢

易切削结构钢具有小的切削抗力、对刀具的磨损小,切屑易碎、便于排除等特点,主要用于成批大量生产的螺柱、螺母、螺钉等标准件,也可用于轻型机械,如自行车、缝纫机、计算机零件等。加入硫、锰、磷等合金元素,或加入微量的钙、铅能改善其切削加工性能。

易切削结构钢常用牌号有 Y12、Y12Pb、Y15、Y30、Y40Mn、Y45Ca 等。钢号中首位字母"Y"表示钢的类别为易切削结构钢,其后的数字为碳质量的万分之几,末位元素符号表示主要加入的合金元素(无此项符号的钢表示为非合金易切削钢)。

（三）低合金耐候钢

低合金耐候钢具有良好的耐大气腐蚀的能力,是近年来我国发展起来的新钢种。此类钢主要加入的合金元素有少量的铜、铬、磷、钼、钛、铌、钒等,使钢的表面生成致密的氧化膜,提高耐候性。

常用耐候钢的牌号有 09CuP、09CuPCrNi 等。这类钢可用于农业机械、运输机械、起重机械、铁路车辆、建筑、塔架等构件,也可制作铆接件和焊接件。

三、合金结构钢

（一）合金渗碳钢

渗碳钢通常是指需经渗碳处理后使用的钢材,具有外硬内韧的性能,用于承受冲击的耐磨件,如汽车、拖拉机中的变速齿轮,内燃机上的凸轮轴、活塞销等,如图 7.1 所示。

1. 化学成分

合金渗碳钢为低碳成分,一般 $w_C = 0.10\% \sim 0.25\%$,以保证零件心部具有足够的塑性和韧性。主要合金元素是 Cr,还可加入 Ni、Mn、B、W、Mo、V、Ti 等,其中,Cr、Ni、Mn、B 的主要作用是提高淬透性,使大尺寸零件淬火后心部得到低碳马氏体组织,以提高强度和韧性;少量的 W、Mo、V、Ti 能形成细小、难溶的碳化物,以阻止渗碳过程中高温、长时间保温条件下晶粒长大。在零件表层形成的合金碳化物还可提高表面渗碳层的耐磨性。

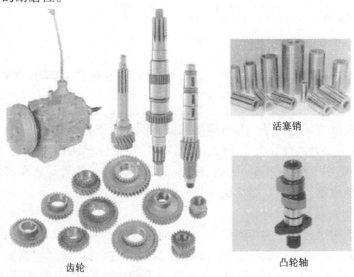

活塞销

齿轮

凸轮轴

图 7.1　合金渗碳钢制品

2. 常用牌号

合金渗碳钢常用牌号主要有 20Cr、20CrMnTi、20Cr2Ni4 等,其化学成分、热处理、力学性能及应用见表 7.2。

20Cr 钢常用来制造负荷不大、小尺寸的一般渗碳件,如小轴、小齿轮、活塞销等,也可在调质状态下使用,制造工作速度较大并承受中等冲击载荷的零件。这种钢在渗碳时易过热,表面也容易出现渗碳体网。

20CrMnTi 是应用最广泛的合金渗碳钢,用于截面在 30 mm 以下、高速运转并承受中等或重载荷的重要渗碳件,如汽车、拖拉机的变速齿轮、轴等零件。

20Cr2Ni4 钢用作大截面、较高载荷、交变载荷下工作的重要渗碳件,如内燃机车的主动牵引齿轮、柴油机曲轴等。

3. 热处理及性能

预先热处理为正火,其目的是为了改变锻造状态的不正常组织,获得合适的硬度以利切削加工。最终热处理一般是渗碳后淬火加上低温回火,使表层获得高碳回火马氏体加碳化物,表面硬度一般为 58 ~ 64 HRC;而心部组织则视钢的淬透性高低及零件尺寸的大小而定,可得到低碳回火马氏体或其他非马氏体组织,使心部具有良好的强度和韧性。

表 7.2　常用合金渗碳钢的牌号、热处理、力学性能及应用(摘自 GB/T 3077—1999)

牌　号	热　处　理			力　学　性　能				应　用
	第一次淬火温度/℃	第二次淬火温度/℃	回火温度/℃	σ_s/MPa	σ_b/MPa	δ_5/%	A_k/J	
				不小于				
20Cr	880（水、油）	780 ~ 820（水、油）	200（水、空）	540	835	10	47	截面在 ϕ30 mm 以下、形状复杂、心部要求较高强度、工作表面承受磨损的零件,如机床变速箱齿轮、凸轮、蜗杆、活塞销、爪形离合器等
20Mn2	880（水、油）		200（水、空）	590	785	10	47	代替 20 钢制作小型渗碳齿轮、轴、轻载活塞销、汽车顶杆、变速箱操纵杆等
20CrMnTi	880（油）	870（油）	200（水、空）	850	1 080	10	55	在汽车、拖拉机工业中用于截面在 ϕ30 mm 以下,承受高速、中或重载荷以及受冲击、摩擦的重要渗碳件,如齿轮、轴、齿轮轴、爪形离合器、蜗杆等
20MnVB	860（油）		200（水、空）	885	1 080	10	55	模数较大、载荷较重的中小渗碳件,如重型机床上的齿轮、轴,汽车后桥主动、从动齿轮等
20MnTiB	860（油）		200（水、空）	930	1 130	10	55	20CrMnTi 的代用钢种,制作汽车、拖拉机上小截面、中等载荷的齿轮
20Cr2Ni4	880（油）	780（油）	200（水、空）	1 080	1 180	10	63	大截面、较高载荷、交变载荷下工作的重要渗碳件,如大型齿轮、轴等

注:表中各牌号的合金渗碳钢试样尺寸均为 ϕ15 mm。

（二）合金调质钢

合金调质钢主要用于制造在多种载荷（如扭转、弯曲、冲击等）下工作,受力比较复杂,要求具有良好综合力学性能的重要零件,一般需经调质处理后使用,如汽车、拖拉机、机床等上的齿轮、轴类件、连杆、高强度螺栓等,如图7.2 所示。它是机械结构用钢的主体。

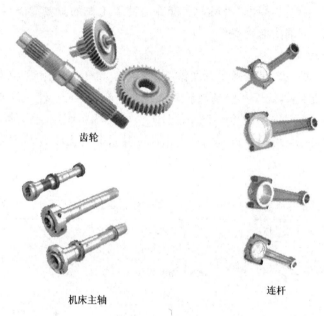

齿轮

机床主轴

连杆

图7.2　合金调质钢制品

1. 化学成分

合金调质钢为中碳成分,碳的质量分数 $w_C = 0.25\% \sim 0.50\%$,以保证调质处理后具有良好的综合力学性能。主要合金元素有 Cr、Ni、Mn、Si、B 等,它们能提高零件的淬透性和强化钢材,而加入少量的 W、Mo、V、Ti 等元素可形成稳定的合金碳化物,阻止奥氏体晶粒长大,起细化晶粒及防止回火脆性的作用。

2. 常用牌号

40Cr、35CrMo、38CrMoAl、40CrNiMoA 等为常用的合金调质钢的牌号,其化学成分、热处理、力学性能及应用见表7.3。

40Cr 钢是应用最广泛的合金调质钢,主要用于较为重要的中小型调质件,如机床齿轮、主轴、花键轴、顶尖套等。

35CrMo 适用于制造截面较大、载荷较重的调质件和较为重要的中型调质件,如汽轮机的转子、重型汽车的曲轴等。

40CrNiMoA 适宜于制作重载、大截面的重要调质件,如挖掘机传动轴、卷板机轴等。

38CrMoAl 是氮化钢,主要用于制造尺寸精确、表面耐磨性要求很高的中小型调质件,如精密磨床主轴、精密镗床丝杠等。

3.热处理及性能

合金调质钢的最终热处理为调质处理,以获得回火索氏体组织,具有良好的综合力学性能;对于某些受冲击的表面耐磨零件,也可在调质后进行表面淬火并低温回火,或调质后氮化处理。而对于大截面的碳素调质钢零件,往往使用正火代替调质处理。

表7.3　常用合金调质钢的牌号、化学成分、热处理、力学性能及应用(摘自 GB/T 3077—1999)

牌 号	化学成分 w/%					热处理		力学性能			应 用
	C	Si	Mn	Cr	其他	淬火温度/℃	回火温度/℃	σ_s/MPa	σ_b/MPa	δ_5/%	
								不小于			
40Cr	0.37~0.44	0.17~0.37	0.50~0.80	0.80~1.10		850(油)	520(水油)	785	980	9	制造承受中等载荷和中等速度工作下的零件,如汽车后半轴及机床上齿轮、轴、花键轴、顶尖套等
40MnB	0.37~0.44	0.17~0.37	1.10~1.40		B:0.000 5~0.003 5	850(油)	500(水油)	785	980	10	代替40Cr制造中、小截面重要调质件,如汽车半轴、转向轴、蜗杆及机床主轴、齿轮等
35CrMo	0.32~0.40	0.17~0.37	0.40~0.70	0.80~1.10	Mo:0.15~0.25	850(油)	550(水油)	835	980	12	通常用作调质件,也可在中、高频表面淬火或淬火、低温回火后用于高载荷下工作的重要结构件,特别是受冲击、振动、弯曲、扭转载荷的机件,如主轴、大电机轴、曲轴、锤杆等
40CrNi	0.37~0.44	0.17~0.37	0.50~0.80	0.45~0.75	Ni:1.00~1.40	820(油)	500(水油)	785	980	10	制造截面较大、载荷较重的零件,如轴、连杆、齿轮轴等

续表

牌　号	化学成分 w/%					热处理		力学性能			应　用
	C	Si	Mn	Cr	其他	淬火温度/℃	回火温度/℃	σ_s /MPa	σ_b /MPa	δ_5 /%	
								不小于			
38CrMoAl	0.35 ~ 0.42	0.20 ~ 0.45	0.30 ~ 0.60	1.35 ~ 1.65	Mo:0.15 ~ 0.25 Al:0.70 ~ 1.10	940 (水、油)	640 (水、油)	835	980	14	高级氮化钢,常用于制造磨床主轴、自动车床主轴、精密丝杠、精密齿轮、高压阀门、压缩机活塞杆、橡胶及塑料挤压机上的各种耐磨件
40CrNiMoA	0.37 ~ 0.44	0.17 ~ 0.37	0.50 ~ 0.80	0.60 ~ 0.90	Mo:0.15 ~ 0.25 Ni:1.25 ~ 1.65	850 (油)	600 (水、油)	835	980	12	要求韧性好、强度高及大尺寸的重要调质件,如重型机械中高载荷的轴类、直径大于 25 mm 的汽轮机轴、叶片、曲轴等
0Cr2NiWA	0.21 ~ 0.28	0.17 ~ 0.37	0.30 ~ 0.60	1.35 ~ 1.65	W:0.80 ~ 1.20 Ni:4.00 ~ 4.50	850 (油)	550 (水、油)	930	1 080.	11	200 mm 以下要求淬透的大截面重要零件

注:表中38CrMoAl 钢试样毛坯尺寸为 ϕ30 mm,其余牌号合金调质钢试样毛坯尺寸均为 ϕ25 mm。

（三）合金弹簧钢

弹簧起缓冲、减振和储能等作用。弹簧一般在交变应力下工作,常见的破坏形式是疲劳破坏,因此,必须具有高的屈服点和屈强比(σ_s/σ_b)、弹性极限、抗疲劳性能,以保证弹簧有足够的弹性变形能力并能承受较大的载荷。同时,弹簧钢还要求具有一定的塑性与韧性,一定的淬透性,不易脱碳及不易过热。一些特殊弹簧还要求有耐热性、耐蚀性或在长时间内有稳定的弹性。

中碳钢和高碳钢都可作弹簧使用,但因其淬透性和强度较低,只能用来制造截面较小、受力较小的弹簧。合金弹簧钢则可制造截面较大、屈服极限较高的重要弹簧。使用合金弹簧钢制造的部分零件如图 7.3 所示。

1. 化学成分

合金弹簧钢为中、高碳成分,一般 $w_C = 0.5\% \sim 0.7\%$,以满足高弹性、高强度的性能要求。加入的合金元素主要是 Si、Mn、Cr,作用是强化铁素体、提高淬透性和耐回火性。但加入过多的 Si 会造成钢在加热时表面容易脱碳,加入过多的 Mn 容易使晶粒长大。加入少量的 V 和 Mo 可细化晶粒,从而进一步提高强度并改善韧性。此外,它们还有进一步提高淬透性和耐回火性的作用。

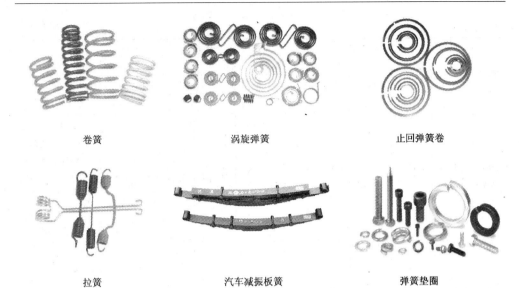

卷簧　　　　　　涡旋弹簧　　　　　　止回弹簧卷

拉簧　　　　　　汽车减振板簧　　　　　　弹簧垫圈

图 7.3　合金弹簧钢制品

2. 常用牌号

常用的合金弹簧钢有 60Si2Mn、50CrVA、30W4Cr2VA 等,其化学成分、热处理、力学性能及用途见表 7.4。

表 7.4　常用合金弹簧钢的牌号、化学成分、热处理、力学性能及应用(摘自 GB/T1222—1984)

牌号	主要化学成分 w/%						热处理		力学性能			应用
	C	Si	Mn	Cr	V	W	淬火温度/℃	回火温度/℃	σ_s/MPa	σ_b/MPa	δ_5/%	
									不小于			
60Si2 Mn	0.56 ~ 0.64	1.50 ~ 2.00	0.60 ~ 0.90	≤0.35			870(油)	480	1 177	1 275	5	汽车、拖拉机、机车上的减振板簧和螺旋弹簧,汽缸安全阀簧,电力机车用升弓钩弹簧,止回阀簧,250℃以下使用的耐热弹簧

续表

牌号	主要化学成分 w/%						热处理		力学性能			应用
	C	Si	Mn	Cr	V	W	淬火温度/℃	回火温度/℃	σ_s/MPa	σ_b/MPa	δ_5/%	
									不小于			
50Cr VA	0.46 ~ 0.54	0.17 ~ 0.37	0.50 ~ 0.80	0.80 ~ 1.10	0.10 ~ 0.20		850(油)	500	1 128	1 275	10	用作较大截面的高载荷重要弹簧及工作温度小于 350 ℃ 的阀门弹簧、活塞弹簧、安全阀弹簧等
30W4 Cr2VA	0.26 ~ 0.34	0.17 ~ 0.37	≤0.40	2.00 ~ 2.50	0.50 ~ 0.80	4.00 ~ 4.50	1 050 ~ 1 100 (油)	600	1 324	1 471	7	用于工作温度小于等于 500 ℃ 的耐热弹簧,如锅炉主安全阀弹簧、汽轮机汽封弹簧等

注:表列性能适用于截面单边尺寸小于等于 80 mm 的钢材。

60Si2Mn 钢是应用最广泛的合金弹簧钢,其生产量约为合金弹簧钢产量的 80%。它的强度、淬透性、耐回火性都比碳素弹簧钢高,工作温度达 250 ℃,缺点是脱碳倾向较大,适于制造厚度小于 10 mm 的板簧和截面尺寸小于 25 mm 的螺旋弹簧,在重型机械、铁道车辆、汽车、拖拉机上都有广泛的应用。

50CrVA 钢的力学性能与 60Si2Mn 钢相近,但淬透性更高,钢中 Cr 和 V 能提高弹性极限、强度、韧性和耐回火性,常用于制作承受重载荷、工作温度较高及截面尺寸较大的弹簧。

30W4Cr2VA 是高强度的耐热弹簧,用于 500 ℃ 以下工作的锅炉主安全阀弹簧、汽轮机汽封弹簧等。

3. 弹簧成形方法、热处理及性能

(1)弹簧成形方法

对直径或板簧厚度大于 10 mm 的大弹簧,可在比正常淬火温度高出 50 ~ 80 ℃ 的温度热成形,对直径或板簧厚度小于 8 ~ 10 mm 的小弹簧,常用冷拔弹簧钢丝冷卷成形。

(2)热处理

为保证弹簧具有高的强度和足够的韧性,通常采用淬火 + 中温回火。对热成形弹簧,可采用热成形余热淬火,对热冷成形的弹簧,有时可省去淬火、中温回火工艺,成形后只需进行 200 ~ 300 ℃ 去应力退火即可。弹簧钢热处理后通常进行喷丸处理,其目的是在弹簧表面产生残余压应力,以提高弹簧的疲劳强度。

(3)性能

合金弹簧钢硬度为 40~48 HRC,有较高的弹性极限、疲劳强度以及一定的塑性和韧性。

(四)轴承钢

轴承钢主要用于制造滚动轴承的内圈、外圈、滚动体和保持架,其成分与性能接近工具钢,故也可制作冷冲模、精密量具等工具,还可制作要求耐磨的精密零件,如柴油机喷油嘴、精密丝杠等。

1. 化学成分

滚动轴承钢为高碳成分,$w_C = 0.95\% \sim 1.10\%$,以保证高硬度和高耐磨性。主要合金元素为 Cr,$w_{Cr} = 0.40\% \sim 1.65\%$,Cr 能提高淬透性,并与碳形成颗粒细小而弥散分布的碳化物,使钢在热处理后获得高而均匀的硬度及耐磨性。有时,轴承钢中还加入 Si 和 Mn 以进一步提高其淬透性,用于大型轴承。

2. 常用牌号

牌号前用字母"G"表示滚动轴承钢的类别,后附元素符号 Cr 和其平均含量的千分数及其他元素符号。如 GCr4、GCr15、GCr15SiMn、GCr15SiMo、GCr18Mo,目前应用最广泛的是 GCr15。常用轴承钢的化学成分、热处理及应用见表 7.5。

表 7.5　常用轴承钢的牌号、化学成分、热处理及应用(摘自 GB 18254—2000)

牌号	化学成分 w/%						热处理			应 用
	C	Cr	Mn	Si	S	P	淬火温度/℃	回火温度/℃	回火后硬度	
GCr15	0.95~1.05	1.4~1.65	0.25~0.45	0.15~0.35	≤0.025		825~845	150~170	62~66 HRC	壁厚 20 mm 中、小型套圈,$\phi < 50$ mm 滚珠
GCr15SiMn	0.95~1.05	1.3~1.65	0.9~1.2	0.4~0.65	≤0.025		820~840	150~170	≥62 HRC	壁厚 >30 mm 的大型套圈,$\phi50 \sim \phi100$ mm 滚珠

3. 热处理及性能

滚动轴承工作时,内、外圈与滚动体的高速相对运动使其接触面受到强烈的摩擦,因此要求所用材料具有高耐磨性;内、外圈与滚动体的接触面积很小,载荷集中作用于局部区域,使接触处容易压出凹坑,因此要求所用材料具有高硬度;内、外圈与滚动体的接触位置不断变化,受力位置和应力大小也随之不断变化,在这种周期性的交变载荷作用下,内、外圈和滚动体的接触表面会出现小块金属剥落现象,因此要求所用材料具有高的接触疲劳强度。此外,轴承钢还应有一定的韧性和淬透性。

预先热处理为球化退火,可获得细小均匀的球状珠光体。其目的一是降低硬度

（硬度为170~210 HBS），改善切削加工性能；二是为淬火提供良好的原始组织，从而使淬火及回火后得到最佳的组织和性能。最终热处理是淬火和低温回火，获得细回火马氏体加均匀分布的细粒状碳化物及少量残余奥氏体，硬度为61~65 HRC。对精密的轴承钢零件，为保证尺寸稳定性，可在淬火后立即进行冷处理（-60~-80 ℃），以尽量减少残余奥氏体量。冷处理后进行低温回火和粗磨，接着在120~130 ℃进行时效处理，最后进行精磨。

（五）高锰耐磨钢

高锰耐磨钢用于工作时受到剧烈的冲击或较大压力作用、摩擦磨损严重的机械零件，如坦克或拖拉机履带板、球磨机滚筒衬板、破碎机牙板、挖掘机的铲齿及铁路上的道岔等，也可用于保险箱钢板、防弹板。图7.4所示为高锰耐磨钢部分制品。

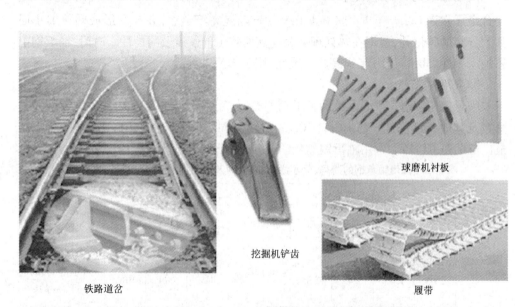

铁路道岔　　　　挖掘机铲齿　　　球磨机衬板　　　履带

图7.4　高锰耐磨钢部分制品

1. 化学成分

高锰耐磨钢的含碳量高，碳的质量分数达 $w_C = 0.9\% \sim 1.45\%$，$w_{Mn} = 11\% \sim 14\%$。由于高锰耐磨钢极易冷变形强化，很难进行切削加工，因此高锰耐磨钢件大多是铸态的。

2. 常用牌号

高锰耐磨钢由字母"ZG"（表示铸钢）后附元素符号 Mn 及其含量百分数表示。GB/T 5680—1998 共包含五个牌号：ZGMn13—1、ZGMn13—2、ZGMn13—3 、ZGMn13—4、ZGMn13—5 ，这五个牌号的成分与性能稍有差异。耐磨钢中外牌号近似对照见表7.6。

3. 热处理及性能

"水韧处理"——将钢加热到 1 000 ~ 1 050 ℃高温,保温一段时间,使钢中碳化物全部溶入奥氏体中,然后在水中快冷,使碳化物来不及析出,得到单相奥氏体组织。水韧处理后硬度并不高(180 ~ 220 HBS)。当它受到剧烈冲击或较大压力作用时,表面迅速产生加工硬化,并伴有马氏体相变,使表面硬度提高到 52 ~ 56 HRC,因而具有高的耐磨性,而心部仍为奥氏体,具有良好的韧性,以承受强烈的冲击力。

必须注意的是,高锰耐磨钢必须有剧烈的冲击或较大压力时,才能使表面产生加工硬化,使其显示出奇高的耐磨性,不然高锰耐磨钢是不耐磨的。

表 7.6　耐磨铸钢中外牌号近似对照

中国 (GB)	日本 (JIS)	美国		苏联 (ГОСТ)	德国		意大利 (UNI)	法国 (NF)	英国 (BS)	瑞典 (SS14)	国际标准 (ISO)	中国台湾 (CNS)
		ASTM	UNS		DIN	W-Nr.						
ZGMn13 – 1	—	B – 4	J91149	T13Л	G – ×120Mn13	1.380 2	—	—	BW10	218 3	—	—
ZGMn13 – 2		B – 3	J91139		G – ×120Mn12	1.340 1						
		B – 2	J91129									
		A	J91109									
ZGMn13 – 3	SCMnH1	B – 1	J91119	100T13Л	—	—	—	—	—	—	—	SCMnH1
ZGMn13 – 4	SCMnH2											SCMnH2
	SCMnH3											SCMn3

四、合金工具钢与高速工具钢

工具钢用于制造各种工具,如量具、刃具、模具等。工具钢按化学成分可分为非合金工具钢、合金工具钢和高速工具钢三类。以下主要讲解后两种工具钢。

(一)合金工具钢

合金工具钢包括量具刃具钢、冷作模具钢、热作模具钢、塑料模具钢等。

1. 量具刃具钢

(1)应用场合

主要用于制造低速切削刃具(如木工工具、钳工工具、钻头、铣刀、拉刀等)及测量工具(如卡尺、千分尺、块规、样板等)。量具刃具钢要求具有高硬度(62 ~ 65 HRC)、高耐磨性、足够的强度和韧性、高的热硬性(即刃具在高温时仍能保持高的硬度);为保证测量的准确性,要求量具刃具钢具有良好的尺寸稳定性。其部分制品如图 7.5 所示。

(2)化学成分

量具刃具钢具有高碳成分,$w_C = 0.8\% ~ 1.50\%$,以保证高的硬度和耐磨性。加入的合金元素有 Cr、Si、Mn、W 等,用以提高钢的淬透性、耐回火性、热硬性和耐磨性。

(3)常用刃具钢

9SiCr 是应用广泛的刃具钢,用于制作要求变形小的各种薄刃低速切削刃具,如板牙、丝锥、铰刀等。

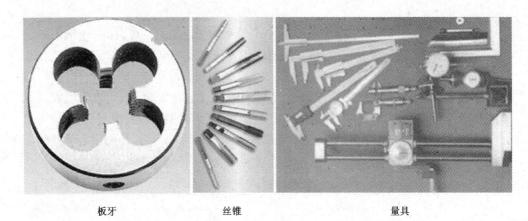

板牙   丝锥   量具

图 7.5 量具刃具钢制品

（4）常用量具钢

高精度量具（如块规）可采用 Cr2、CrWMn 等量具刃具钢制造，也可用轴承钢（如 GCr15）制造；简单量具（如卡尺、样板、直尺、量规等）多用碳素工具钢（如 T10A）；要求精密并须防止腐蚀的量具，采用不锈钢 3Cr13、9Cr18。常用量具刃具钢的牌号、化学成分、热处理、力学性能及应用见表 7.7。

表 7.7 常用量具刃具钢的牌号、化学成分、热处理、力学性能及应用

（摘自 GB 1299—2000）

牌号	化学成分 w/%						热处理和力学性能				应用
	C	Si	Mn	Cr	S	P	淬火温度/℃	HRC	回火温度/℃	HRC	
9SiCr	0.85 ~ 0.95	1.20 ~ 1.60	0.30 ~ 0.60	0.95 ~ 1.25	≤0.30		820 ~ 860（油）	≥62	180 ~ 200	60 ~ 62	制作板牙、丝锥、铰刀、钻头、齿轮铣刀、拉刀等，也可制作冷冲模、冷轧辊等
Cr06	1.30 ~ 1.45	≤0.40	≤0.40	0.50 ~ 0.70	≤0.30		780 ~ 810（水）	≥64			制作刮刀、锉刀、剃刀、外科手术刀、刻刀等
Cr2	0.95 ~ 1.10	≤0.40	≤0.40	1.30 ~ 1.65	≤0.30		830 ~ 860（油）	≥62			制作车刀、插刀、铰刀、钻套、量具、样板、偏心轮、拉丝模、大尺寸冷冲模等

注：表中 Cr06 钢的平均 w_C >1%，为与结构钢区别，不标含碳量数字。其平均 w_{Cr} = 0.6%。

（5）热处理

量具刃具钢的预先热处理为球化退火，最终热处理为淬火加低温回火，热处理后硬度达 60 ~ 65HRC。高精度量具在淬火后可进行冷处理，以减少残余奥氏体量，从而增加其尺寸稳定性。为了进一步提高尺寸稳定性，淬火回火后，还可进行时效

处理。

2.冷作模具钢

(1)应用场合

冷作模具用于冷态下(工作温度低于 200～300 ℃)金属的成形加工,如冷冲模、冷挤压模、剪切模等。图 7.6 所示为冷作模具钢制品。这类模具承受很大的压力、强烈的摩擦和一定的冲击,因此,要求具有高硬度、耐磨性和足够的韧性。此外,形状复杂、精密、大型的模具还要求具有较高的淬透性和小的热处理变形。

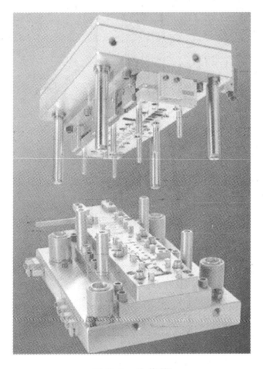

图 7.6　冷作模

(2)化学成分

冷作模具钢一般具有高的含碳量,$w_C = 1.0\% ～ 2.0\%$,以获得高硬度和高耐磨性。加入合金元素 Cr、Mo、W、V 等,以提高耐磨性、淬透性和耐回火性。

(3)常用冷作模具钢

Cr12 型钢包括 Cr12、Cr12MoV 等,这类钢的淬透性及耐磨性好,热处理变形小,常用于大型冷作模。其中 Cr12MoV 钢除耐磨性不及 Cr12 钢外,强度、韧性都较好,应用最广。尺寸较小的冷作模具可选用低合金冷作模具钢 CrWMn 等,也可采用刃具钢 9SiCr 或轴承钢 GCr15。常用冷作模具钢的牌号、化学成分、热处理及应用见表 7.8 。

（4）热处理

Cr12 型钢属于莱氏体钢，加工前应进行反复锻打并退火。Cr12 型钢的最终热处理一般为淬火和回火，获得回火马氏体、碳化物和残余奥氏体组织，硬度为 60 ~ 64 HRC。

表 7.8　常用冷作模具钢的牌号、化学成分、热处理及应用（摘自 GB/T 1299—2000）

牌号	化学成分 $w/\%$							交货状态（退火）HBS	热处理		应　用
	C	Si	Mn	Cr	其他	P	S		淬火温度/℃	HRC 不大于	
						不小于		不大于			
CrWMn	0.90 ~ 1.05	≤0.40	0.80 ~ 1.10	0.90 ~ 1.20	W:1.20 ~ 1.60	0.03	0.03	207 ~ 255	800 ~ 830（油）	62	制作淬火要求变形很小、长而形状复杂的切削刀具，如拉刀、长丝锥及形状复杂、高精度的冷冲模
Cr12	2.00 ~ 2.30	≤0.40	≤0.40	11.50 ~ 13.00		0.03	0.03	217 ~ 269	950 ~ 1 000（油）	60	制作耐磨性高、不受冲击、尺寸较大的模具，如冷冲模、冲头、钻套、量规、螺纹滚丝模、拉丝模等
Cr12MoV	1.45 ~ 1.70	≤0.40	≤0.40	11.00 ~ 12.50	Mo:0.40 ~ 0.60 V:0.15 ~ 0.30	0.03	0.03	207 ~ 255	950 ~ 1 000（油）	58	制作截面较大、形状复杂、工作繁重的各种冷作模具及螺纹搓丝板等

3.热作模具钢

（1）应用场合

热作模具用于热态金属的成形加工，如热锻模、压铸模、热挤压模等。热作模具工作时受到比较高的冲击载荷，同时模腔表面要与炽热金属接触并发生摩擦，局部温度可达 500 ℃以上，并且还要反复受热与冷却，常因热疲劳而使模腔表面龟裂，故要求热作模具钢在高温下具有较高的综合力学性能及良好的耐热疲劳性。此外，必须具有足够的淬透性。其部分制品如图 7.7 所示。

（2）化学成分

热作模具钢为中碳成分，$w_C = 0.3\% ~ 0.6\%$，以获得综合力学性能。合金元素有 Cr、Mn、Ni、Mo、W、Si 等：其中 Cr、Mn、Ni 的主要作用是提高淬透性；W、Mo 的主要作用是提高耐回火性并降低回火脆性；Cr、W、Mo、Si 还可以提高钢的耐热疲劳性。

连杆锻模

汽车四缸压铸模

图 7.7　热作模具钢制品

（3）常用热作模具钢

5CrMnMo 和 5CrNiMo 是最常用的热作模具钢,其中 5CrMnMo 常用来制造中小型热锻模,5CrNiMo 常用于制造大中型热锻模;对于受静压力作用的模具(如压铸模、挤压模等),应选用 3Cr2W8V 或 4Cr5W2VSi 钢。常用热作模具钢的牌号、化学成分、热处理及应用见表 7.9。

（4）热处理

热作模坯料锻造后需进行退火,以消除锻造应力,降低硬度,利于切削加工;最终热处理为淬火、高温(或中温)回火,回火后获得均匀的回火索氏体或回火托氏体,硬度约为 40 HRC。

表 7.9　常用热作模具钢的牌号、化学成分、热处理及应用(摘自 GB/T 1299—2000)

牌号	化学成分 w/%					交货状态		淬火温度/℃	应　用
	C	Si	Mn	Cr	其他	P	S		
						不大于		(退火) HBS	
5CrMnMo	0.50 ~ 0.60	0.25 ~ 0.60	1.20 ~ 1.60	0.60 ~ 0.90	Mo:0.15 ~ 0.30	0.03	0.03	197 ~ 241	820 ~ 850(油)	制作中小型热锻模,边长≤300 ~ 400 mm
5CrNiMo	0.50 ~ 0.60	≤0.40	0.50 ~ 0.80	0.50 ~ 0.80	Ni:1.40 ~ 1.80 Mo:0.15 ~ 0.30	0.03	0.03	197 ~ 241	830 ~ 860(油)	制作形状复杂、冲击载荷大的各种大、中型热锻模(边长 > 400 mm)
3Cr2W8V	0.30 ~ 0.40	≤0.40	≤0.40	2.20 ~ 2.70	W:7.50 ~ 9.00 V:0.20 ~ 0.50	0.03	0.03	≤255	1 075 ~ 1 125 (油)	制作压铸模,平锻机上的凸模和凹模、镶块,铜合金挤压模等
4Cr5W2VSi	0.32 ~ 0.42	0.08 ~ 1.20	≤0.40	4.50 ~ 5.50	W:1.60 ~ 2.40 V:0.60 ~ 1.00	0.03	0.03	≤229	1 030 ~ 1 050 (油或空)	可用于高速锤用模具与冲头,热挤压用模具及芯棒,有色金属压铸模等

4. 塑料模具钢

(1) 性能要求

图 7.8 注塑模

塑料模具所受的应力和磨损较小，主要失效形式为模具表面质量下降，因此应具备以下性能：①良好的加工性能，有较高预硬硬度（28~35 HRC），便于进行切削加工或电火花加工，易于蚀刻各种图案、文字和符号；②良好的抛光性，模具抛光后表面达到高镜面度（一般 R_a 值为 0.1~0.012 μm）；③较高的硬度（热处理后硬度应超过 45~55 HRC），良好的耐磨性，足够的强度和韧性；④热处理变形小（保证精度）、良好的焊接性（便于进行模具焊补）等。图 7.8 所示为塑料模具钢制品。

(2) 常用塑料模具钢

由于塑料模对力学性能的要求不高，所以材料选择有较大的灵活性。常用塑料模具钢的牌号、性能及用途见表 7.10。表中所列钢号大多为国产塑料模具钢号，现阶段仍有许多塑料模采用国外钢号（如日本、美国、德国、瑞典等）或是根据国外钢号生产的改良钢种。

表 7.10 常用塑料模具钢的牌号、性能及应用

种类	牌号	应用
预硬型[1]	3Cr2Mo 3Cr2MnNiMo	工艺性能优良，切削加工性和电火花加工性良好，镜面抛光性好，表面粗糙度 R_a 值可达 0.025 μm，可渗碳、渗硼、氮化和镀铬，耐蚀性和耐磨性好，具备了塑料模具钢的综合性能，是目前国内外应用最广的塑料模具钢之一，主要用于制造形状复杂、精密、大型模具，各种塑料模具和低熔点金属压铸模
非合金型	国产 45、50 和 S45C~S58C（日本）	形状简单的小型塑料模具或精度要求不高、使用寿命不需要很长的塑料模具
	T7、T8、T10、T11、T12	对于形状较简单的、小型的热固性塑料模具，要求较高耐磨性的模具
整体淬硬型	9Mn2V、CrWMn、9CrWMn、Cr12、Cr12MoV、5CrNiMo、5CrMnMo	用于压制热固性塑料、复合强化塑料产品的模具以及生产批量很大、要求模具使用寿命很长的塑料模具
渗碳型	20、12CrMo、20Cr	较高的强度，而且心部具有较好的韧性，表面高硬度、高耐磨性、良好的抛光性能，塑性好，可以采用冷挤压成形法制造模具。缺点是模具热处理工艺较复杂、变形大。用于受较大摩擦、较大动载荷、生产批量大的模具
耐腐蚀型	9Cr18、4Cr13、1Cr17Ni2	用于在成形过程中产生腐蚀性气体的聚苯乙烯等塑料制品和含有卤族元素、福尔马林、氨等腐蚀介质的塑料制品模具

[1] 为 GB/T 1299—2000《合金工具钢》中列出的塑料模具钢种。

（二）高速工具钢

1. 应用场合

高速工具钢主要用来制造中、高速切削刀具,如车刀、铣刀、铰刀、拉刀、麻花钻等,如图 7.9 所示。

高速钢麻花钻

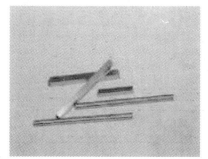
高速钢车刀

高速钢铣刀

图 7.9　高速工具钢制品

2. 性能特点

高速工具钢具有较高的热硬性,保证在 500 ~ 600 ℃时硬度不降低,仍可保持 60 HRC。

3. 常用高速工具钢

高速工具钢是一种高碳高合金工具钢,$w_c = 0.70\%$ ~ 1.25% ,常加入的合金元素有 W、Mo、Cr、V 等,W、Mo、V 是提高热硬性的主要元素,V 可形成高硬度的碳化物,显著提高钢的硬度及耐磨性,Cr 可提高淬透性。W18Cr4V、W6Mo5Cr4V2 和 W9Mo3Cr4V 为较常用的高速钢,这三个钢号的产量占目前国内生产和使用的 95 % 以上。常用高速工具钢的牌号、化学成分、热处理及应用见表 7.11。

表7.11　常用高速工具钢的牌号、化学成分、热处理及应用(摘自 GB/T 9943—1988)

牌号	化学成分 w/%					热处理				应　用
	C	Cr	W	V	Mo	淬火温度/℃	HRC	回火温度/℃	HRC	
W18Cr4V	0.70 ~ 0.80	3.80 ~ 4.40	17.50 ~ 19.00	1.00 ~ 1.40	≤0.30	1 270 ~ 1 280 (油)	≥63	550 ~ 570 (三次)	63 ~ 66	制作中速切削用车刀、刨刀、钻头、铣刀等
W6Mo5Cr4V2	0.80 ~ 0.90	3.80 ~ 4.40	5.50 ~ 6.75	1.75 ~ 2.20	4.50 ~ 5.50	1 220 ~ 1 240 (油)	≥63	540 ~ 560 (三次)	63 ~ 66	制作要求耐磨性和韧性相配合的中速切削刀具,如丝锥、钻头等
W9Mo3Cr4V	0.77 ~ 0.87	3.80 ~ 4.40	8.50 ~ 9.50	1.30 ~ 1.70	2.70 ~ 3.30	1 210 ~ 1 230	≥63	540 ~ 560 (三次)	≥63	通用型高速钢

4. 热处理

W18Cr4V 钢的最终热处理为高温淬火和多次回火。W18Cr4V 钢的淬火温度高达 1 270 ~ 1 280 ℃,淬火冷却后得到马氏体、碳化物和残余奥氏体(20% ~ 30%)。回火采用 560 ℃三次回火,多次回火的目的是消除淬火组织中较多的残余奥氏体,使其转变成马氏体;三次回火还能使马氏体中析出更多的碳化物,产生二次硬化,提高热硬性。热处理后高速工具钢的硬度可达 63 ~ 66 HRC。

高速工具钢属于莱氏体钢,铸态组织中有粗大鱼骨状的合金碳化物,这种碳化物硬而脆,若不消除这种碳化物的不均匀性,制成刀具后将出现早期损坏,使刀具易出现"崩刃"损坏,故必须用反复锻打的方法将其击碎,使碳化物细化并均匀分布在基体上。W18Cr4V 钢锻造后进行退火,以消除内应力,降低硬度,改善切削加工性能,并为淬火作好组织准备。

五、不锈钢和耐热钢

(一)不锈钢

不锈钢是不锈钢和耐酸钢的统称。不锈钢应能够抵抗空气、蒸汽、酸、碱、盐等腐蚀性介质的腐蚀。不锈钢主要用来制造在各种腐蚀介质中工作的零件或构件,例如化工装置中的管道、阀门、泵,医疗手术器械,防锈刀具和量具等。其部分制品如图 7.10 所示。

图 7.10　不锈钢制品

1. 化学成分

不锈钢的耐蚀性随含碳量的增加而降低,因此,大多数不锈钢的含碳量均较低,

有些钢的 w_C 甚至低于 0.03%(如 00Cr12)。不锈钢中的主要合金元素是 Cr,只有当 Cr 含量达到一定值时,钢才有耐蚀性。因此,不锈钢一般 w_{Cr} 均在 13% 以上。不锈钢中还含有 Ni、Ti、Mn、N、Nb 等元素。

2. 不锈钢种类

不锈钢常按组织状态分为马氏体钢、铁素体钢、奥氏体钢等。另外,可按成分分为铬不锈钢、铬镍不锈钢和铬锰氮不锈钢等。常用不锈钢的牌号、化学成分、热处理、力学性能及应用见表 7.12。

表 7.12 常用不锈钢的牌号、化学成分、热处理、力学性能及应用(摘自 GB/T 1220—1992)

类别	牌号	化学成分 w/%					热处理	力学性能			应 用
		C	Si	Mn	Cr	其他		σ_b /MPa	δ_s /%	HBS	
马氏体型	3Cr13	0.26 ~ 0.40	≤1.00	≤1.00	12.00 ~ 14.00	Ni≤ 0.60	淬火 920 ~ 980 ℃(油); 回火 600 ~ 750 ℃(快冷)	≥735	≥12	≥217	制作硬度较高的耐蚀耐磨刃具、量具、喷嘴、阀座、阀门、医疗器械等
铁素体型	1Cr17	≤0.12	≤0.75	≤1.00	16.00 ~ 18.00		退火 780 ~ 850 ℃ (空冷或缓冷)	≥450	≥22	≤183	耐蚀性良好的通用不锈钢,用于建筑装潢、家用电器、家庭用具
奥氏体型	0Cr19Ni9	≤0.08	≤1.00	≤2.00	18.00 ~ 20.00	Ni:8.00 ~ 10.50	固溶处理 1 050 ~ 1 150 ℃ (快冷)	≥520	≥40	≤187	应用最广,制作食品、化工、核能设备的零件

(1)马氏体不锈钢

马氏体不锈钢的常用牌号有 1Cr13、3Cr13 等,因含碳较高,故具有较高的强度、硬度和耐磨性,但耐蚀性稍差,用于制作力学性能要求较高、耐蚀性能要求一般的一些零件,如弹簧、汽轮机叶片、水压机阀等。这类钢是在淬火、回火处理后使用的。图 7.11 所示为马氏体不锈钢制品。

图 7.11 医用镊子

(2)铁素体不锈钢

属于这一类的有 Cr17、Cr17Mo2Ti、Cr25,Cr25Mo3Ti、Cr28 等。铁素体不锈钢因

为含铬量高,耐腐蚀性能与抗氧化性能均比较好,但力学性能与工艺性能较差,多用于受力不大的耐酸结构及作抗氧化钢使用。这类钢能抵抗大气、硝酸及盐水溶液的腐蚀,并具有高温抗氧化性能好、热膨胀系数小等特点,用于硝酸及食品工厂设备,也可制作在高温下工作的零件,如燃气轮机零件等。图 7.12 所示为铁素体不锈钢制品。

图 7.12　不锈钢楼梯扶手

(3)奥氏体不锈钢

奥氏体不锈钢的常用牌号有 1Cr18Ni9、0Cr19Ni9 等。0Cr19Ni9 钢的 $w_C <$ 0.08%,钢号中标记为"0"。这类钢中含有大量的 Ni 和 Cr,使钢在室温下呈奥氏体状态。这类钢具有良好的塑性、韧性、焊接性和耐蚀性能,在氧化性和还原性介质中耐蚀性均较好,用来制作耐酸设备,如耐蚀容器及设备衬里、输送管道、耐硝酸的设备零件等。奥氏体不锈钢一般采用固溶处理,即将钢加热至 1 050 ~ 1 150 ℃,然后水冷,以获得单相奥氏体组织。图 7.13 所示为奥氏体不锈钢制品。

(二)耐热钢

在航空、锅炉、汽轮机、动力机械、化工、石油、工业用炉等部门中,许多零件是在高温下使用的,要求钢具备高温抗氧化性和高温强度。耐热钢按其正火组织可分为奥氏体钢、马氏体钢及铁素体钢等。其部分制品如图 7.14 所示。

奥氏体耐热钢通常合金元素含量很高,常用的有 1Cr18Ni9Ti、3Cr18Mn12Si2N 等。这类钢的高温强度较高,而且随含 Ni 量的增加而增加。

马氏体耐热钢有两类。一类是铬钢,常用钢号有 1Cr13、1Cr11MoV 等,它们用于制造使用温度低于 580 ℃的汽轮机、燃气轮机及增压器叶片。另一类是铬硅钢,常用钢号有 4Cr9Si2 等,这类钢又称气阀钢,主要用于制造使用温度低于 750 ℃的发动机排气阀,也可用以制造温度低于 900 ℃的加热炉构件。

铁素体耐热钢含 Cr 量较高,这类钢的特点是抗氧化性强,而高温强度较低,多用于受力不大的加热炉构件。常用钢号有 00Cr12、2Cr25N 等。

不锈钢反应锅   酸碱喷射器

图 7.13 奥氏体不锈钢制品

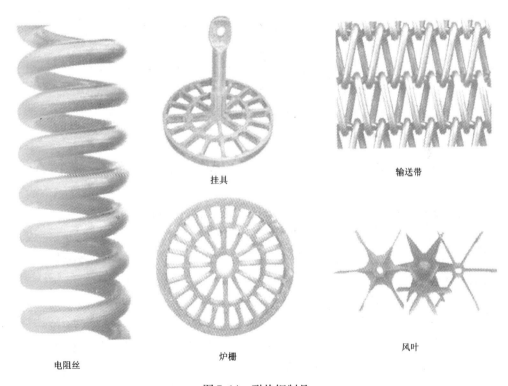

挂具

输送带

电阻丝   炉栅   风叶

图 7.14 耐热钢制品

常用耐热钢的牌号、化学成分、热处理、力学性能及应用见表 7.13。

表 7.13 常用耐热钢的牌号、化学成分、热处理、力学性能及应用(摘自 GB/T 1221—1992)

类别	牌号	化学成分 w/%						热处理	力学性能			应 用
		C	Mn	Si	Ni	Cr	其他		σ_b /MPa	δ_s /%	HBS	
奥氏体型	1Cr18Ni9Ti	≤0.12	≤2.00	≤1.00	8.00 ~ 11.00	17.00 ~ 19.00	Ti:0.50 ~ 0.80	固溶处理 1 000 ~ 1 100 ℃ (快冷)	≥520	≥40	≤187	良好的耐热性和抗蚀性。制作加热炉管、燃烧室筒体、退火炉罩等
马氏体型	4Cr9Si2	0.35 ~ 0.50	≤0.70	2.00 ~ 3.00	≤0.60	8.00 ~ 10.00		淬火 1 020 ~ 1 040℃ (油冷); 回火 700 ~ 780 ℃ (油冷)	≥885	≥19		较高的热强性,制作温度低于 700 ℃ 内燃机进气阀或轻载荷发动机排气阀
铁素体型	00Cr12	≤0.03	≤1.00	≤0.75		11.00 ~ 13.00		退火	≥365	22	≥183	制作抗高温氧化且要求焊接的部件,如汽车排气阀净化装置、燃烧室、喷嘴

不锈钢与耐热钢的牌号近似对照见表 7.14,各国不锈钢牌号近似对照见表 7.15。

六、铸铁

铸铁与钢的主要区别在于铸铁比碳钢含有更高的碳和硅,同时硫、磷含量也较高。一般铸铁的成分范围是: $w_C = 2.5\% \sim 4.0\%$, $w_{Si} = 1.0\% \sim 2.5\%$, $w_{Mn} = 0.5\% \sim 1.4\%$, $w_P \leq 0.3\%$, $w_S \leq 0.15\%$ 。常用铸铁具有优良的铸造性能,生产工艺简单,成本低,所以应用广泛,一般机器的50%(以质量计)以上是铸铁件,通常性能要求一般、形状特殊的机器底座、床身、箱体、端盖、支架等机件采用灰铸铁件,形状复杂的曲轴、凸轮轴、大型减速齿轮也可用球墨铸铁件。

(一)铸铁的分类与石墨化

1.铸铁的分类

碳在铸铁中可能以渗碳体(Fe_3C)或石墨(C)形式存在,根据碳的存在形式,铸铁可分为白口铸铁、灰口铸铁、麻口铸铁。

(1)白口铸铁

白口铸铁中,碳除少量溶入铁素体外,绝大部分以渗碳体的形式存在。因断口呈银白色,故称白口铸铁。白口铸铁硬度高,脆性大,难以切削加工,故很少直接用来制造机械零件,主要用作炼钢原料、可锻铸铁的毛坯以及不需切削加工、要求硬度高和

表 7.14　不锈钢与耐热钢的牌号近似对照

序号	中国 (GB)	日本 (JIS)	美国 ASTM	美国 UNS	苏联 (ГОСТ)	德国 DIN	德国 W.-Nr.	意大利 (UNI)	法国 (NF)	英国 (BS)	印度 (IS)	西班牙 (UNE)	墨西哥 (DGN)	澳大利亚 (AS)	瑞典 (SS14)	保加利亚 (BDS)	中国台湾 (CNS)
1	ZG1Cr13	SCS1	CA-15	J91150	15X13Л	G-X7Cr13 / G-X10Cr13	1.400 1 / 1.400 6	GX12Cr13	Z12C13M	410C21	—	—	—	H3A	2 302	1Ch13	SCS1
2	ZG2Cr13	SCS2	CA-40	J91153	20X13Л	G-X20Cr14	1.402 7	GX30Cr13	Z20C13M	420C29	7typeI	—	CA-40	—	—	—	SCS2
3	ZG1Cr17	∨SCS24	—	—	12X17	∨X8Cr18	1.401 5	—	—	—	—	—	—	—	—	—	SCS24
4	ZGCr28	—	—	—	—	G-X70Cr29 / G-X120Cr29	1.408 5 / 1.408 6	—	Z130C29M	452C11	—	—	—	—	232 0	—	—
5	ZG00Cr18Ni10	SCS19	CF-3	J92500	03X18H11	G-X2CrNi18 9	1.430 6	GX2CrNi19 10	Z2CN18.10M	304C12	—	AM-X2CrNi1910	—	—	—	000Ch18N11	SCS19
6	ZG0Cr18Ni9	SCS13	CF-8	J92600	07X18H9Л	G-X6CrNi18 9	1.430 8	—	Z6CN18.10M / Z6CN19.9M	304C15	—	AM-X7CrNi2010	CF-8	H5A	2 352	0Ch18N9L	SCS13
7	ZG1Cr18Ni9	SCS12 / SCS13A	—	—	10X18H9Л	G-X10CrNi18 8	1.431 2	—	Z10CN18.9M	302C25	—	—	—	—	2 333	—	SCS12 / SCS13A
8	ZG0Cr18Ni9Ti	SCS21	CF-8C	J92710	08X18H9T	G-X5CrNiNb18 9	1.455 2	—	Z4CNNb19.10M	347C17	—	AM-X7CrNi2010	CF-8C	—	—	0Ch18N9L	SCS21
9	ZG1Cr18Ni9Ti	—	—	—	12X18H9T	—	—	—	—	—	—	—	—	—	—	—	—
10	ZG0Cr18Ni12Mo2Ti	—	CF-8M	J92900	—	—	—	GX6CrNiMo20 11	—	—	—	AM-X7CrNiMo2010	CF-8M	H6C	—	0Ch18N10M2L	—
11	ZG1Cr18Ni12Mo2Ti	SCS22	—	—	—	G-X5CrNiMoNb18 10	1.458 1	—	Z4CND Nb18.12-M	318C18	—	—	—	—	2 343	—	SCS22
12	—	SCS14	CN-7M	J95150	—	G-X12Cr14	1.400 8	—	Z12CN13-M	316C16	—	—	CN-7M	—	—	—	SCS14
13	—	SCS5 / SCS6	—	—	—	G-X5CrNi13 4	1.431 3	—	Z4CND13.4-M	425C11	—	—	—	—	—	—	SCS5 / SCS6
14	—	—	CF-3 / CF-3M	J92700 / J92800	—	G-X2CrNiMo18 10	1.440 4	GX2CrNi19 19	Z2CND18.12-M / Z3CND19 10-M	—	—	AM-X2CrNiMo1911	CF-3M	—	2 385	000Ch17N14M2	—
15	—	—	CA-15	J91150	—	G-X5 NiCrMo13 4	1.440 7	GX12Cr13	Z6CND13.04-M	405C29	—	—	—	—	2 348	—	—
16	—	—	—	J92810	—	G-X6CrNiMo18 12	1.443 7	—	Z4CND19.13-M	—	—	—	—	—	—	—	—

续表

序号	中国(GB)	日本(JIS)	美国 ASTM	美国 UNS	苏联(ГOCT)	德国 DIN	德国 W-Nr.	意大利(UNI)	法国(NF)	英国(BS)	印度(IS)	西班牙(UNE)	墨西哥(DGN)	澳大利亚(AS)	瑞典(SS14)	保加利亚(BDS)	中国台湾(CNS)
17	—	—	CG-8M	J93000	—	G-X6CrNiMo17 13	1.444 8	GX6CrNiMo20 11 03	—	317C16	—	AM-X7CrNiMo20 11	CG-8M	H6A	2 353	—	—
18	—	SCS14A	—	—	—	G-X10CrNiMo18 8	1.441 0	—	Z5CND20.10-M	—	—	—	—	—	—	—	SCS14A
19	ZG5Cr25Ni2	SCH2	HC	J92605	—	G-X40 CrN24 5	1.482 2	GX35Cr28	—	452C11	—	AM-X40Cr28	HC	—	—	4Ch26SL	SCH2
20	ZG3Cr18Ni25Si2	SCH19	HN	J94213	—	G-X40CrNiSi27 4	1.482 3	—	—	3X18H25C2	11	—	HN	—	—	—	SCH19
21	ZG1Cr25Ni20Si2	SCH21	HK-30	J94203	15X23H18Л	G-X15CrNiSi25 20	1.484 0	GX40CrNi26 20	—	310C40	10	AM-X40CrNi2520	—	—	—	—	SCH21
22	ZG4Cr25Ni20Si2	SCH22	HK HK-40	J94224 J94204	—	G-X40CrNiSi25 20	1.484 5	GX40 CrN26 20	—	310C45	11	AM-X40CrNi2520	HK	H8E2	—	—	SCH22
23	—	SCH13A SCH17	HH	J93503	40X24H12СЛ	G-X40CrNiSi25 21	1.483 7	GX35CrNi25 12	—	309C30	7ggel	—	HH	H8B	—	—	SCH13A SCH17
24	ZG4Cr25Ni35Si2	SCH24	HP	J95705	—	G-X45CrNiSi35 25	1.485 7	GX50 NiCr35 25	—	—	—	—	HP	—	—	—	SCH2
25	—	SCH16 SCH15	HT	J94605	—	G-X40CrNiSi38 18	1.486 5	GX50 NiCr39 19	—	—	12	—	—	—	—	—	SCH16 SCH15
26	—	SCH1 SCH3	CA-40	J91153	—	G-X40Cr13	1.403 4	GX35Cr13	Z30C13-M Z28C13-M	—	—	—	—	—	2 183	—	SCH1 SCH3

表7.15　各国不锈钢牌号近似对照

序号	种类	中国 (GB)	苏联 (ГОСТ)	德国 (DIN)	法国 (NF)	日本 (JIS)	美国			英国 (BS)	国际标准 (ISO)	瑞典 (SS14)
							AISI/ASTM	UNS	SAE			
1	奥氏体型钢	1Cr17Mn6Ni5N	12X17T9AH4	—	—	SUS201	201	S20100	30201	—	A–2	—
2		1Cr18Mn8Ni5N	12X17T9AH4	X8CrMnNi189	Z15CNMI19.08	SUS202	202	S20200	30202	284S16	A–3	2357
3		1Cr18Mn10Ni5Mo3N	—	—	—	—	—	—	—	—	—	—
4		2Cr13Mn9Ni4	20X13H4T9	—	—	—	—	—	—	—	—	—
5		1Cr17Ni7	09X17H7IO	X12CrNi17.7	Z12CN17.07	SUS301	301	S30100	30301	301S21	14	—
6		1Cr17Ni8	—	X12CrNi17.7	—	SUS301J1	—	—	—	—	—	—
7		1Cr18Ni9	12X18H9	X12CrNi18.8	Z10CN18.09	SUS302	302	S30200	30302	302S25	12	2331
8		Y1Cr18Ni9	—	X12CrNiSi18.8	Z10CNF18.09	SUS303	303	S30300	30303	303S21	17	2346
9		Y1Cr18Ni9Se	12X18H10E	—	—	SUS303Se	303Se	S30323	30303Se	303S41	17	—
10		1Cr18Ni9Si3	—	X12CrNiSi18.8	—	SUS302B	302B	S30215	30302B	—	—	—
11		0Cr18Ni9	08X18H10	X5CrNi18.9	Z6CN18.09	SUS304	304	S30400	30304	304S15	11	2332 2333
12		00Cr18Ni10	03X18H11	X2CrNi18.9	Z2CN18.09	SUS304L	304L	S30403	30304L	304S12	10	—
13		0Cr19Ni9N	—	—	—	SUS404 N1	304 N	S30451	—	—	—	—
14		0Cr19Ni10NbN	—	X5CrNiNb18.9	—	SUS304 N2	XM21	S30452	—	—	—	—
15		00Cr18Ni10N	—	X2CrNiN18.10	Z2CN18.10 (Az)	SUS304LN	304LN	S30453	—	304S62	—	2371
16		1Cr18Ni12	12X18H12T	X5CrNi19.11	Z8CN18.12	SUS305	305	S30500	30305	305S19	13	—
17		0Cr18Ni12	8X18H12T、06X18H11	X5CrNi19.11	Z8CN18.12	—	—	—	—	—	—	—
18		0Cr23Ni13	—	X7CrNi23.14	—	SUS309S	309S	S30908	30309S	—	—	—

续表

序号	种类	中国 (GB)	苏联 (ГОСТ)	德国 (DIN)	法国 (NF)	日本 (JIS)	美国 AISI/ASTM	美国 UNS	美国 SAE	英国 (BS)	国际标准 (ISO)	瑞典 (SS14)
19	奥氏体型钢	0Cr25Ni20	—	—	—	SUS310S	310S	S31008	30310S	—	—	2361
20		0Cr17Ni12Mo2	08X17H13M2T	X5CrNiMo18.10	Z6CND17.12	SUS316	316	S31600	30316	316S16	20,20a	2347
21		1Cr17Ni12Mo2	10X17H13M2T	—	—	—	—	—	—	—	—	—
22		0Cr18Ni12Mo2Ti	08X17H13M2T	X10CrNiMoTi18.10	Z6CNDT17.12	—	—	—	—	320S31	—	2343
23		1Cr18Ni12Mo2Ti	10X17H13M2T	X10CrNiMoTi18.10	Z8CNDT17.12	—	—	—	—	320S17	—	(2350)
24		00Cr17Ni14Mo2	03X17H14M2	X2CrNiMo18.10	Z2CND17.12	SUS316L	316L	S31603	30316L	316S12	19,19a	2353
25		0Cr17Ni12Mo2N	—	—	—	SUS316 N	316 N	S31651	—	—	—	—
26		00Cr17Ni13Mo2N		X2CrMoN18.12	Z2CND17.12 (AZ)	SUS316LN	316LN	S31653	—	316S61	—	2375
27		0Cr18Ni12Mo2Cu2	—	—	—	SUS316J1	—	—	—	—	—	—
28		00Cr18Ni14Mo2Cu2	—	—	—	SUS316J11	—	—	—	—	—	—
29		0Cr18Ni12Mo3Ti	08X17H15M3T	—	Z6CNDT17.13	—	—	—	—	—	—	—
30		1Cr18Ni12Mo3Ti	10X17H13M3T	X10CrNiMoTi18.12	Z8CNDT17.13B	—	—	—	—	—	—	—
31		0Cr19Ni13Mo3	08X17H15M3T	X5CrNiMo17.13	—	SUS317	317	S31700	30317	317S16	25	2367
32		00Cr19Ni13Mo3	03X16H15M3	X2CrNiMo18.16	Z2CND19.15	SUS317L	317L	S31703	—	317S12	24	—
33		0Cr18Ni16Mo5	—	—	—	SUS317J1	—	—	—	—	—	—
34		1Cr18Ni9Ti	12X18H9T	X12CrNiTi18.9	Z10CNT18.10	SUS321	321	S32100	30321	321S20	—	2337
35		0Cr18Ni10Ti	08X18H10T	X10CrNiTi18.9	Z6CNT18.11	SUS321	321	S32100	30321	321S12	15	—
36		1Cr18Ni11Ti	12X18H10T	—	—	—	—	—	—	321S20	—	—
37		0Cr18Ni11Nb	08X18H12B	X10CrNiNb18.9	Z6CNNb18.10	SUS347	347	S34700	30347	347S17	16	2338

续表

序号	种类	中国 (GB)	苏联 (ГОСТ)	德国 (DIN)	法国 (NF)	日本 (JIS)	美国			英国 (BS)	国际标准 (ISO)	瑞典 (SS14)
							AISI/ASTM	UNS	SAE			
38	奥氏体型钢	1Cr18Ni11Nb	12X18H12B	—	—	—	—	—	—	—	—	—
39		0Cr18Ni9Cu3	—	—	Z6CNU18.10	SUSXM7	XM7	S30430	—	—	D32	—
40		0Cr18Ni13Si4	—	—	—	SUSXM15J1	XM15	S38100	—	—	—	—
41		0Cr26Ni5Mo2	08X21H6M2T	X8CrNiMo275	—	SUS329J1	329	S32900	—	—	—	2324
42	奥氏体-铁素体型钢	1Cr18Ni11Si4AlTi	15X18H12C4TIO	—	—	—	—	—	—	—	—	—
43		1Cr21Ni5Ti	12X21H5T	—	—	—	—	—	—	—	—	—
44		00Cr18Ni5Mo3Si2	—	—	—	—	—	—	—	—	—	—
45		00Cr24Ni6Mo3N	—	—	—	—	—	—	—	—	—	—
46	铁素体型钢	0Cr13Al	1X12CIO	X7CrAl13	Z6CA13	SUS405	405	S40500	51405	405S17	2	2302
47		00Cr12	—	—	—	SUS410L	—	—	—	—	—	—
48		1Cr15	—	—	—	SUS429	429	S42900	51429	—	—	—
49		00Cr17	—	—	—	SUS430LX	—	—	—	—	—	—
50		1Cr17	12X7	X8Cr17	Z8C17	SUS430	430	S43000	51430	430S15	8	2320
51		Y1Cr17	—	X12CrMoS17	Z10CF17	SUS430F	430F	S43020	51430F	—	8a	2383
52		1Cr17Mo	—	X6CrMo17	Z8CD17.01	SUS434	434	S43400	51434	434S17	9c	2325
53		00Cr17Mo	—	—	—	SUS436L	18Cr2Mo	—	—	—	—	—
54		00Cr18Mo2	—	—	—	SUS444	446	S44600	51446	—	—	—
55		1Cr25Ti	15X25T	X3Cr28	—	—	—	—	—	—	—	2322
56		00Cr27Mo	—	—	Z01CD26.1	SUSXM27	XM27	S44625	—	—	—	—
57		00Cr30Mo2	—	—	—	SUS447J1	—	S44700	—	—	—	—

续表

序号	种类	中国（GB）	苏联（ГОСТ）	德国（DIN）	法国（NF）	日本（JIS）	美国 AISI/ASTM	美国 UNS	美国 SAE	英国（BS）	国际标准（ISO）	瑞典（SS14）
58	马氏体型钢	1Cr12	—	—	—	SUS403	403	S40300	51403	403S17	—	2301
59		0Cr13	08Х13	X7Cr13、X7Cr14	Z6C13	SUS410S	410S	S41008	—	430S17	1	—
60		1Cr13	12Х13	X10Cr13	Z12C13	SUS410	410	S41000	51410	410S21	3	2302
61		1Cr13Mo	—	X15CrMo13	—	SUS410J1	—	—	—	—	—	—
62		Y1Cr13	—	X12CrS13	Z12CF13	SUS416	416	S41600	51416	416S21	7	2380
63		2Cr13	20Х13	X20Cr13	Z20C13	SUS420J1	420	S42000	51420	420S37	4	2303
64		3Cr13	30Х13	X30Cr13	Z30C13、Z30C14	SUS420J2	—	—	—	420S45	5	2304
65		3Cr13Mo	—	—	—	—	—	—	—	—	—	—
66		Y3Cr13	—	—	Z30CF13	SUS420F	420F	S42020	51420F	—	—	—
67		4Cr13	40Х13	X46Cr13、X40Cr13	Z40C13、Z40C14	SUS420J2	—	—	—	—	—	—
68		3Cr16	—	—	—	SUS429J1	—	—	—	—	—	—
69		1Cr17Ni2	14Х17Н2	X22CrNi17	Z15CN16-02	SUS431	431	S43100	51431	431S29	9	2321
70		7Cr17	—	X40CrMo15	Z45CSD10	SUS440A	440A	S44002	51440A	—	—	—
71		8Cr17	—	—	—	SUS440B	440B	S44003	51440B	—	—	—
72		9Cr18	95Х18	—	—	SUS440C	—	—	—	—	—	—
73		11Cr17	—	X105CrMo17	Z100CD17	SUS440C	440C	S44004	51440C	—	A-16	—
74		Y11Cr17	—	—	—	SUS440F	440F	S44020	51440F	—	—	—
75		9Cr18Mo	—	—	—	—	—	—	—	—	—	—
76		9Cr18MoV	—	X90CrMoV18	—	SUS440B	440B	S44003	51440B	—	—	—

续表

序号	种类	中国 (GB)	苏联 (ГОСТ)	德国 (DIN)	法国 (NF)	日本 (JIS)	美国				英国 (BS)	国际标准 (ISO)	瑞典 (SS14)
							AISI/ ASTM	UNS	SAE				
77	沉淀硬化型钢	0Cr17Ni4Cu4Nb	—	X5CrNiCuNb17.4	Z6CNU17.04	SUS630	630	S17400	17-4PH	—	1	—
78		0Cr17Ni7Al	09X17H7IO1	X7CrNiAl17.7	Z8CNA17.7	SUS631	631	S17700	17-7PH	—	2	—
79		0Cr15Ni7Mo2Al	—	X7CrNiMoAl15.7	Z8CND15.7	—	632	S15700	—	—	3	—

117

耐磨性好的零件,如轧辊、犁铧及球磨机的磨球等。

(2)灰口铸铁

灰口铸铁中,碳主要以石墨的形式存在,断口呈灰色。这类铸铁是工业上最常用的铸铁。根据其石墨的存在形式不同,灰口铸铁可分为如下四类性能不同的铸铁件。

①灰铸铁。碳主要以片状石墨形式存在的铸铁。

②球墨铸铁。碳主要以球状石墨形式存在的铸铁。

③可锻铸铁。碳主要以团絮状石墨形式存在的铸铁。

④蠕墨铸铁。碳主要以蠕虫状石墨形式存在的铸铁。

(3)麻口铸铁

麻口铸铁中,碳一部分以石墨形式存在,另一部分以渗碳体形式存在,断口呈黑白相间,这类铸铁的脆性较大,故很少使用。

此外,为了进一步提高铸铁的性能或得到某种特殊性能,在铸铁中加入一种或多种合金元素(Cr、Cu、W、Al、B 等)可得到合金铸铁,如耐磨铸铁、耐蚀铸铁、耐热铸铁等。

2.铸铁的石墨化及影响因素

(1)石墨化过程

铸铁中碳以石墨形态析出的过程叫做铸铁的石墨化。

按 $Fe-Fe_3C$ 相图,铸铁在结晶过程中,随着温度的下降,各温度阶段都有石墨析出,石墨化过程是一个原子扩散的过程,温度越低,原子扩散越困难,越不易石墨化。结晶时,若各阶段石墨化能充分或大部分进行,则能获得常用的灰口铸铁,反之将会得到白口铸铁。

(2)影响石墨化的因素

①化学成分对石墨化的影响见表7.16。

表 7.16 化学元素对石墨化的影响

元　素	对石墨化影响
C	是形成石墨的基础,增大铸铁中 C 的含量,有利于形成石墨
Si	是强烈促进石墨化的元素,Si 含量越高,石墨化进行得越充分
S	是强烈阻碍石墨化的元素,S 还会降低铸铁的力学性能和流动性。因此,铸铁中含 S 越少越好
Mn	本身阻止石墨化,但 Mn 与 S 化合形成 MnS,减弱了 S 对石墨化的不利影响,故铸铁中允许有适量的 Mn

②冷却速度的影响:缓慢冷却时碳原子扩散充分,易形成稳定的石墨,即有利于石墨化。铸造生产中凡影响冷却速度的因素均对石墨化有影响。如铸件壁越厚,铸型材料的导热性越差,越有利于石墨化。

3.常用灰口铸铁件的性能特点

(1)力学性能

常用灰口铸铁中有石墨存在,而石墨的力学性能几乎为零,可以把铸铁看成是布满裂纹或空洞的钢。石墨不仅破坏了基体的连续性,减少了金属基体承受载荷的有效截面积,使实际应力大大增加,而且在石墨尖角处易造成应力集中,使尖角处的应力远大于平均应力。所以,灰口铸铁的抗拉强度、塑性和韧性远低于钢,铸铁与钢的拉伸曲线如图 7.15 所示。石墨片的数量越多、尺寸越大、分布越不均匀,对力学性能的影响就越大。但石墨的存在对灰口铸铁的抗压强度影响不大,因为抗压强度主

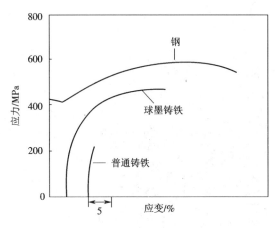

图 7.15　铸铁与钢的拉伸曲线比较

要取决于灰口铸铁的基体组织,因此灰口铸铁的抗压强度与钢相近。

(2)其他性能

石墨虽然降低了灰口铸铁的力学性能,但却给灰口铸铁带来一系列其他的优良性能。

①良好的铸造性能。灰口铸铁件铸造成形时,不仅流动性好,而且还因为在凝固过程中析出比容较大的石墨,减小凝固收缩,容易获得优良的铸件,表现出良好的铸造性能。

②良好的减振性。石墨对铸铁件承受振动时能起缓冲作用,减弱晶粒间振动能的传递,并将振动能转变为热能,所以灰口铸铁具有良好的减振性。

③良好的耐磨性能。石墨本身也是一种良好的润滑剂,脱落在摩擦面上的石墨可起润滑作用,因而灰口铸铁具有良好的耐磨性能。

④良好的切削加工性能。在进行切削加工时,石墨起着减摩、断屑的作用;由于石墨脱落形成显微凹穴起储油作用,可维持油膜的连续性,故灰口铸铁切削加工性能良好,刀具磨损小。

⑤低的缺口敏感性。片状石墨相当于许多微小缺口,从而减小了铸件对缺口的敏感性,因此表面加工质量不高或组织缺陷对铸铁疲劳强度的不利影响要比对钢的影响小得多。

(3)适用场合

由于灰口铸铁具有以上一系列性能特点,因此被广泛地用来制作各种受压应力作用和要求消振的机床床身与机架、结构复杂的壳体与箱体、承受摩擦的缸体与导轨等。

（二）灰铸铁

1.组织和性能

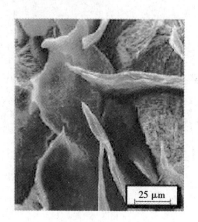

图7.16　灰铸铁中的片状石墨

（1）组织

灰铸铁可看成是碳钢的基体加片状石墨,如图7.16所示。按基体组织的不同灰铸铁分为三类:铁素体基体灰铸铁、铁素体-珠光体基体灰铸铁、珠光体基体灰铸铁。其显微组织如图7.17所示。

（2）力学性能

灰铸铁的力学性能与基体的组织和石墨的形态有关。灰铸铁中的片状石墨对基体的割裂严重,在石墨尖角处易造成应力集中,使灰铸铁的抗拉强度、塑性和韧性远低于钢,但抗压强度与钢相当,也是常用铸铁件中力学性能最差的铸铁。同时,基体组织对灰铸铁的力学性能也有一定的影响:铁素体基体灰铸铁的石墨片粗大,强度和硬度最低,故应用较少;珠光体基体灰铸铁的石墨片细小,有较高的强度和硬度,主要用来制造较重要铸件;铁素体-珠光体基体灰铸铁的石墨片较珠光体灰铸铁稍粗大,性能不如珠光体灰铸铁。故工业上较多使用的是珠光体基体的灰铸铁。

（3）其他性能

灰铸铁具备良好的铸造性能、减振性、耐磨性能和切削加工性能,低的缺口敏感性。

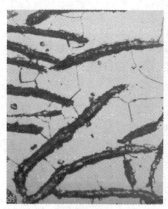
F基体灰铸铁

F+P基体灰铸铁

P基体灰铸铁

图7.17　灰铸铁显微组织

2. 孕育铸铁

若在浇注前向铁液中加入少量孕育剂(如硅铁和硅钙合金),形成大量高度弥散的难熔质点,成为石墨的结晶核心,促进石墨的形核,得到细珠光体基体和细小均匀分布的片状石墨。这种方法称为孕育处理,孕育处理后得到的铸铁叫做孕育铸铁。

孕育铸铁特点是强度和韧性都优于普通灰铸铁,而且孕育处理使得不同壁厚铸件的组织比较均匀,性能基本一致。故孕育铸铁常用来制造力学性能要求较高而截面尺寸变化较大的大型铸件。

3. 热处理

灰铸铁在热处理后不能改变石墨的形态,因而不可能明显提高灰铸铁件的力学性能。灰铸铁的热处理主要用于消除铸件内应力和白口组织,稳定尺寸,提高表面硬度和耐磨性等。

(1)去应力退火

去应力退火用以消除铸件在凝固过程中因冷却不均匀而产生的铸造应力,防止铸件产生变形和裂纹。其工艺过程是将铸件加热到 500~600 ℃,保温一段时间后随炉缓冷至 150~200 ℃ 以下出炉空冷,有时把铸件在自然环境下放置很长一段时间,使铸件内应力得到松弛,这种方法叫"自然时效",大型灰铸铁件可以采用此法来消除铸造应力。

(2)石墨化退火

石墨化退火用以消除白口组织,降低硬度,改善切削加工性能。方法是将铸件加热到 850~900 ℃,保温 2~5 h,然后随炉缓冷至 400~500 ℃,再出炉空冷,使渗碳体在保温和缓冷过程中分解而形成石墨。

(3)表面淬火

表面淬火能提高表面硬度和延长使用寿命。如对于机床导轨表面和内燃机汽缸套内壁等灰铸铁件的工作表面,需要有较高的硬度和耐磨损性能,可以采用表面淬火的方法。常用的方法有高(中)频感应加热表面淬火和接触电阻加热表面淬火。

4. 常用牌号、性能及用途

灰铸铁的牌号是由"HT"("灰铁"两字汉语拼音字首)和最小抗拉强度 σ_b 值(用 $\phi 30$ mm 试棒的抗拉强度)表示。例如牌号 HT250 表示 $\phi 30$ mm 试棒的最小抗拉强度值为 250 MPa 的灰铸铁。设计铸件时,应根据铸件受力处的主要壁厚或平均壁厚选择铸铁牌号。灰铸铁的牌号、力学性能及用途见表 7.17,灰铸铁中外牌号对照见表 7.18。图 7.18 所示为各类灰铸铁件。

表 7.17　灰铸铁的牌号、力学性能及应用(摘自 GB/T 9439—1988)

类别	牌号	铸件壁厚/mm	力学性能		应 用
			σ_b/MPa ≥	HBS	
铁素体灰铸铁	HT100	2.5~10	130	10~166	适用于载荷小、对摩擦和磨损无特殊要求的不重要铸件,如防护罩、盖、油盘、手轮、支架、底板、重锤、小手柄等
		10~20	100	93~140	
		20~30	90	87~131	
		30~50	80	82~122	
铁素体-珠光体灰铸铁	HT150	2.5~10	175	137~205	承受中等载荷的铸件,如机座、支架、箱体、刀架、床身、轴承座、工作台、带轮、端盖、泵体、阀体、管路、飞轮、电机座等
		10~20	145	119~179	
		20~30	130	110~166	
		30~50	120	105~157	
珠光体灰铸铁	HT200	2.5~10	220	157~236	承受较大载荷和要求一定的气密性或耐蚀性等较重要铸件,如汽缸、齿轮、机座、飞轮、床身、汽缸体、汽缸套、活塞、齿轮箱、刹车轮、联轴器盘、中等压力阀体等
		10~20	195	148~222	
		20~30	170	134~200	
		30~50	160	129~192	
	HT250	4.0~10	270	175~262	
		10~20	240	164~247	
		20~30	220	157~236	
		30~50	200	150~225	
孕育铸铁	HT300	10~20	290	182~272	承受高载荷、耐磨和高气密性的重要铸件,如重型机床、剪床、压力机、自动车床的床身、机座、机架,高压液压件,活塞环,受力较大的齿轮、凸轮、衬套,大型发动机的曲轴、汽缸体、缸套、汽缸盖等
		20~30	250	168~251	
		30~50	230	161~241	
	HT350	10~20	340	199~298	
		20~30	290	182~272	
		30~50	260	171~257	

注:当一定牌号铁液浇注壁厚均匀而形状简单的铸件时,壁厚变化所造成抗拉强度的变化,可从本表查出参考性数据;当铸件壁厚不均匀或有型芯时,此表仅能近似地给出不同壁厚处抗拉强度值,铸件设计应根据关键部位实测值进行。

表7.18　灰铸铁中外牌号对照

序号	国别	铸铁牌号						
1	中国	—	HT350	HT300	HT250	HT200	HT150	HT100
2	日本	—	FC350	FC300	FC250	FC200	FC150	FC100
3	美国	NO.60	NO.50	NO.45	NO.35	NO.30	NO.20	—
4	苏联	СЧ40	СЧ35	СЧ30	СЧ25	СЧ20	СЧ15	СЧ10
5	德国	GG40	GG35	GG30	GG25	GG20	GG15	—
6	意大利	—	G35	G30	G25	G20	G15	G10
7	法国	FGL400	FGL350	FGL300	FGL250	FGL200	FGL150	—
8	英国	—	350	300	250	200	150	100
9	波兰	Z140	Z135	Z130	Z125	Z120	Z115	—
10	印度	FG400	FG350	FG300	FG260	FG200	FG150	—
11	罗马尼亚	FC400	FC350	FC300	FC250	FC200	FC150	—
12	西班牙	—	FG35	FG30	FG25	FG20	FG15	—
13	比利时	FGG40	FGG35	FGG30	FGG25	FGG20	FGG15	FGG10
14	澳大利亚	T400	T350	T300	T260	T220	T150	—
15	瑞典	O140	O135	O130	O125	O120	O115	O110
16	匈牙利	OV40	OV35	OV30	OV25	OV20	OV15	—
17	保加利亚	—	Vch35	Vch30	Vch25	Vch20	Vch15	—
18	国际标准（ISO）	—	350	300	250	200	150	100
19	泛美标准（COPANT）	FG400	FG350	FG300	FG250	FG200	FG150	FG100
20	中国台湾	—	—	FC300	FC250	FC200	FC150	FC100
21	荷兰	—	GG35	GG30	GG25	GG20	GG15	—
22	卢森堡	FGG40	FGG35	FGG30	FGG25	FGG20	FGG15	—
23	奥地利	—	GG35	GG30	GG25	GG20	GG15	—

（三）球墨铸铁

1. 组织和性能

经过球化处理的铸铁液,浇注后石墨结晶成球状,获得球墨铸铁,从而提高了铸铁的力学性能。

（1）组织

球墨铸铁的组织为基体＋球状石墨,基体的组织有多种,常见的显微组织如图7.19 所示。

（2）性能

球墨铸铁的强度、塑性与韧性都远远优于灰铸铁,力学性能可与相应组织的铸钢

图 7.18　各种灰铸铁件

相媲美。缺点是凝固收缩较大,容易出现缩松与缩孔,熔铸工艺要求高,铁液成分要求严格。

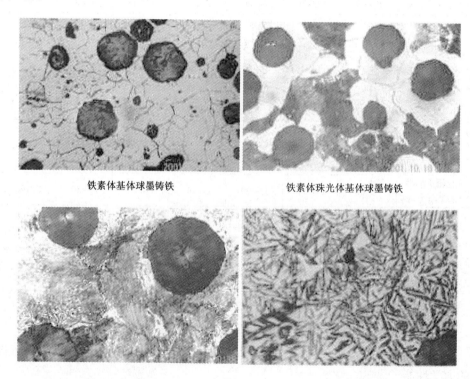

铁素体基体球墨铸铁　　　　　铁素体珠光体基体球墨铸铁

珠光体基体球墨铸铁　　　　　下贝氏体基体球墨铸铁

图 7.19　球墨铸铁的显微组织

2. 热处理

铸态下的球墨铸铁基体组织一般为铁素体与珠光体,采用热处理方法来改变球墨铸铁基体组织,可有效地提高力学性能。常用的热处理方法有如下几种。

(1)退火

球墨铸铁的退火分为去应力退火、低温退火和高温退火。去应力退火工艺与灰铸铁相同。低温退火和高温退火的目的是使组织中的渗碳体分解,获得铁素体球墨铸铁,提高塑性与韧性,改善切削加工性能。

(2)正火

球墨铸铁正火的目的是增加基体中珠光体的数量,或获得全部珠光体的基体,起细化晶粒、提高铸件的强度和耐磨性能的作用。正火分为低温正火和高温正火。

(3)调质处理

将铸件加热到 860~920 ℃,保温 2~4 h 后油中淬火,然后在 550~600 ℃回火 2~4 h,得到回火索氏体加球状石墨的组织,具有良好的综合力学性能,用于受力复杂和综合力学性能要求高的重要铸件,如曲轴与连杆等。

(4)等温淬火

将铸件加热到 850~900 ℃,保温后迅速放入 250~350 ℃的盐浴中等温 60~90 min,然后出炉空冷,获得下贝氏体基体加球状石墨的组织,具有良好的综合力学性能,用于形状复杂,热处理易变形开裂,要求强度高、塑性和韧性好、截面尺寸不大的零件。

球墨铁经热处理后的力学性能见表 7.19。

表 7.19 球墨铸铁经热处理后的力学性能

球墨铸铁基体	热处理状态	σ_b/MPa	δ/%	硬度
铁素体	铸态	450~550	10~20	HB137~193
铁素体	退火	400~500	15~25	HB121~179
珠光体+铁素体	铸态或退火	500~600	5~10	HB147~241
珠光体	铸态	600~750	2~4	HB217~269
珠光体	正火	700~950	2~5	HB229~302
珠光体+碎块状铁素体	部分奥氏体化正火	600~900	4~9	HB207~285
贝氏体+碎块状铁素体	部分奥氏体等温淬火	900~1 100	2~6	HRC32~40
下贝氏体	等温淬火	1 200~1 500	1~3	HRC38~50
回火索氏体	淬火,550~600 ℃回火	900~1 200	1~5	HRC32~43
回火马氏体+回火索氏体	淬火,360~420 ℃回火	1 000~1 300	0.5~1	HRC45~50
回火马氏体	淬火,200~250 ℃回火	700~900		HRC55~61

3.常用牌号及用途

(1)牌号表示方法

球墨铸铁的牌号是由"QT"("球铁"两字汉语拼音字首)后附最低抗拉强度 σ_b 值(MPa)和最低断后伸长率 δ 的百分数表示。例如牌号 QT700—2 表示最低抗拉强度为 700 MPa、最低断后伸长率为 2% 的球墨铸铁。

（2）应用范围

球墨铸铁的力学性能优于灰铸铁，与钢相近，可用它代替铸钢和锻钢制造各种载荷较大、受力较复杂和耐磨损的零件。如珠光体球墨铸铁常用于制造汽车、拖拉机或柴油机中的曲轴、连杆、凸轮轴、齿轮，机床中的主轴、蜗杆、蜗轮等。而铁素体球墨铸铁多用于制造受压阀门、机器底座、汽车后桥壳等。

球墨铸铁的牌号、力学性能及用途见表 7.20，球墨铸铁中外牌号对照见表 7.21。

表 7.20　球墨铸铁的牌号、力学性能及用途（摘自 GB/T 1348—1988）

牌号	基体组织类型	力学性能				应　用
		σ_b/MPa	σ_s/MPa	δ/%	HBS	
		不大于				
QT400—18	铁素体	400	250	18	130～180	承受冲击、振动的零件，如汽车、拖拉机的轮毂、驱动桥壳、差速器壳、拨叉、农机具零件，中低压阀门，上、下水及输气管道，压缩机上高低压汽缸，电机机壳，齿轮箱，飞轮壳等
QT400—15	铁素体	400	250	15	130～180	
QT450—10	铁素体	450	310	10	160～210	
QT500—7	铁素体＋珠光体	500	320	7	170～230	机器座架、传动轴、飞轮、电动机架、内燃机的机油泵齿轮、铁路机车车辆轴瓦等
QT600—3	珠光体＋铁素体	600	370	3	190～270	载荷大、受力复杂的零件，如汽车、拖拉机的曲轴、连杆、凸轮轴、汽缸套，部分磨床、铣床、车床的主轴，机床蜗杆、蜗轮、轧钢机轧辊、大齿轮，小型水轮机主轴，汽缸体，桥式起重机大小滚轮等
QT700—2	珠光体	700	420	2	225～305	
QT800—2	珠光体或回火组织	800	480	2	245～335	
QT900—2	贝氏体或回火马氏体	900	600	2	280～360	高强度齿轮，如汽车后桥螺旋锥齿轮，大减速器齿轮，内燃机曲轴、凸轮轴等

表 7.21　球墨铸铁中外牌号对照

序号	国别	铸铁牌号						
1	中国	QT400—18	QT450—10	QT500—7	QT600—3	QT700—2	QT800—2	QT900—2
2	日本	FCD400	FCD450	FCD500	FCD600	FCD700	FCD800	—
3	美国	60－40－18	65－45－12	70－50－05	80－60－03	100－70－03	120－90－02	
4	苏联	ВЧ40	ВЧ45	ВЧ50	ВЧ60	ВЧ70	ВЧ80	ВЧ100
5	德国	GGG40	—	GGG50	GGG60	GGG70	GGG80	—
6	意大利	GS370－17	GS400－12	GS500－7	GS600－2	GS700－2	GS800－2	—
7	法国	FGS370－17	FGS400－12	FGS500－7	FGS600－2	FGS700－2	FGS800－2	—
8	英国	400/17	420/12	500/7	600/7	700/2	800/2	900/2

序号	国别	铸铁牌号						
9	波兰	ZS3817	ZS4012	ZS 4505 5002	ZS6002	ZS7002	ZS8002	ZS9002
10	印度	SG370/17	SG400/12	SG500/7	SG600/3	SG700/2	SG800/2	—
11	罗马尼亚	—	—	—	—	FGN70 – 3	—	—
12	西班牙	FGE38 – 17	FGE42 – 12	FGE50 – 7	FGE60 – 2	FGE70 – 2	FGE80 – 2	—
13	比利时	FNG38 – 17	FNG42 – 12	FNG50 – 7	FNG60 – 2	FNG70 – 2	FNG80 – 2	—
14	澳大利亚	300 – 17	400 – 12	500 – 7	600 – 3	700 – 2	800 – 2	—
15	瑞典	0717 – 02	—	0727 – 02	0732 – 03	0737 – 01	0864 – 03	—
16	匈牙利	GδV38	GδV40	GδV50	GδV60	GδV70	—	—
17	保加利亚	380 – 17	400 – 12	450 – 5 500 – 2	600 – 2	700 – 2	800 – 2	900 – 2
18	国际标准 （ISO）	400 – 18	450 – 10	500 – 7	600 – 3	700 – 2	800 – 2	900 – 2
19	泛美标准 （COPANT）	—	FMNP45007	FMNP55005	FMNP65003	FMNP70002		
20	芬兰	GRP400		GRP500	GRP600	GRP700	GRP800	
21	荷兰	GN38	GN42	GN50	GN60	GN70	—	—
22	卢森堡	FNG38 – 17	FNG42 – 12	FNG50 – 7	FNG60 – 2	FNG70 – 2	FNG80 – 2	—
23	奥地利	SG38	SG42	SG50	SG60	SG70	—	—

（四）蠕墨铸铁

1. 组织和性能

（1）组织

蠕墨铸铁的组织中具有蠕虫状石墨，如图 7.20 所示。浇注前向铁液中加入蠕化剂，可得到具有蠕虫状石墨的蠕墨铸铁。蠕墨铸铁的显微组织如图 7.21 所示。

（2）性能

蠕虫状石墨的形态介于片状与球状之间，所以蠕墨铸铁的力学性能介于灰铸铁和球墨铸铁之间，其铸造性能、减振性和导热性都优于球墨铸铁，与灰铸铁相近。

2. 常用牌号及用途

（1）牌号表示方法

蠕墨铸铁的牌号是由"RuT"（"蠕铁"两字汉语拼音字首）后附最低抗拉强度值（MPa）表示。例如牌号 RuT300 表示最低抗拉强度为 300 MPa 的蠕墨铸铁。

（2）应用范围

蠕墨铸铁主要用于承受一定热循环载荷、结构复杂、要求组织致密、强度高的铸件，如大马力柴油机的汽缸盖、汽缸套、进（排）气管、钢锭模、阀体等铸件。部分蠕墨铸铁制品如图 7.22 所示。

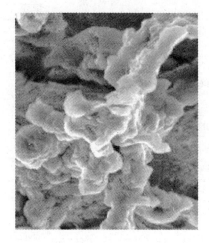

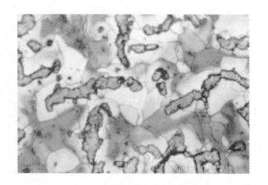

图 7.21　蠕墨铸铁显微组织

图 7.20　蠕虫状石墨

6 m焦炉炉门　　　　　　　　　焦炉保护板　　　　　　　　　4.3 m焦炉炉门

化工设备蒸氨塔　　　　　　　热风炉球形炉箅　　　　　　　高炉热风炉箅

图 7.22　蠕墨铸铁制品

蠕墨铸铁的牌号、力学性能及用途见表7.22。

表7.22　蠕墨铸铁的牌号、力学性能及用途(摘自 JB 4403—1987)

牌号	力学性能				应　用
	σ_b/MPa	$\sigma_{r0.2}$/MPa	δ/%	HBS	
	不大于				
RuT260	260	195	3	121～197	增压器废气进气壳体、汽车底盘零件等
RuT300	300	240	1.5	140～217	排气管、变速箱体、汽缸盖、液压件、纺织机零件、钢锭模等
RuT340	340	270	1.0	170～249	重型机床件,大型齿轮箱体、盖、座,飞轮,起重机卷筒等
RuT380	380	300	0.75	193～274	活塞环、汽缸套、制动盘、钢珠研磨盘、吸淤泵体等
RuT420	420	335	0.75	200～280	

(五)可锻铸铁

1. 生产过程

可锻铸铁的生产过程是:先获得白口铸铁,然后进行可锻化退火。将白口铸铁加热到900～980 ℃,使铸铁组织转变为奥氏体加渗碳体,在此温度下长时间保温,使渗碳体分解为团絮状石墨,按随后的冷却方式不同,可获铁素体基体可锻铸铁或珠光体基体可锻铸铁。

2. 组织与性能

可锻铸铁的显微组织如图7.23所示。由于其石墨呈团絮状,大大减弱了对基体的割裂作用,与灰铸铁相比,具有优良的力学性能,尤其具有较高的塑性和韧性,因此被称为"可锻"铸铁,但实际上可锻铸铁并不能锻造。与球墨铸铁相比,可锻铸铁具有质量稳定、铁液处理简易等优势,容易组织流水生产,但生产周期长。在缩短可锻铸铁退火周期方面取得很大进展后,可锻铸铁的发展前途被大大拓宽,在汽车、拖拉机中均得到了应用。

珠光体基体可锻铸铁

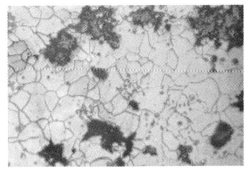

铁素体基体可锻铸铁

图7.23　可锻铸铁显微组织

2.常用牌号及用途

(1)牌号表示方法

可锻铸铁的牌号是由"KTH"("可铁黑"三字汉语拼音字首)或"KTZ"("可铁珠"三字汉语拼音字首)后附最低抗拉强度值(MPa)和最低断后伸长率的百分数表示。例如牌号 KTH 350—10 表示最低抗拉强度为 350 MPa、最低断后伸长率为 10%的黑心可锻铸铁,即铁素体可锻铸铁;KTZ 650—02 表示最低抗拉强度为 650 MPa、最低断后伸长率为 2%的珠光体可锻铸铁。

(2)应用范围

铁素体基体可锻铸铁的强度、硬度低,塑性、韧性好,用于载荷不大、承受较高冲击、振动的零件。珠光体基体可锻铸铁因具有高的强度、硬度,用于载荷较高、耐磨损并有一定韧性要求的重要零件,如石油管道、炼油厂管道以及商用及民用建筑的供气、供水系统的管件。其部分制品如图7.24所示。

300型变速箱体　　　200型变速箱体

300型后桥壳体　　　204主传动壳体

300型半轴套管　　　300型提升器壳体　　　250型后桥壳体

12型变速箱体

图7.24　可锻铸铁件

可锻铸铁的牌号、力学性能及用途见表7.23。

表 7.23　可锻铸铁的牌号、力学性能及用途(摘自 GB 9440—1988)

种类	牌号	试样直径/mm	力学性能				应　用
			σ_b/MPa	$\sigma_{t0.2}$/MPa	δ/%	HBS	
			不小于				
黑心可锻铸铁	KTH300—06	12 或 15	300	—	6	不大于 150	弯头、三通管接头,中低压阀门等承受低动载荷及静载荷、要求气密性的零件
	KTH330—08		330	—	8		扳手、犁刀、犁柱、车轮壳等承受中等动载荷的零件
	KTH350—10		350	200	10		汽车、拖拉机前后轮壳,减速器壳、转向节壳、制动器及铁道零件等承受较高冲击、振动的零件
	KTH370—12		370		12		
珠光体可锻铸铁	KTZ450—06	12 或 15	450	270	6	150～200	载荷较高、耐磨损并有一定韧性要求的重要零件,如曲轴、凸轮轴、连杆、齿轮、活塞环、轴套、耙片、万向接头、棘轮、扳手、传动链条等
	KTZ550—04		550	340	4	180～250	
	KTZ650—02		650	430	2	210～260	
	KTZ700—02		700	530	2	240～290	

（六）合金铸铁

在铸铁中加入一定量的合金元素,使之具有某些特殊性能,提高其适应性和扩大其使用范围,这种铸铁称为合金铸铁。

常用的合金铸铁有耐磨铸铁、耐热铸铁、耐蚀铸铁等。

1. 耐磨铸铁

耐磨铸铁分减摩铸铁和抗磨铸铁两类。减摩铸铁用于润滑条件下工作的零件,例如机床导轨、汽缸套及轴承等;抗磨铸铁用于无润滑、干摩擦的零件,例如轧辊、犁铧、抛丸机叶片、球磨机衬板和磨球等。

（1）减摩铸铁

减摩铸铁应有较低的摩擦系数和能够很好保持连续油膜的能力。最适宜的组织形式应是在软的基体上分布有坚硬的强化相。细层状珠光体灰铸铁就能满足这一要求,其中铁素体为软基体,渗碳体为强化相,同时石墨也起着贮油和润滑的作用。

常用减摩铸铁为高磷铸铁。提高磷的含量,可形成高硬度的磷化物共晶体,呈网状分布在珠光体基体上,形成坚硬的骨架,使铸铁的耐磨损能力比普通灰铸铁提高一倍以上。在含磷较高的铸铁中再加入适量的 Cr、Mo、Cu 或微量的 V、Ti 和 B 等元素,则耐磨性能更好。

（2）抗磨铸铁

抗磨铸铁的组织应具有均匀的高硬度。

常用减摩铸铁有以下几种:普通白口铸铁就是一种抗磨性高的铸铁,但其脆性大,不宜作承受冲击的零件,在有冲击的场合可使用冷硬铸铁;含有少量的 Cr、Mo、

W、Mn、Ni、B 等合金元素的低合金白口铸铁,具有一定的韧性,用于低冲击载荷条件下的抗磨零件,如抛丸机叶片、砂浆泵件、农产品加工设备中的易磨损件等;在中、低冲击载荷的高应力碾研磨损条件下,高铬白口铸铁代替高锰钢已显示了优越的抗磨性能;中锰球墨铸铁具有很好的耐磨性,较高的强度和韧性,适用于犁铧、饲料粉碎机锤片、中小球磨机磨球、衬板、粉碎机锤头等。

2. 耐热铸铁

(1)性能要求

耐热铸铁在高温下具有一定的抗氧化和抗生长能力,并能承受一定载荷。

(2)氧化与热生长

在高温下铸铁会发生氧化和热生长现象。氧化是指铸铁在高温下受氧化性气氛的侵蚀,在铸铁表面产生氧化皮的现象;热生长是指铸铁在高温下产生不可逆的体积长大的现象,其原因是氧气通过石墨片的边界及裂纹间隙渗入铸铁内部,生成密度较小的氧化物,加上高温下渗碳体分解形成比容较大的石墨,使铸铁的体积不断胀大。

为防止热生长,耐热铸铁采用球墨铸铁为好。目前耐热铸铁中主要采用加入 Si、Al、Cr 等合金元素,它们在铸铁表面形成一层致密的稳定性好的氧化膜(SiO_2、Al_2O_3、Cr_2O_3),保护内部金属不被继续氧化。同时,这些元素能提高固态相变临界点,使铸铁在使用范围内不致发生相变,以减少由此而造成的体积胀大和显微裂纹等。

(3)常用耐热铸铁

常用的耐热铸铁有中硅铸铁、高铬铸铁、镍铬硅铸铁、镍铬球墨铸铁等,用来代替耐热钢制造耐热零件,如加热炉底板、热交换器、坩埚等。

3. 耐蚀铸铁

(1)性能要求

耐蚀铸铁具有较高的耐蚀性能,耐蚀措施与不锈钢相似,一般加入 Si、Al、Cr、Ni、Cu 等合金元素,在铸件表面形成牢固的、致密而又完整的保护膜,阻止腐蚀继续进行,并提高铸铁基体的电极电位,提高铸铁的耐蚀性。

(2)常用耐蚀铸铁

应用最广泛的是高硅耐蚀铸铁,这种铸铁在含氧酸类和盐类介质中有良好的耐蚀性,但在碱性介质和盐酸、氢氟酸中,因表面 SiO_2 保护膜被破坏,耐蚀性有所下降。耐蚀铸铁广泛用于化工部门,用来制造各种管道、阀门、泵类、反应锅及盛贮器等。

七、非铁金属(有色金属)

工业上把钢铁材料以外的其他金属及其合金统称为非铁金属(也称有色金属材料)。非铁金属材料的种类很多,例如铝、铜、锡、铅及其合金等。虽然非铁金属材料与黑色金属材料相比产量低、价格高,但由于其具有某些特殊性能,在机械制造、化工、电器、航空航天、冶金以及国防等领域得到广泛应用。有色金属分类如图 7.25 所示。

$$有色金属\begin{cases}重金属（密度>3.5\ g\cdot cm^{-3}）:Cu、Ni\ 等\\轻金属（密度<3.5\ g\cdot cm^{-3}）:Al、Mg\ 等\\贵金属:Au、Ag、Pt\ 等\\稀有金属:W、Ti、Ra、Nb\ 等\\半金属:Si、Te、B\ 等\end{cases}$$

图7.25 有色金属分类示意图

（一）铝及其合金

铝及铝合金与其他金属材料相比，具有以下特点。

①密度小。铝及铝合金的密度接近 $2.7\ g\cdot cm^{-3}$，约为铁或铜的 $1/3$。

②强度高。铝及铝合金的强度高，经过一定程度的冷加工可强化基体强度，部分牌号的铝合金还可以通过热处理进行强化处理。

③导电、导热性好。铝的导电、导热性能仅次于银、铜、金。

④耐蚀性好。铝的表面易自然生成一层致密牢固的 Al_2O_3 保护膜，能很好地保护基体不受腐蚀。通过人工阳极氧化和着色，可获得良好铸造性能的铸造铝合金或加工塑性好的变形铝合金。

⑤易加工。添加一定的合金元素后，可获得良好铸造性能的铸造铝合金或加工塑性好的变形铝合金。

1. 工业纯铝

（1）性能

工业纯铝是呈银白色的低熔点轻金属，熔点约为 660 ℃；纯铝具有面心立方晶格，无同素异晶转变；纯铝的导电、导热性好，仅次于金、银、铜；纯铝在空气中具有良好的耐蚀性；力学性能表现为强度低（$\sigma_b\approx80\sim100\ MPa,$）、塑性好（$\delta\approx50\%$、$\psi\approx80\%$），因此适于形变加工。

（2）分类和牌号表示方法

工业纯铝分冶炼品和压力加工品两类，前者的代号以化学成分"Al"表示，后者用汉语拼音"L"表示，如 L1、L2、L3，其后的数字表示序号，序号数字愈大，纯度愈低。纯铝的导电、导热性随其纯度的降低而变差，所以纯度是纯铝的重要指标。纯铝的牌号用四位数字体系表示（详见本节变形铝及铝合金牌号表示方法），如代号 L1、L2、L3 所对应的牌号分别为 1070、1060、1050。

（3）应用

工业纯铝多用于制造电线、电缆或对强度要求不高的器皿。

2. 铝合金的分类和热处理

在纯铝中加入硅、铜、镁、锌、锰等合金元素形成铝合金，与纯铝相比，铝合金具有高的比强度（强度与密度之比）和其他优良的性能。

（1）铝合金的分类

铝合金的分类如图 7.26 所示。

①变形铝合金：此类铝合金的塑性好，适合于压力加工。

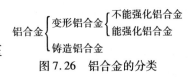

$$铝合金\begin{cases}变形铝合金\begin{cases}不能强化铝合金\\能强化铝合金\end{cases}\\铸造铝合金\end{cases}$$

图 7.26 铝合金的分类

②铸造铝合金:组织中有共晶组织存在,塑性、韧性差,但是流动性好,适宜于铸造。

(2)铝合金的热处理

铝合金强化的常用手段有固溶热处理和时效处理两种。

①固溶热处理是将铝合金加热至 α 单相区恒温保持,形成单相固溶体,然后快速冷却,使过饱和 α 固溶体来不及分解,室温下获得过饱和 α 固溶体的工艺。经固溶热处理后的铝合金,其塑性、韧性较好,但强度、硬度并没有立即提高,组织也不稳定。

②时效处理是将固溶热处理后的铝合金在室温下放置一定时间或稍许(低温)加热,过饱和 α 固溶体中析出弥散分布的第二相化合物(如铝铜合金中析出 $CuAl_2$),起强化作用,使铝合金的强度、硬度明显提高,这种合金的性能随时间而变化的现象称为时效。在室温进行的时效处理称为自然时效,在室温以上的温度进行的时效处理称为人工时效。人工时效时,若时效温度过高,合金会出现软化现象,称为过时效处理。生产中应避免这种过时效现象,一般时效温度不超过 150 ℃。图 7.27 和图 7.28 分别为 ω_{Cu} =4% 的铝铜合金自然时效曲线和人工时效曲线。

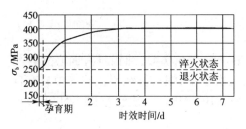

图 7.27　ω_{Cu} =4% 的铝铜合金自然时效曲线

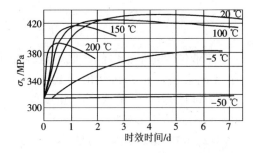

图 7.28　ω_{Cu} =4% 的铝铜合金人工时效曲线

3. 变形铝合金

变形铝合金按其成分和性能特征分为防锈铝、硬铝、超硬铝和锻铝。

变形铝合金的代号用"铝"和"合金类别"的汉语拼音字首及合金顺序号表示。例如 LF21 表示为 21 号防锈铝合金;LY11 表示为 11 号硬铝合金。

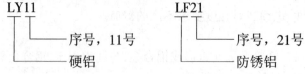

变形铝及铝合金牌号采用国际四位数字体系和四位字符体系表示(GB/T 16474—1996)。凡按照化学成分在国际牌号注册组织注册命名的铝及铝合金,直接采用四位数字体系(即采用四位阿拉伯数字表示);未在国际牌号注册组织注册的,则按照四位字符体系表示(采用阿拉伯数字和第二位用英文大写字母表示),以上两种牌号表示方法仅第二位不同。表示方法如下。

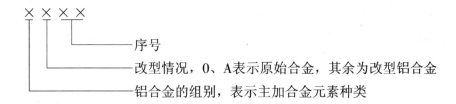

第一位数字表示铝及其合金的组别,用1,2,3,…,9 依次表示纯铝以及以铜、锰、硅、镁、镁和硅、锌、其他合金元素为主要合金元素的铝合金及备用组。第二位数字或字母表示原始纯铝或铝合金的改型情况,当为数字 0 或字母 A 时,表示原始纯铝和原始合金;如为数字 1 ~ 9 或字母 B ~ Y 表示改型情况,即该合金在原始合金的基础上允许有一定的偏差。第三、四位数字表示同一组中的不同铝合金,纯铝则表示铝的最低质量分数中小数点后面的两位数字。例如牌号 1070 表示纯度为 99.70% 的变形工业纯铝;2A11 表示主要合金元素为铜的 11 号原始变形铝合金。

变形铝合金的牌号、性能及应用见表 7.24。

表 7.24 变形铝合金牌号、性能及应用

类别	原代号	新牌号	半成品种类	状态①	力学性能		应 用
					σ_b/MPa	δ/%	
防锈铝合金	LF2	5A02	冷轧板材	O	167 ~ 226	16 ~ 18	在液体下工作的中等强度的焊接件、冷冲压件和容器、骨架零件等
			热轧板材	H112	117 ~ 157	7 ~ 6	
			挤压板材	O	≤226	10	
	LF21	3A21	冷轧板材	O	98 ~ 147	18 ~ 20	要求高的可塑性和良好的焊接性、在液体或气体介质中工作的低载荷零件,如油箱、油管、液体容器、饮料罐
			热轧板材	H112	108 ~ 118	15 ~ 12	
			挤制厚壁管材	H112	≤167	—	
硬铝合金	LY11	2A11	冷轧板材(包铝)	O	226 ~ 235	12	用作各种要求中等强度的零件和构件,空气螺旋桨叶片,局部微粗的零件(如螺栓、铆钉)
			挤压棒材	T4	353 ~ 373	10 ~ 12	
			拉挤制管材	O	≤245	10	
	LY12	2A12	冷轧板材(包铝)	T4	407 ~ 427	10 ~ 13	用量最大,用作各种要求高载荷的零件和构件(但不包括冲压件和锻件),如飞机上的骨架零件、蒙皮、翼梁、铆钉等,150 ℃ 以下工作的零件
			挤压棒材	T4	255 ~ 275	8 ~ 12	
			拉挤制管材	O	≤245	10	
	LY8	2B11	铆钉线材	T4	J225	—	主要用作铆钉材料
超硬铝合金	LC3	7A03	铆钉线材	T6	J284	—	受力结构的铆钉
	LC4	7A04	挤压棒材	T6	490 ~ 510	5 ~ 7	用作承力构件和高载荷零件,如飞机上的大梁、桁条、加强框、蒙皮、翼肋、起落架零件等,通常多用以取代 2A12
	LC9	7A09	冷轧板材	O	≤245	10	
			热轧板材	T6	490	3 ~ 6	

类别	原代号	新牌号	半成品种类	状态①	力学性能		应 用
					σ_b/MPa	δ/%	
锻铝合金	LD5	2A50	挤压棒材	T6	353	12	形状复杂和中等强度的锻件和冲压件,内燃机活塞,压气机叶片、叶轮、圆盘以及其他在高温下工作的复杂锻件,其中 2A70 耐热性好
	LD7	2A70	挤压棒材	T6	353	8	
	LD8	2A80	挤压棒材	T6	411~432	8~10	
	LD10	2A14	热轧板材	T6	432	5	高负荷和形状简单的锻件和模锻件

① 状态符号采用 GB/T 16475—1996 规定。代号:O—退火;T4—固溶 + 自然时效;T6—固溶 + 人工时效;H112—热加工。

(1)防锈铝(LF)

防锈铝主要有 Al-Mg 或 Al-Mn 系,这类铝合金不能热处理强化,只能通过冷变形强化。常用的代号有 LF5、LF11、LF21 等。其性能特点是耐蚀性好,而且塑性和焊接性能良好,但强度不高。这类合金主要用于冲压方法制成的中、轻载荷焊接件和耐蚀件,如油箱、导管和生活器具等。

(2)硬铝(LY)

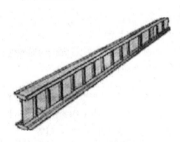

图 7.29　飞机翼梁

硬铝主要为 Al-Cu-Mg 系合金。这类合金可以通过固溶热处理和时效处理来获得高强度,抗拉强度 σ_b 可达 450 MPa。常用代号有 LY1、LY2、LY12 等。其性能特点是强度、硬度高,但耐蚀性低于纯铝,特别是不耐海水腐蚀。这类合金主要用于制造密度要求小的中等强度结构件,在航空工业上应用较多,如飞机上的骨架零件、螺旋桨叶片等。图 7.29 所示为飞机翼梁,其腹板为硬铝合金。

(3)超硬铝(LC)

超硬铝为 Al – Cu – Mg – Zn 系合金,它是在硬铝合金的基础上加入锌元素而制成的。锌能溶于固溶体起固溶强化作用,还能与铜、镁等元素共同形成多种复杂的强化相,经固溶热处理、人工时效后强度高于硬铝合金。例如 LC4 的抗拉强度 σ_b 高达 600 MPa。常用的代号有 LC4、LC6 等。超硬铝合金的耐蚀性较差,多用于制造飞机上受力较大、要求强度高的部件,如飞机的大梁、桁架、翼肋、起落架等。图 7.30 所示为飞机主起落架。硬铝和超硬铝的耐腐蚀性不如纯铝,常采用压延法在其表面包覆铝,以提高耐腐蚀性。

图 7.30　飞机主起落架

（4）锻铝（LD）

锻铝大多为 Al-Cu-Mg-Si 系合金。这类合金在加热状态下具有优良的锻造性，故称锻铝。锻铝可以通过热处理强化，其力学性能与硬铝相近。主要用于制造要求密度小、中等强度、形状比较复杂的锻件，如离心式压气机的叶轮、飞机操纵系统中的摇臂等。图7.31 所示为压气机叶轮。

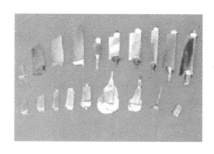

图7.31 压气机叶轮

4.铸造铝合金

铸造铝合金主要有 Al-Si 系、Al-Cu 系、Al-Mg 系、Al-Zn 系四个系列。

铸造铝合金的代号用"ZL"（铸铝的拼音字首）加三位数字表示。在三位数字中，第一位数字表示合金类别：1——Al-Si 系，2——Al-Cu 系，3——Al-Mg 系，4——Al-Zn 系，第二、第三位表示顺序号，Al-Si 系铸造铝合金代号如下所示。

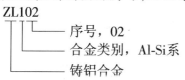

ZL102
├── 序号，02
├── 合金类别，Al-Si系
└── 铸铝合金

铸铝合金的牌号用 Z + 基本元素（铝元素）符号 + 主要添加合金元素符号 + 主要添加合金元素的质量分数表示。优质合金在牌号后面标注"A"，压铸合金在牌号前面冠以字母"YZ"。例如 ZAlSi12 表示 $w_{Si}=12\%$，余量为基体元素 Al 的铸造铝合金，其牌号如下所示。

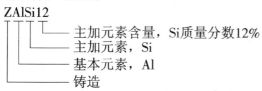

ZAlSi12
├── 主加元素含量，Si质量分数12%
├── 主加元素，Si
├── 基本元素，Al
└── 铸造

铸造铝合金制品如图7.32 所示。部分铸造铝合金的牌号、代号、主要特点及应用见表7.25，中国新旧铝合金牌号对照见表7.26。

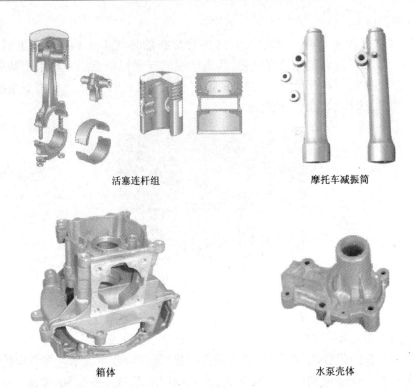

活塞连杆组　　　　　　　　摩托车减振筒

箱体　　　　　　　　　　水泵壳体

图 7.32　铸造铝合金制品

表 7.25　部分铸造铝合金的牌号、代号、主要特点及应用
（摘自 GB/T 1173—1995、GB/T 15115—94）

类别	牌号	代号	主要特点	应用
铝硅合金	ZAlSi12	ZL102	熔点低，密度小，流动性好，收缩和热倾向小，耐蚀性、焊接性好，可切削性差，不能热处理强化，有足够的强度，但耐热性低	适合铸造形状复杂、耐蚀性和气密性高、强度不高的薄壁零件，如飞机仪器零件、船舶零件等
	YZAlSi12	YL102		
	ZAlSi5Cu1Mg	ZL105	铸造工艺性能好，不需变质处理，可热处理强化，焊接性、切削性好，强度高，塑韧性低	形状复杂，工作温度≤250 ℃的零件，如汽缸体、汽缸盖、发动机箱体等
	ZAlSi12Cu2Mg	ZL108	铸造工艺性能优良，线收缩小，可铸造尺寸精确的铸件，强度高，耐磨性好，需要变质处理	汽车、拖拉机的活塞，工作温度≤250 ℃的零件
	YZAlSi12Cu2	YL108		

138

续表

类别	牌号	代号	主要特点	应用
铝铜合金	ZAlCu5Mn	ZL201	铸造性能差,耐蚀性能差,可热处理强化,室温强度高,韧性好,焊接性能、切削性能好,耐热性好	承受中等载荷,工作温度≤300℃的飞行受力铸件、内燃机汽缸头
	ZAlRE5Cu3Si2	ZL207	铸造性能好,耐热性高,可在300~400℃下长期工作,室温力学性能较低,焊接性能好	适合铸造形状复杂,在300~400℃下长期工作的液压零部件
铝镁合金	ZAlMg10	ZL301	铸造性能差,耐热性不高,焊接性差,切削性能好,能耐大气和海水腐蚀	承受高静载荷、冲击载荷、工作温度≤200℃、长期在大气和海水中工作的零件,如船舰配件等
	ZAlMg5Si1	ZL303	铸造性能比ZL301好,热处理不能明显强化,但切削性能好,焊接性好,耐蚀性一般,室温力学性能较低	承受中等载荷、工作温度≤200℃的耐蚀零件,如轮船、内燃机配件
铝锌合金	ZAlZn11Si7	ZL401	铸造性能优良,需变质处理,不经热处理可以达到高的强度,焊接性和切削性能优良,耐蚀性低	承受高静载荷、形状复杂、工作温度≤200℃的铸件,如汽车、仪表零件
	ZAlZn6Mg	ZL402	铸造性能优良,耐蚀性能好,可加工性能好,有较高的力学性能;但耐热性能低,焊接性一般;铸造后能自然失效	承受高的静载荷或冲击载荷、不能进行热处理的铸件,如活塞、精密仪表零件等

表 7.26　中国新旧铝合金牌号对照表(GB/T 3190—1996)

新牌号	旧牌号	新牌号	旧牌号	新牌号	旧牌号
1A99	原LG5	2B12	原LY9	3003	
1A97	原LG4	2A13	原LY13	3103	
1A95	—	2A14	原LD10	3004	
1A93	原LG3	2A16	原LY16	3005	
1A90	原LG2	2B16	曾用LY16-1	3105	
1A85	原LG1	2A17	原LY17	4A01	原LT1
1080	—	2A20	曾用LY20	4A11	原LD11
1080A	—	2A21	曾用214	4A13	原LT13
1070	—	2A25	曾用225	4A17	原LT17
1070A	代L1	2A49	曾用149	4004	—
1370	—	2A50	原LD5	4032	
1060	代L2	2B50	原LD6	4043	—

新牌号	旧牌号	新牌号	旧牌号	新牌号	旧牌号
1050	—	2A70	原 LD7	4043A	—
1050A	代 L3	2B70	曾用 LD7 – 1	4047	—
1A50	原 LB2	2A80	原 LD8	4047A	—
1350	—	2A90	原 LD9	5A01	曾用 2101、LF15
1145	—	2005	—	5A02	原 LF2
1035	代 L4	2011	—	5A03	原 LF3
1A30	原 L4 – 1	2014	—	5A05	原 LF5
1100	代 LF5 – 1	2014A	—	5B05	原 LF10
1200	代 L5	2214	—	5A06	原 LF6
1235	—	2017	—	5B06	原 LF14
2A01	原 LY1	2017A	—	5A12	原 LF12
2A02	原 LY2	2117	—	5A13	原 LF13
2A04	原 LY4	2218	—	5A30	曾用 2103、LF16
2A06	原 LY6	2618	—	5A33	原 LF33
2A10	原 LY10	2219	曾用 LY19、147	5A41	原 LT41
2A11	原 LY11	2024	—	5A43	原 LF43
2B11	原 LY8	2124	—	5A66	原 LT66
2A12	原 LY12	3A21	原 LF21	5005	—
5019	—	6B02	原 LD2 – 1	7A09	原 LC9
5050	—	6A51	曾用 651	7A10	原 LC10
5251	—	6101	—	7A15	曾用 LC15、157
5052	—	6101A	—	7A19	曾用 919、LC19
5154	—	6005	—	7A31	曾用 183 – 1
5154A	—	6005A	—	7A33	曾用 LB733
5454	—	6351	—	7A52	曾用 LC52、5210
5554	—	6060	—	7003	原 LC12
5754	—	6061	原 LD30	7005	—
5056	原 LF5 – 1	6063	原 LD31	7020	—
5356	—	6063A	—	7022	—
5456	—	6070	原 LD2 – 2	7050	—
5082	—	6181	—	7075	—
5182	—	6082	—	7475	—
5083	原 LF4	7A01	原 LB1	8A06	原 L6

续表

新牌号	旧牌号	新牌号	旧牌号	新牌号	旧牌号
5183	—	7A03	原LC3	8011	曾用LT98
5086	—	7A04	原LC4	8090	—
6A02	原LD2	7A05	曾用705	—	—

注:1. "原"是指化学成分与新牌号等同,且都符合 GB 3190—82 规定的旧牌号。

2. "代"是指与新牌号的化学成分相似,且都符合 GB 3190—82 规定的旧牌号。

3. "曾用"是指已经鉴定、工业生产时曾经用过的牌号,但没有收入 GB 3190—82 中。

(1)铸造铝硅合金

Al-Si 系合金是最常用的铸造铝合金,俗称硅铝明。这类铝合金的特点是铸造性能优良(流动性好、收缩率小、热裂倾向小),具有一定的强度和良好的耐腐蚀性。

典型牌号 ZAlSi12(代号 ZL102),含硅量为 10% ~13%(平均 w_{Si} =11.7%)。

变质处理:为了提高其力学性能,浇注前在液态合金中加入约为合金液质量2% ~3%的变质剂(2/3 NaF + 1/3 NaCl),变质剂中的钠能促进硅形核,并阻碍其晶体长大,使硅晶体能以极细粒状形态均匀分布在 α 固溶体基体上。变质处理后,力学性能显著提高,强度和伸长率由原来的 σ_b ='140 MPa、δ = 3% 提高到 σ_b = 180 MPa、δ=8%。

(2)铸造铝铜合金

具有高的耐热强度,适宜制造内燃机汽缸盖、活塞等高温下工作的零件。

(3)铸造铝镁合金

具有较高的耐蚀性,适于制造泵体、船舰配件或海水中工作的其他构件。

(4)铸造铝锌合金

具有较高的强度,适宜制造汽车、飞机上开关复杂的零件。

(二)铜及其合金

1. 工业纯铜

(1)性能

纯铜又称紫铜,具有面心立方晶格,无同素异晶转变。密度为 8.96 g·cm⁻³,熔点 1 083 ℃,导电性、导热性优良,抗大气腐蚀性能良好。塑性好(δ=45% ~50%),容易进行冷、热塑性加工,强度和硬度较低(σ_b = 230 ~ 250 MPa,30 ~40HBS),通过冷变形可使之强化。

(2)代号

根据 GB 5231—2001,工业纯铜有 T1、T2、T3 三个代号。代号中的"T"为铜的汉语拼音字首,其后的数字表示序号,序号愈大,纯度愈低。T1、T2、T3 的铜质量分数分别为 w_{Cu} =99.95%、w_{Cu} =99.90%、w_{Cu} =99.70%,其余为杂质。

(3)应用

纯铜主要用于制造电线、电缆、电子元件和配制合金。纯铜和铜合金的低温力学性能良好,是制造冷冻设备的主要材料。

2. 铜合金的分类

铜合金是以铜为基体,加入合金元素形成的合金。铜合金与纯铜比较,不仅强度高,而且具有优良的物理、化学性能,故工业中广泛应用的是铜合金。

根据化学成分,铜合金分为黄铜、白铜、青铜三类;根据加工方法可分为压力加工铜合金和铸造铜合金。

黄铜是指以铜为基体,以锌为主加元素的铜合金;白铜是指以铜为基体,以镍为主加元素的铜合金;青铜是指除黄铜和白铜以外的铜合金,主要有锡青铜、铝青铜、铍青铜等。

3. 黄铜

黄铜可分为普通黄铜和特殊黄铜,可进行压力加工和铸造。图 7.33 所示为部分黄铜制品。常用黄铜的牌号、成分、性能及应用见表 7.27。

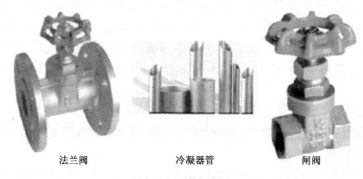

法兰阀　　　　　　冷凝器管　　　　　　闸阀

图 7.33　黄铜制品

(1)普通黄铜

普通黄铜是铜锌二元合金。

普通加工黄铜牌号用 H + 数字表示。H 为"黄"字汉语拼音字母字首,数字表示铜的质量分数。例如 H68 表示平均 $w_{Cu} = 68\%$,其余为锌的普通黄铜。

H70、H68 等塑性好,适于制造形状复杂、耐腐蚀的冲压件,如弹壳、散热器外壳、导管、雷管等。

H62、H59 等热加工性能好,适合进行热变形加工,有较高强度,可制造一般机器零件,如铆钉、垫圈、螺钉、螺帽等。

H80 等含铜量高的黄铜,色泽金黄,并且具有良好的耐蚀性,可用作装饰品、电镀、散热器管等。

(2)特殊黄铜

在 Cu 与 Zn 的基础上再加入其他合金元素,称为特殊黄铜。

压力加工特殊黄铜牌号用 H + 主加合金元素符号 + 铜的平均质量分数 + 合金元素平均质量分数表示。例如 HPb59—1 表示平均 $w_{Cu} = 59\%$ 、$w_{Pb} = 1\%$,其余为锌的铅黄铜。

（3）铸造黄铜

铸造黄铜的牌号用"Z+铜和合金元素符号+合金元素平均质量分数"表示。例如,ZCuZn38 表示平均 $w_{Zn}=38\%$,其余为铜的铸造普通黄铜;ZCuZn16Si4 表示平均 $w_{Zn}=16\%$ 、$w_{Si}=4\%$,其余为铜的铸造硅黄铜。

表 7.27　常用黄铜的牌号、成分、性能及应用

类别	牌号	化学成分(%)		状态	力学性能			应用
		Cu	其他		σ_b /MPa	δ /%	HBS	
普通黄铜	H96	95.0~97.0	Zn:余量	T	240	50	45	冷凝管、散热器管及导电零件
				L	450	2	120	
	H62	60.5~63.5	Zn:余量	T	330	49	56	铆钉、螺帽、垫圈、散热器零件
				L	600	3	164	
特殊黄铜	HPb59—1	57.0~60.0	Pb:0.8~0.9 Zn:余量	T	420	45	75	用于热冲压和切削加工制作的各种零件
				L	550	5	149	
	HMn58—2	57.0~60.0	Mn:1.0~2.0 Zn:余量	T	400	40	90	腐蚀条件下工作的重要零件和弱电流工业零件
				L	700	10	178	
	HSn90—1	88.0~91.0	Sn:0.25~0.75 Zn:余量	T	280	40	58	汽车、拖拉机弹性套管及其他耐蚀减摩零件
				L	520	4	148	
铸造黄铜	ZCuZn38	60.0~63.0	Zn:余量	S	295	30	59	一般结构件及耐蚀零件,如法兰阀座、支架等
				J	295	30	69	
	ZCuZn31Al2	66.0~68.0	Al:2.0~3.0 Zn:余量	S	295	12	79	制作电机、仪表等压铸件及船舶、机械中的耐蚀件
				J	390	15	89	
	ZCuZn38Mn2Pb2	57.0~60.0	Mn:1.5~2.5 Pb:1.5~2.5 Zn:余量	S	245	10	69	一般用作结构件,船舶仪表等使用的外形简单的铸件,如套筒、轴瓦等
				J	345	14	79	
	ZCuZn16Si4	79.0~81.0	Si:2.5~4.5 Zn:余量	S	345	15	89	船舶零件,内燃机零件,在气、水、油中的铸件
				J	390	20	98	

注:T——退火状态;L——冷变形状态;S——砂型铸造;J——金属型铸造。

4. 青铜

常用青铜有锡青铜、铝青铜、铍青铜、铅青铜等。按工艺特点又分为压力加工青铜和铸造青铜两大类。

加工青铜的牌号用"青"字汉语拼音字母字首 Q+主加元素符号及其平均质量分数+其他元素平均质量分数组成。例如 QSn4—3 表示平均 $w_{Sn}=4\%$ 、$w_{Zn}=3\%$,其余为铜的锡青铜。铸造青铜的牌号用 Z+铜和合金元素符号+合金元素平均质量分

数表示。例如 ZCuSn10P1 表示平均 $w_{Sn} = 10\%$、$w_P = 1\%$，其余为铜的铸造锡青铜。

图 7.34 所示为部分青铜制品。常用青铜的牌号、化学成分、力学性能及应用见表 7.28。

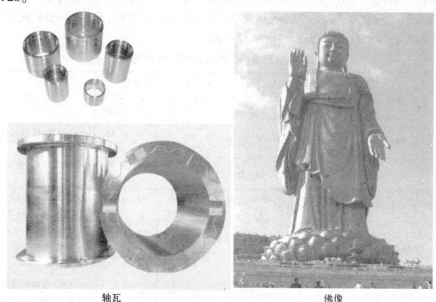

轴瓦 　　　　　　　　　　　　　　　　佛像

图 5.34　青铜制品

（1）锡青铜

以锡为主要添加元素的铜合金称为锡青铜。

锡青铜的耐磨性好，耐大气、海水腐蚀的能力比黄铜强。虽然铸造锡青铜的流动性差，容易产生偏析，铸件的致密度也不够高，但它是非铁金属中收缩率最小的合金，而且无磁性和冷脆现象。

压力加工锡青铜在造船、化工、机械、仪表等工业中被广泛应用，适合于制造轴承，耐蚀、抗磁零件和弹簧等。

铸造锡青铜适合于铸造形状复杂，致密性要求不高，要求耐磨、耐蚀的零件，如泵体、轴瓦、齿轮、蜗轮等。

（2）铝青铜

以铝为主要添加元素的铜合金称为铝青铜。

常用的铝青铜 $w_{Al} = 5\% \sim 11\%$。铝青铜比黄铜和锡青铜有更好的耐蚀性，较高的强度、硬度，但收缩率比锡青铜大。当 $w_{Al} = 5\% \sim 7\%$ 时，有良好的塑性，适宜于冷变形加工；当 $w_{Al} = 10\%$ 时，强度高，适宜于铸造。铝青铜常用来制造在海水和较高温度下工作的高强度耐磨零件，如轴承、齿轮、蜗轮等，也可制造仪器中要求耐蚀的零件和弹性零件。

（3）铍青铜

以铍为主要添加元素的铜合金称为铍青铜。

常用的铍青铜 w_{Be} = 1.7% ~ 2.5%。铍在铜中的最大溶解度为2.7%，到室温时降至0.2%，所以，铍青铜经固溶热处理和时效后有较高的强度、硬度。同时，铍青铜还具有良好的耐蚀性、耐疲劳性、导电性、导热性，且无磁性，受冲击不产生火花等，是一种综合性能较好的结构材料，主要用于制造各种精密仪器、仪表中的弹性零件和耐蚀、耐磨零件，如钟表齿轮、航海罗盘、电焊机电极、防爆工具等。铍青铜价格贵，工艺复杂，应用受到限制。

表7.28　常用青铜的代号(牌号)、化学成分、力学性能及应用(摘自 GB 5233—2001、GB 1176—1987、GB 2048—2002、GB 2043—2002)

类型		代号（或牌号）	主要成分 w/%			状态	力学性能 不小于		应用
			Sn	Cu	其他		σ_b /MPa	δ /%	
锡青铜	压力加工	QSn4—3	3.5 ~ 4.5	余量	Zn:2.7 ~ 3.3	软	290	40	弹簧、管配件和化工机械中的耐磨及抗磁零件
						硬	635	2	
		QSn6.5—0.4	6.0 ~ 7.0	余量	P:0.26 ~ 0.40	软	295	40	耐磨及弹性零件
						硬	665	2	
		QSn6.5—0.1	6.0 ~ 7.0	余量	P:0.1 ~ 0.25	软	290	40	弹簧、接触片、振动片、精密仪器中的耐磨零件
						硬	640	1	
锡青铜	铸造	ZCuSn10Zn2	9.0 ~ 11.0	余量	Zn:1.0 ~ 3.0	砂型	240	12	在中等及较高载荷下工作的重要管配件，如阀、泵体
						金属型	245	6	
		ZCuSn10P1	9.0 ~ 11.5	余量	P:0.5 ~ 1.0	金属型	310	2	重要的轴瓦、齿轮、轴套、轴承、蜗轮、机床丝杠螺母
特殊青铜	压力加工	QAl7	Al:6.0 ~ 8.5	余量	Zn:0.20 Fe:0.50	硬	635	5	重要的弹簧和弹性零件
		QBe2	Be:1.8 ~ 2.1	余量	Ni:0.2 ~ 0.5	—	—	—	重要仪表的弹簧、齿轮等，耐磨零件，高速、高压、高温下的轴承
	铸造	ZCuAl10Fe3Mn2	Al:9.0 ~ 11.0	余量	Fe:2.0 ~ 4.0 Mn:1.0 ~ 2.0	金属型	540	15	耐磨耐蚀重要铸件
		ZCuPb30	Pb:27.0 ~ 33.0	余量	—	金属型	—	—	高速双金属轴瓦、减摩件，如柴油机曲轴及连杆轴承、齿轮、轴套

(三)钛及其合金

钛有十大性能:密度小，比强度高;弹性模量低;导热系数小;抗拉强度与其屈服强度度接近;无磁性、无毒;抗阻尼性能强;耐热性能好;耐低温性能好;吸气性能;耐腐蚀性能。

钛有三大功能:记忆功能、超导功能、贮氢功能。

钛金属材料的主要性能见表 7.29,常用工业纯钛和钛合金的牌号、成分、力学性能及应用见表 7.30。

表 7.29 钛金属材料的主要性能

名称	单位	数据	名称	单位	数据
原子序数	—	22	原子量	—	47.9
热膨胀系数	$\times 10^{-6}/℃(0 \sim 100 ℃)$	8.2	克原子体积	cm^3/g 原子	10.7
密度	g/cm^3	4.505	熔点	℃	$1\ 668 \pm 4$
沸点	℃	3 535	导热系数	$W/(m \cdot K)$	15.24
电阻系数	$\times 10^{-6} \Omega \cdot cm$	47.8	同素异晶转变温度	℃	882
转变时体积的变化	%	5.5	转变时熵的变化	℃	0.587
磁化率	$\times 10^{-6} cm^3/g$	3.2	泊松比		0.41

1. 纯钛

钛是银白色的高熔点轻金属,密度为 $4.51\ g \cdot cm^{-3}$,熔点为 1 700 ℃,钛有两种同素异构体:温度低于 882 ℃ 为 α-Ti,具有密排六方晶格;温度高于 882 ℃ 为 β-Ti,具有体心立方晶格。

纯钛的强度很高,退火状态下 $\sigma_b = 300 \sim 500$ MPa,与碳素结构钢相似,热处理后强度可达到 $\sigma_b = 1\ 000 \sim 1\ 400$ MPa,与高强度结构钢相似,且高温下仍具有较高的强度。另外,它的塑性也极好,因此,适宜进行压力加工。

2. 钛合金

钛合金是以钛为基体,加入合金元素铝、锡、铬、钼、锰等合金元素组成的合金。按合金使用状态下的组织分类,可分为 α 型、β 型、α + β 型三种。钛合金牌号用 T + 合金类别代号 + 顺序号表示,T 是钛的拼音字首,合金类别代号分别用 A、B、C 分别表示 α 型、β 型、α + β 型钛合金。例如,TA6 表示 6 号 α 型钛合金,TC4 表示 4 号 α + β 型钛合金。

(1)α 型钛合金

α 型钛合金的主要成分为钛中加入铝和锡,退火状态下的组织是单相 α 固溶体,这类合金不能热处理强化。α 型钛合金室温强度比其他两类钛合金低,但在 500 ~ 600 ℃ 使用时能保持高的高温强度,α 型钛合金的焊接性能和压力加工性能好,并且组织稳定。

(2)β 型钛合金

β 型钛合金的主要成分为钛中加入铬、钼、钒等合金元素,这类合金经淬火后得到 β 固溶体的组织,具有较高的强度和冲击韧性,压力加工性能和焊接性能良好。缺点是组织和性能不太稳定,熔炼工艺较复杂,故应用较少。

(3)α + β 型钛合金

此类合金的室温组织为 α + β 两相组织,它可通过热处理淬火 + 时效处理强化。

$\alpha + \beta$ 型钛合金力学性能范围宽,可适应各种不同的用途,其中钛-铝-钒合金(TC4)应用最广。它具有较高的强度和韧性,100 ~ 400 ℃条件下使用具有较好的耐热性,锻造性能、冲压性能和焊接性能均较好。

表 7.30　常用工业纯钛和钛合金的牌号、成分、力学性能及应用(摘自 GB/T 2965—1996)

种类	牌号	质量分数		力学性能					应用
		ω_{Al}/%	其他元素/%	σ_b/MPa	δ/%	ψ/%	α_k/(J·cm^{-2})	HBS	
工业纯钛	TA1		0.495	343	25	50	105		机械:350 ℃以下工作的受力零件及冲压件、压缩机气阀、造纸混合器
	TA2		0.815	441	20	40	90		造船:耐海水腐蚀的管道、阀门泵水翼、柴油机活塞、连杆、叶簧
	TA3		1.015	539	15	35	—		航天:飞机骨架、蒙皮、发动机部件等
钛合金	TA5	3.3 ~ 4.7	—	686	15	40	58.8	—	与工业纯钛相仿
	TA7	4.0 ~ 6.0	Sn:2.0 ~ 3.0	785	10	27	29.4	241 ~ 321	飞机蒙皮、骨架、零件、压气机壳体、叶片,400 ℃以下工作的焊接零件等
	TA8	4.5 ~ 5.5	Sn:2.0 ~ 3.0 Cu:2.5 ~ 3.2 Zr:1.0 ~ 1.5	981	10	25	19.6 ~ 29.4	—	500 ℃以下长期工作的结构件和各种零件
	TB2	2.5 ~ 3.5	Cr:7.5 ~ 8.5 Mo:4.7 ~ 5.7 V:4.7 ~ 5.7	淬火:≤981; 时效:1 373	18 7	40 10	29.4 14.7	—	焊接性能和压力加工性能好
	TC1	1.0 ~ 2.5	Mn:0.7 ~ 2.0	588	15	30	44.1	—	400 ℃以下的板材冲压和焊接零件
	TC4	5.5 ~ 6.8	V:3.5 ~ 4.5	902	10	30	39.2	≥329	400 ℃以下长期工作的零件、结构用的锻件、各种容器、泵、低温部件、舰艇耐压壳体、坦克履带
	TC10	5.8 ~ 6.5	Sn:1.5 ~ 2.5 V:5.5 ~ 6.5	锻棒:1 030 轧棒:1 030	12 12	25 30	34.3 39.2	—	450 ℃以下工作的零件,如飞机结构零件、起落架、导弹发动机外壳、武器结构件等

3. 钛及钛合金的应用领域

钛及钛合金的应用领域,及其具体应用见表7.31。

表 7.31 钛及钛合金的应用领域

应用领域		材料的使用特性	应用部位
航空工业	喷气发动机	在500 ℃以下具有高的屈服强度/密度比和疲劳强度/密度比,良好的热稳定性,优异的抗大气腐蚀性能,可减轻结构质量	在500 ℃以下的部位使用,如压气盘、静叶片、动叶片、机壳、燃烧室外壳、排气机构外壳、中心体、喷气管等
	机身	在300 ℃以下,比强度高	防火壁、蒙皮、大梁、起落架、翼肋、隔框、紧固件、导管、舱门、拉杆等
火箭、导弹及宇宙飞船工业		在常温及超低温下,比强度高,并具有足够的韧性及塑性	高压容器、燃料贮箱、火箭发动机及导弹壳体、飞船船舱蒙皮及结构骨架、主起落架、登月舱等
船舶、舰艇制造工业		比强度高,在海水及海洋气氛下具有优异的耐蚀性能	耐压艇体、结构件、浮力系统球体,水上船舶的泵体、管道和甲板配件,快艇推进器、推进轴、水翼艇水翼、鞭状天线等
化学工业、石油工业		在氧化性和中性介质中具有良好的耐蚀性,通过合金化也可改善其在还原性介质中的耐蚀性	在石油化工、化肥、酸碱、钠、氯气及海水淡化等工业中,作热交换器、反应塔、蒸馏器、洗涤塔、合成器、高压釜、阀门、导管、泵、管道等
其他工业	武器制造	耐蚀性好,密度小	火炮尾架、迫击炮底板、火箭炮炮管及药室、喷管、火炮套箍、坦克车轮及履带、扭力棒、战车驱动轴、装甲板等
	冶金工业	有高的化学活性和良好的耐蚀性	在镍、钴、钛等有色金属冶炼中作耐蚀材料,在钢铁冶炼中是良好的脱氧剂和合金元素
	医疗卫生	对人体体液有极好的耐蚀性,没有毒性,与肌肉组织亲合性能良好	作医疗器械及外科矫形材料,钛制牙、心脏内瓣、膈膜、骨关节及固定螺钉、钛骨头等
	超高真空	有高的化学活性,能吸附氧、氮、氢、CO、CO_2、甲烷等气体	钛离子泵
	电站	高的耐蚀性,密度小、重量轻,良好的综合力学性能和工艺性能,较高的热稳定性,线胀系数小	全钛凝汽器、冷凝器、管板、冷油管、蒸汽涡轮叶片等
	机械仪表		精密天平秤杆、表壳、光学仪器等
	纺织工业		亚漂机、亚漂罐中耐蚀零、部件
	造纸工业		泵、阀、管道、风机、搅拌器等
	医药工业		加料机、加热器、分离器、反应罐、搅拌器、压滤罐、出料管道等
	体育用品		航模、羽毛球拍、登山器械、钓鱼竿、宝剑、全钛赛车等
	工艺美术		钛板画、笔筒、砚台、拐杖、胸针等

4.钛合金应用示例

图7.35为部分钛合金制品。

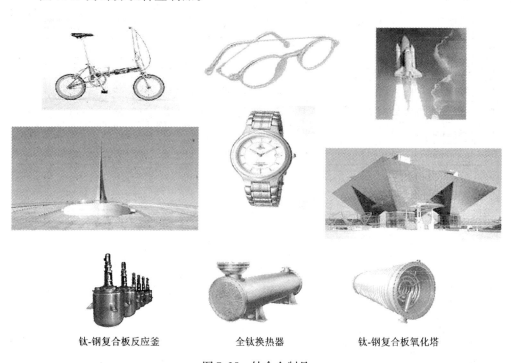

钛-钢复合板反应釜　　　　　全钛换热器　　　　　钛-钢复合板氧化塔

图7.35　钛合金制品

5.附录

表7.32~7.35引自中国钛业协会(网址 http://www.titan-china.com/),供参考。

表7.32　加工钛及钛合金的热处理工艺参数(物理性质)

牌号	消除应力退火工艺[①]		完全退火工艺[②]		固溶处理工艺			时效处理工艺		
	温度/℃	时间/min	温度/℃	时间/min	温度/℃	时间/min	冷却方式	温度/℃	时间/min	冷却方式
TA1	500~600	15~60	680~720	30~120	—	—	—	—	—	—
TA2	500~600	15~60	680~720	30~120	—	—	—	—	—	—
TA3	500~600	15~60	680~720	30~120	—	—	—	—	—	—
TA4	550~650	15~60	700~750	30~120	—	—	—	—	—	—
TA5	550~650	15~60	800~850	30~120	—	—	—	—	—	—
TA6	550~650	15~120	750~800	30~120	—	—	—	—	—	—
TA7	550~650	15~120	750~800	30~120	—	—	—	—	—	—
TB2	480~650	15~240	800	30	800	30	水或空	500	8	空冷
TC1	550~650	30~60	700~750	30~120	—	—	—	—	—	—

续表

牌号	消除应力退火工艺①		完全退火工艺②		固溶处理工艺			时效处理工艺		
	温度/℃	时间/min	温度/℃	时间/min	温度/℃	时间/min	冷却方式	温度/℃	时间/min	冷却方式
TC2	550 ~ 650	30 ~ 60	700 ~ 750	30 ~ 120	—	—	—	—	—	—
TC3	550 ~ 650	30 ~ 240	700 ~ 800	60 ~ 120	820 ~ 920	25 ~ 60	水冷	480 ~ 560	4 ~ 8	空冷
TC4	550 ~ 650	30 ~ 240	700 ~ 800	60 ~ 120	850 ~ 950	30 ~ 60	水冷	480 ~ 560	4 ~ 8	空冷
TC6	550 ~ 650	30 ~ 120	750 ~ 850	60 ~ 120	860 ~ 900	30 ~ 60	水冷	540 ~ 580	4 ~ 12	空冷
TC9	550 ~ 650	30 ~ 240	600	60	900 ~ 950	60 ~ 90	水冷	500 ~ 600	2 ~ 6	空冷
TC10	550 ~ 650	30 ~ 240	760	120	850 ~ 900	60 ~ 90	水冷	500 ~ 600	4 ~ 12	空冷

①所有合金消除应力退火后一律采用空冷。

②产品使用前的退火可采用950 ℃/1 h,空冷或水冷;最终退火可采用870 ℃/30 min + 650 ℃/60 min,空冷;TC9最终退火可采用930 ℃/30 min + 530 ℃/360 min,空冷。

表7.33　加工钛及钛合金的锻造加热温度(物理性质)

编号	(α + β)/β 相变点/℃	铸锭		变形坯料		成品	
		加热温度/℃	终锻温度/≥℃	加热温度/℃	终锻温度/℃	加热温度/℃	终锻温度/≮℃
TA1	890 ~ 920	1 000 ~ 1 020	750	900 ~ 950	700	850 ~ 880	700
TA2	890 ~ 920	1 000 ~ 1 020	750	900 ~ 950	700	850 ~ 880	700
TA3	890 ~ 920	1 000 ~ 1 020	750	900 ~ 950	700	850 ~ 880	700
TA4	960 ~ 980	1 150	850	1 030 ~ 1 050	800	—	—
TA5	980 ~ 1 000	1 080 ~ 1 150	850	1 000 ~ 1 050	800	—	—
TA6	1 000 ~ 1 020	1 150 ~ 1 200	900	1 050 ~ 1 100	850	980 ~ 1 020	800
TA7	1 000 ~ 1 020	1 150 ~ 1 200	900	1 050 ~ 1 100	850	980 ~ 1 020	800
TB2	750	1 140 ~ 1 160	850	1 090 ~ 1 100	800	990 ~ 1 010	800
TC1	910 ~ 930	1 000 ~ 1 020	750	900 ~ 950	750	850 ~ 880	750
TC2	920 ~ 940	1 000 ~ 1 020	800	900 ~ 950	800	850 ~ 900	750
TC3	960 ~ 970	1 100 ~ 1 150	850	950 ~ 1 050	800	950 ~ 970	750
TC4	980 ~ 990	1 100 ~ 1 150	850	960 ~ 1 100	800	950 ~ 970	750
TC6	950 ~ 980	1 150 ~ 1 180	850	1 000 ~ 1 050	800	950 ~ 980	800
TC9	1 000 ~ 1 020	1 140 ~ 1 160	850	1 050 ~ 1 080	800	950 ~ 970	800
TC10	935	1 100 ~ 1 150	800	1 000 ~ 1 050	800	930 ~ 940	800

表 7.34 加工钛及钛合金的一般物理性能(参考数据)

性能		合金牌号												
		TA1A2 TTA3	TA4	TA5	TA6	TA7	TB2	TC1	TC2	TC3	TC4	TC6	TC9	TC10
20 ℃密度γ/(g·cm⁻³)		4.5	—	4.43	4.40	4.46	4.81	4.55	4.55	4.43	4.45	4.5	4.52	4.53
熔点/℃		1 668	—	—	—	1 538 ~ 1 649	—	1 570 ~ 1 640		—	1 538 ~ 1 649	1 620 ~ 1 650	—	—
比热容 c /(J/kg·K)	20 ℃	544	—	—	—	540	540				—	—	—	—
	100 ℃	544	—	—	586	540	540	574			678	502	544	540
	200 ℃	628	—	—	670	569	553	—	565	565	691	586	—	548
	300 ℃	670	—	—	712	590	569	641	628	628	703	670	—	565
	400 ℃	712	—	—	796	620	636	699	670	670	741	712	—	557
	500 ℃	754	—	—	879	653	599	729①	754	712	754	796	—	528
	600 ℃	837	—	—	921	691	862	—	—	—	879	—	—	—
20 ℃电阻率ρ /10⁻⁶Ω·m		0.47	—	1.26	1.08	1.38	1.55	—	—	1.42	1.60	1.36	1.62	1.87
热导率λ /W/(m·K)	20 ℃	16.33	10.47	—	7.54	8.79	—	9.63	9.63	8.37	5.44	7.95	7.54	—
	100 ℃	16.33	12.14	—	8.79	9.63	12.14②	10.47	—	8.79	6.70	8.79	12.98	—
线胀系数αl /(10⁻⁶/K)	20~100 ℃	8.0	8.2	9.28	8.3	9.36	8.53	8.0	8.0	—	7.89	8.60	7.70	9.45
	20~200 ℃	8.6	—	9.53	8.9③	9.4	9.34	8.6	8.6	—	9.01	—	8.90	9.73

①450 ℃;②80 ℃;③100~200 ℃。

表 7.35 加工钛及钛合金的特性和应用(物理性质)

组别	牌号	主要特性	应用
化学纯钛	TAD	这是以碘化物所获得的高纯度钛,又称碘法钛。但是,其中仍含有氧、氮、碳等间隙杂质元素,它们对纯钛的力学性能影响很大。随着钛的纯度提高,钛的强度、硬度明显下降。故其特点是化学稳定性好,但强度很低	由于高纯度钛的强度较低,因此,它作为结构材料应用意义不大,故在工业中很少使用。目前在工业中广泛使用的是工业纯钛和钛合金

组别	牌号	主要特性	应用
工业纯钛	TA1 TA2 TA3	工业纯钛与化学纯钛不同之处在于,它含有较多量的氮、碳及多种其他杂质元素(如铁、硅等),它实质上是一种低合金含量的钛合金。与化学纯钛相比,由于含有较多的杂质元素,其强度大大提高,它的力学性能和化学性能与不锈钢相似(但与钛合金比,强度仍然较低) 工业纯钛的特点是:强度不高,但塑性好,易于加工成形,冲压、焊接、可切削加工性能良好;在大气、海水、湿氯气及氧化性、中性、弱还原性介质中具有良好的耐蚀性,抗氧化性优于大多数奥氏体不锈钢;但耐热性较差,使用温度不宜太高 工业纯钛按其杂质含量的不同,分为 TA1、TA2 和 TA3 三个牌号。这三种工业纯钛的间隙杂质元素是逐渐增加的,故其机械强度和硬度也随之逐级增加,但塑性、韧性相应下降 工业上常用的工业纯钛是 TA2,因其耐蚀性能和综合力学性能适中。对耐磨和强度要求较高时可采用 TA3。成形性能要求较高时可用 TA1	主要用于工作温度 350 ℃ 以下、受力不大但要求高塑性的冲压件和耐蚀结构零件,例如,飞机的骨架、蒙皮、发动机附件,船舶用耐海水腐蚀的管道、阀门、泵及水翼、海水淡化系统零部件,化工上的热交换器、泵体、蒸馏塔、冷却器、搅拌器、三通、叶轮、紧固件、离子泵、压缩机气阀以及柴油发动机活塞、连杆、叶簧等 TA1、TA2 在铁含量为 0.095%、氧含量为 0.08%、氢含量为 0.000 9%、氮含量为 0.006 2% 时,具有很好的低温韧性和高的低温强度,可用作 −253 ℃ 以下的低温结构材料
α 型钛合金	TA4	这类合金在室温和使用温度下呈 α 单相状态,不能热处理强化(退火是唯一的热处理形式),主要依靠固溶强化。室温强度一般低于 β 型和 α + β 型钛合金(但高于工业纯钛),而在高温(500 ~ 600 ℃)下的强度和蠕变强度却是三类钛合金中最高的;且组织稳定,抗氧化性和焊接性能好,耐蚀性和可切削加工性能也较好,但塑性低(热塑性仍然良好),室温冲压性能差。其中使用最广的是 TA7,它在退火状态下具有中等强度和足够的塑性,焊接性良好,可在 500 ℃ 以下使用;当其间隙杂质元素(氧、氢、氮等)含量极低时,在超低温时还具有良好的韧性和综合力学性能,是优良的超低温合金之一	抗拉强度比工业纯钛稍高,可作中等强度范围的结构材料,国内主要用作焊丝
	TA5 TA6		用于 400 ℃ 以下在腐蚀介质中工作的零件及焊接件,如飞机蒙皮、骨架零件、压气机壳体、叶片、船舶零件等
	TA7		500 ℃ 以下长期工作的结构件和各种模锻件,短时使用可到 900 ℃。亦可用作超低温(−253 ℃)部件(如超低温用的容器)
β 型钛合金	TB2	这类合金的主要合金元素是钼、铬、钒等 β 稳定化元素,在正火或淬火时很容易将高温 β 相保留到室温,获得介稳定的 β 单相组织,故称 β 型钛合金。β 型钛合金可热处理强化,有较高的强度,焊接性能和压力加工性能良好;但性能不够稳定,熔炼工艺复杂,故应用不如 α 型、α + β 型钛合金广泛	在 350 ℃ 以下工作的零件,主要用于制造各种整体热处理(固溶、时效)的板材冲压件和焊接件,如压气机叶片、轮盘、轴类等重载荷旋转件以及飞机的构件等。TB2 合金一般在固溶处理状态下交货,在固溶、时效后使用

续表

组别	牌号	主要特性	应用
α+β型钛合金	TC1 TC2	这类合金在室温呈 α+β 两相组织,因而得名为 α+β 型钛合金。它具有良好的综合力学性能,大都可热处理强化(但 TC1、TC2、TC7 不能热处理加工);室温强度高,150~500 ℃以下具有较好的耐热性,有的(如 TC1、TC2、TC3、TC4)还有良好的低温韧性和良好的抗海水应力腐蚀及抗热盐应力腐蚀能力;缺点是组织不够稳定。这类合金以 TC4 应用最为广泛,用量约占现有钛合金生产量的一半。该合金不仅具有良好的室温、高温和低温力学性能,且在多种介质中具有优异的耐蚀性,同时可焊接、冷热成形,并可通过热处理强化,因而在宇航、船舰、兵器以及化工等工业部门均获得广泛应用	400 ℃以下工作的冲压件、焊接件以及模锻件和弯曲加工的各种零件。这两种合金还可用作低温结构材料
	TC3 TC4		400 ℃以下长期工作的零件,结构用的锻件,各种容器、泵、低温部件,船舰耐压壳体,坦克履带等。强度比 TC2 高
	TC6		可在 450 ℃以下使用,主要用作飞机发动机结构材料
	TC9		500 ℃以下长期工作的零件,主要用于飞机喷气发动机的压气机盘和叶片上
	TC10		450 ℃以下长期工作的零件,如飞机结构零件、起落支架、蜂窝联结件、导弹发动机外壳、武器结构件等

（四）滑动轴承合金

与滚动轴承相比,滑动轴承具有承压面积大、工作平稳、无噪声及维修方便等特点。常用材料有金属(轴承合金、青铜、铝基合金、锌基合金等)、非金属(塑料、橡胶)、含油轴承等。

1.滑动轴承的性能和组织

滑动轴承中轴瓦与内衬直接与轴颈配合使用,相互间有摩擦,而且还要承受交变载荷和冲击载荷的作用。由于轴是机器上的重要零件,其制造工艺复杂,成本高,更换困难,为确保轴受到最小的磨损,轴瓦的硬度应比轴颈低得多,必要时可更换被磨损的轴瓦而继续使用轴颈。

（1）性能

制作滑动轴承的材料需要有以下几方面的性能:足够的抗压强度和抗疲劳性能;良好的减摩性(摩擦系数要小);良好的储存润滑油的功能;良好的磨合性;良好的导热性和耐蚀性;良好的工艺性能,使之制造容易,价格便宜。

一种材料无法同时满足上述性能要求,可将滑动轴承合金用铸造的方法镶铸在08 钢的轴瓦上,制成双金属轴承。

（2）组织

轴承合金应具备软硬兼备的理想组织,如图 7.36 所示:软基体和均匀分布的硬质点;硬基体上分布着软质点。轴承在工作时,软的组织首先被磨损下凹,可储存润滑油,形成连续分布的油膜,硬的组成部分则起着支承轴颈的作用。这样,轴瓦与轴颈的实际接触面积大大减小,则使轴承的摩擦相应减小。

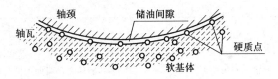

图 7.36　轴承合金的理想组织示意图

2. 常用滑动轴承合金

（1）锡基与铅基轴承合金

锡基与铅基轴承合金统称巴氏合金。锡基轴承合金的表示方法与其他铸造类非铁金属的牌号表示方法相同，例如 ZSnSb4Cu4 表示含锑的平均质量分数为 4%、含铜的平均质量分数为 4% 的锡基轴承合金。巴氏合金的价格较贵，且力学性能较低，通常是采用铸造的方法将其镶铸在钢（08 钢）的轴瓦上形成双金属轴承使用。

1）锡基轴承合金

锡基轴承合金是以锡为基体，加入锑、铜等元素组成的合金。其优点是具有良好的塑性、导热性和耐蚀性，而且摩擦系数和膨胀系数小，适合于制作重要轴承，如汽轮机、发动机和压气机等大型机器的高速轴瓦。缺点是疲劳强度低，工作温度较低（不高于 150℃），这种轴承合金价格较贵。图 7.37 所示为汽轮发电机轴承。

图 7.37　汽轮发电机轴承

2）铅基轴承合金

铅基轴承合金是以铅为基体，加入锑、锡、铜等合金元素组成的合金。铅基轴承合金的强度、硬度、导热性和耐蚀性均比锡基轴承合金低，而且摩擦系数较大，但价格便宜。适合于制造中、低载荷的轴瓦，如汽车、拖拉机曲轴轴承、铁路车辆轴承等。

（2）铜基轴承合金

铜基轴承合金通常有锡青铜与铅青铜。

铜基轴承合金具有高的疲劳强度和承载能力，优良的耐磨性，良好的导热性，摩擦系数低，能在 250 ℃以下正常工作。适合于制造高速、重载下工作的轴承，如高速柴油机、航空发动机轴承等。常用牌号是 ZCuSn10P1、ZCuPb30。

（3）铝基轴承合金

铝基轴承合金是以铝为基体，加入锡等元素组成的合金。这种合金的优点是导热性、耐蚀性、疲劳强度和高温强度均高，而且价格便宜。缺点是膨胀系数较大，抗咬合性差。目前以高锡铝基轴承合金应用最广。适合于制造高速（13 m/s）、重载（3 200 MPa）的发动机轴承。常用牌号为 ZAlSn6Cu1Ni1。

3. 非金属滑动轴承和多孔质金属材料

非金属滑动轴承及多孔质金属材料见表7.36。

表7.36 非金属滑动轴承和多孔质金属材料

材料		最大许用值			最高工作温度/℃	备注
		p /MPa	V /(m/s)	$[pV]$ /(MPa·m/s)		
非金属材料	树脂	41	13	0.18	120	由棉织物、石棉等填料经酚醛树脂黏结而成。抗咬合性好，强度、抗振性也极好，能耐酸碱，导热性差，重载时需要水或油充分润滑，易膨胀，轴承间隙宜稍大
	尼龙	14	3	0.11(0.05 m/s) 0.09(0.5 m/s) <0.09(5 m/s)	90	摩擦系数低，耐磨性好，无噪声。金属瓦上覆以尼龙薄层，能承受中等载荷。加入石墨、二硫化钼等填料可提高其刚性和耐磨性。加入耐热的尼龙可提高工作温度
	聚碳酸酯	7	5	0.03(0.05 m/s) 0.01(0.5 m/s) <0.01(5 m/s)	105	聚碳酸酯、醛缩醇、聚酰亚胺等都是较新的塑料。物理性能好，易于喷射成型，比较经济。醛缩醇和聚碳酸酯稳定性好，填充石墨的聚酰亚胺工作温度可达280 ℃
	醛缩醇	14	3	0.1	100	
	聚酰亚胺		12	4(0.05 m/s)	260	
	聚四氟乙烯（PTFE）	3	1.3	0.04(0.05 m/s) 0.06(0.5 m/s) <0.09(5 m/s)	250	摩擦系数很低，自润滑性能好，能耐任何化学药品的侵蚀，适用温度范围宽（>280 ℃时，有少量有害气体放出），但成本高，承载能力低。用玻璃丝、石墨为填料，则承载能力和 pV 值可大为提高
	PTFE 织物	400	0.8	0.9	250	
	填充 PTFE	17	5	0.5	250	
	碳-石墨	4	13	0.5(干) 5.25(润滑)	400	有自润滑性及高的导磁性和导电性，耐蚀能力强，常用于水泵和风动设备中的轴套
	橡胶	0.34	5	0.53	65	橡胶能隔振、降低噪声、减小动载、补偿误差。导热性差，需加强冷却，温度高易老化。常用于有水、泥浆等的工业设备

续表

材料		最大许用值			最高工作温度/℃	备注
		p /MPa	V /(m/s)	$[pV]$ /(MPa·m/s)		
多孔质金属材料	多孔铁(Fe 质量分数95%,Cu 质量分数2%,石墨和其他3%)	55(低速、间歇) 21(0.013 m/s) 4.8(0.51~0.76 m/s) 2.1(0.76~1 m/s)	7.6	1.8	125	具有成本低、含油量多、耐磨性好、强度高等特点,应用很广
	多孔青铜(Cu90%,Sn10%)	27(低速、间歇) 14(0.013 m/s) 3.4(0.51~0.76 m/s) 1.8(0.76~1 m/s)	4	1.6	125	孔隙度大的多用于高速轻载轴承,孔隙度小的多用于摆动或往复运动的轴承。长期运转而不补充润滑剂的应降低$[pV]$值。高温或连续工作的应定期补充润滑剂

八、非合金钢

(一)非合金钢的分类

非合金钢的分类方法很多,下面只介绍几种常用的分类方法。

1. 按碳的质量分数分类

①低碳钢:$\omega_C \leq 0.25\%$。

②中碳钢:$\omega_C = 0.25\% \sim 0.60\%$。

③高碳钢:$\omega_C > 0.60\%$。

2. 按钢的用途分类

①非合金结构钢:这类钢主要用于制造各类工程构件及各种机器零件。它多属于低碳钢和中碳钢。

②非合金工具钢:这类钢主要用于制造各种刃具、量具和模具。这类钢碳质量分数较高,一般属于高碳钢。

3. 按质量分类

按钢中有害杂质硫、磷含量分如下几类。

①普通钢:$\omega_S = 0.035\% \sim 0.050\%$,$\omega_P = 0.035\% \sim 0.045\%$。

②优质钢:$\omega_S \leq 0.035\%$,$\omega_P \leq 0.035\%$。

③高级优质钢:$\omega_S = 0.020\% \sim 0.030\%$,$\omega_P = 0.025\% \sim 0.030\%$。

④特级优质钢:$\omega_S \leq 0.015\%$,$\omega_P \leq 0.025\%$。

从1991年起,我国颁布实施了新的钢分类方法(GB/T1 3304—1991),它是参照国际标准制定的,主要分为"按化学成分分类"和"按主要质量等级和主要性能及使用特性分类"两部分。为了便于对照使用,将其中常用部分总结如下。

非合金钢(碳钢)包含如下种类。

①普通质量非合金钢:非合金结构钢、非合金钢筋钢、铁道用一般非合金钢、一般钢板桩型钢等。

②优质非合金钢:机械结构用优质非合金钢、工程结构用非合金钢、冲压薄板用

低碳结构钢、镀层板带用非合金钢、锅炉和压力容器用非合金钢、造船用非合金钢、铁道用非合金钢、焊条用非合金钢、标准件用钢、冷锻铆螺用钢、非合金易切削钢、电工用非合金钢、优质铸造非合金钢等。

③特殊质量非合金钢:保证淬透性非合金钢、保证厚度方向性能非合金钢、铁道用特殊非合金钢、航空兵器等用非合金结构钢、核能用非合金钢、特殊焊条用非合金钢、非合金弹簧钢、特殊盘条钢丝、特殊易切削钢、非合金工具钢、电工纯铁、原料纯铁等。

(二)非合金钢的牌号、性能及应用

1. 非合金结构钢

非合金结构钢分为通用结构钢和专用结构钢两类。通用结构钢牌号由代表屈服点的拼音字母"Q"、屈服点数值(单位为 MPa)和规定的质量等级符号、脱氧方法等符号组成。屈服点数值以钢材厚度(或直径)不大于 16 mm 的钢的屈服点数值表示;质量等级分 A、B、C、D、E,表示硫、磷含量不同,其中 A 级质量最低,E 级质量最高;脱氧方法用 F(沸腾钢)、B(半镇静钢)、Z(镇静钢)、TZ(特殊镇静钢)表示,牌号中的"Z"和"TZ"可以省略。例如 Q235AF,表示屈服点 $\sigma_s = 235$ MPa,质量为 A 级的沸腾非合金结构钢。专用结构钢牌号一般由代表钢屈服点的符号"Q"、屈服点数值及规定的代表产品用途的符号等组成。

非合金结构钢的牌号、成分、性能及应用见表7.37。

2. 优质非合金结构钢

优质非合金结构钢牌号由二位阿拉伯数字或阿拉伯数字与特征符号组成。以二位阿拉伯数字表示平均碳的质量分数(以万分之几计)。沸腾钢和半镇静钢在牌号尾部分别加符号"F"和"B",镇静钢一般不标符号。较高含锰量的优质非合金结构钢,在表示平均碳的质量分数的阿拉伯数字后面加锰元素符号。

表 7.37　非合金结构钢的牌号、成分、性能及应用

牌号	等级	化学成分/%			脱氧方法	力学性能			应用
		ω_C	ω_S	ω_P		$R_{eL}/N \cdot mm^{-2}$	$R_m/N \cdot mm^{-2}$	$A/\% \geq$	
Q195	—	0.06~0.12	≤0.050	≤0.045	F、b、Z	195	315~390	33	塑性好。用于承载不大的桥梁建筑等金属构件,也在机械制造中用作铆钉、螺钉、垫圈、地脚螺栓、冲压件及焊接件等
Q215	A	0.09~0.15	≤0.050	≤0.045	F、b、Z	215	335~410	31	
	B		≤0.045						
Q235	A	0.14~0.22	≤0.050	≤0.045	F、b、Z	235	375~460	26	强度较高,塑性也较好。用于承载较大的金属结构件等,也可制作转轴、心轴、拉杆、摇杆、吊钩、螺栓、螺母等。Q235C、D 可用作重要焊接结构件
	B	0.12~0.20	≤0.045						
	C	≤0.18	≤0.040	≤0.040	Z				
	D	≤0.17	≤0.035	≤0.035	TZ				
Q255	A	0.18~0.28	≤0.050	≤0.045	Z	255	410~510	24	强度更高,可制作链、销、转轴、轧辊、主轴、链轮等承受中等载荷的零件
	—								

优质非合金结构钢的牌号、推荐热处理温度和力学性能见表7.38。

表7.38 优质碳素结构钢的牌号、推荐热处理温度和力学性能

钢 号	推荐热处理温度/℃			力 学 性 能($\geqslant$)				
	正火	淬火	回火	$R_{eL}/N \cdot mm^{-2}$	$R_m/N \cdot mm^{-2}$	$A/\%$	$Z/\%$	A_k/J
08F	930	—	—	175	295	35	60	
08	930			195	325	33	60	
10F	930			185	315	33	55	
10	930			205	335	31	55	
15F	920			205	355	29	55	
15	920			225	375	27	55	
20	910			245	410	25	55	
25	900	870		275	450	23	50	71
30	880	860		295	490	21	50	63
35	870	850	600	315	530	20	45	55
40	860	840		335	570	19	45	47
45	850	840		355	600	16	40	39
50	830	830		375	630	14	40	31
55	820	820		380	645	13	35	
60	810	—	—	400	675	12	35	
65	810			410	695	10	30	
70	790			420	715	9	30	
75		820	480	880	1 080	7	30	—
80	—	(油冷)		930	1 080	6	30	
85				980	1 130	6	30	
15Mn	920	—	—	245	410	26	55	
20Mn	910			275	450	24	50	
25Mn	900	870		295	490	22	50	71
30Mn	880	860		315	540	20	45	63
35Mn	870	850	600	335	560	19	45	55
40Mn	860	840		355	590	17	45	47
45Mn	850	840		375	620	15	40	39
50Mn	830	830		390	645	13	40	31
60Mn	810			410	695	11	35	
65Mn	810			430	735	9	30	—
70Mn	790			450	785	8	30	

注:表中 A_k 为调质处理值,其他力学性能多为正火处理值,试样毛坯尺寸 $\phi25$ mm。

3. 非合金工具钢

非合金工具钢牌号一般由代表碳的符号"T"与阿拉伯数字组成,其中阿拉伯数字表示平均碳的质量分数(以千分之几计)。对于较高含锰量或高级优质非合金工具钢,牌号尾部表示同优质非合金结构钢。

例如:平均碳的质量分数为 0.90% 的非合金工具钢(普通含锰量),其牌号表示

为"T9";平均碳的质量分数为0.80%、锰的质量分数较高(0.40～0.60%)的非合金工具钢,其牌号表示为"T8Mn";平均碳的质量分数为1.20%的高级优质非合金工具钢(普通含锰量),其牌号表示为"T12A"。

非合金工具钢生产成本较低,加工性能良好,可用于制造低速、手动刀具及常温下使用的工具、模具、量具等。在使用前要进行热处理。

非合金工具钢的牌号和化学成分见表7.39。非合金工具钢的交火状态和硬度值见表7.40。非合金工具钢的特性和应用见表7.41。

4. 铸造非合金钢

铸造非合金钢广泛应用于重型机械、矿山机械、冶金机械以及机车车辆的某些零件、构件。铸造非合金钢的铸造性能比铸铁差。铸造非合金钢的牌号前面是"ZG"("铸钢"二字汉语拼音字首),后面第一组数字表示屈服点,第二组数字表示抗拉强度。

铸造非合金钢的牌号、性能与应用见表7.42。

表7.39　非合金工具钢的牌号和化学成分

牌号	化学成分(质量分数)(%)				
	C	Mn	Si	S	P
T7	0.65～0.75	≤0.40	≤0.35	≤0.030	≤0.035
T8	0.75～0.84				
T8Mn	0.80～0.90	0.40～0.60			
T9	0.85～0.94	≤0.40			
T10	0.95～1.04				
T11	1.05～1.14				
T12	1.15～1.24				
T13	1.25～1.35				

注:1. 高级优质钢(牌号后加A)含硫量不大于0.020%,含磷量不大于0.030%。

　2. 平炉冶炼的钢硫含量:优质钢不大于0.035%;高级优质钢不大于0.025%。

　3. 钢中允许残余元素含量:铬不大于0.25%;镍不大于0.20%;铜不大亏0.30%。供制造铅浴淬火钢丝时,钢中残余元素含量:铬不大于0.10%;钙不大于0.12%;铜不大于0.20%;三者之和不应大于0.40%。

　4. 上述含量皆指质量分数。

表7.40　非合金工具钢的交火状态和硬度值

牌号	退火状态		试样淬火	
	硬度值 HBS ≤	压痕直径/mm ≥	淬火温度/°C 和冷却介质	硬度值 HRC ≥
T7			800~820 水	
T8	187	4.4	780~800 水	
T8Mn				
T9	192	4.35		62
T10	197	4.3		
T11	207	4.2	760~780 水	
T12				
T13	217	4.1		

表7.41　非合金工具钢的特性和应用

牌号	主要特性	应用
T7 T7A	属于亚共析成分的钢。其强度随含碳量的增加而增加,有较好的强度和塑性配合,但切削能力较差	用于制造要求有较大塑性和一定硬度但切削能力要求不太高的工具。如凿子、冲子、小尺寸风动工具,木工用的锯、凿、锻模、压模、钳工工具、锤、铆钉冲模、大锤、车床顶尖、铁皮剪、钻头等
T8 T8A	属于共析成分的钢。淬火易过热,变形也大,强度塑性较低,不宜作大冲击的工具。但经热处理后有较高的硬度及耐磨性	用于制造工作时不易变热的工具。如加工木材用的铣刀、埋头钻、斧、凿、简单的模子冲头及手用锯、圆锯片、滚子、铅锡合金压铸板和型芯、钳工装配的工具、压缩空气工具等
T8Mn T8MnA	性能近似 T8、T8A,但有较高的淬透性,能获得较深的淬硬层。可作截面较大的工具	除能用于制造 T8、T8A 所能制造的工具外,还能制造横纹锉刀、手锯条、采煤及修石凿子等工具
T9 T9A	性能近似 T8、T8A	用于制造有韧性又有硬度的工具,如冲模冲头、木工工具等。T9 还可做农机切割零件,如刀片等
T10 T10A	属于过共析钢,在加热 700~800℃时仍能保持细晶粒,不致过热。淬火后钢中有未熔的过剩碳化物,增加钢的耐磨性。适于制造工作时不变热的工具	制造手工锯、机用细木锯、麻花钻、拉丝细膜、小型冲模、丝锥、车刨刀、扩孔刀具、螺丝板牙、铣刀、钻极硬岩石用钻头、螺纹刀、钻紧密岩石用刀具、刻锉刀用的凿子等
T11 T11A	除具有 T10、T10A 特点外,还具有较好的综合力学性能,如硬度、耐磨性及韧性等。对晶粒长大及形成碳化物网的敏感性较小	制造工作时不易变热的工具,如丝锥、锉刀、刮刀、尺寸不大和截面无急剧变化的冷模及木工工具等

续表

牌号	主要特性	应　用
T12 T12A	含碳量高,淬火后有较多的过剩碳化物,因而耐磨性及硬度都高,但韧性低,宜于制造不受冲击、而需要极高硬度的工具	适于制造车速不高、刃口不易变热的车刀、铣刀、钻头、铰刀、扩孔钻、丝锥、板牙、刮刀、量规及断面尺寸小的冷切边模、冲孔模、金属锯条、铜用工具等
T13 T13A	属非合金工具钢中含碳量最高的钢种,硬度极高,碳化物增加而分布不均匀,力学性能较低,不能承受冲击,只能作切削高硬度材料的刀具	用于制造剃刀、切削刀具、车刀、刻刀具、刮刀、拉丝工具、钻头、硬石加工用工具、雕刻用的工具

表 7.42　铸造非合金钢的牌号、性能与应用

种类与钢号	对应旧钢号	力学性能(≥)					应　用
		$R_m/N \cdot mm^{-2}$	$R_{eL}/N \cdot mm^{-2}$	A/%	Z/%	A_{kv}/J	
一般工程用碳素铸钢 (GB11352—1989)	ZG200—400	ZG15	400	200	25	40	30	良好的塑韧性、焊接性能,用于受力不大,要求高韧性的零件
	ZG230—450	ZG25	450	230	22	32	25	一定的强度和较好韧性、焊接性能,用于受力不大,要求高韧性的零件
	ZG270—500	ZG35	500	270	18	25	22	较高的强韧性,用于受力较大且有一定韧性要求的零件,如连杆、曲轴
	ZG310—570	ZG45	570	310	15	21	15	较高的强度和较低的韧性,用于载荷较高的零件,如大齿轮、制动轮
	ZG340—640	ZG55	640	340	10	18	10	高的强度、硬度和耐磨性,用于齿轮、棘轮、联轴器、叉头等
焊接结构用碳素铸钢 (GB7659—1987)	ZG200—400H	ZG15	400	200	25	40	30	由于碳质量分数偏下限,故焊接性能优良,其用途基本与ZG200—400、ZG230—450和ZG270—500相同
	ZG230—450H	ZG20	450	230	22	35	25	
	ZG275—485H	ZG25	485	275	20	35	22	

注:表中力学性能是在正火(或退火)+回火状态下测定的。

九、其他新材料

新材料的研究与发展有84%是对功能材料的开发与利用。功能材料是一大类具有特殊电、磁、光、声、热、力、化学以及生物功能的新型材料,是信息技术、生物技术、能源技术等高技术领域和国防建设的重要基础材料。

1.超导材料

有些材料当温度下降至某一临界温度时,其电阻完全消失,这种现象称为超导电性,具有这种现象的材料称为超导材料。超导体的另外一个特征是:当电阻消失时,磁感应线将不能通过超导体,这种现象称为抗磁性。

一般金属(例如铜)的电阻率随温度的下降而逐渐减小,当温度接近于0 K时,其电阻达到某一值。而1919年荷兰科学家昂内斯用液氦冷却水银,当温度下降到

4.2 K(即 -269 ℃)时,发现水银的电阻完全消失

超导电性和抗磁性是超导体的两个重要特性。使超导体电阻为零的温度称为临界温度(T_c)。超导材料研究的难题是突破"温度障碍",即寻找高温超导材料。

以 NbTi、Nb_3Sn 为代表的实用超导材料已实现了商品化,在核磁共振人体成像(NMRI)、超导磁体及大型加速器磁体等多个领域获得了应用;SQUID 作为超导体弱电应用的典范已在微弱电磁信号测量方面起到了重要作用,其灵敏度是其他任何非超导装置无法达到的。但是,由于常规低温超导体的临界温度太低,必须在昂贵复杂的液氮(4.2 K)系统中使用,因而严重地限制了低温超导应用的发展。

高温氧化物超导体的出现,突破了温度壁垒,把超导应用温度从液氮(4.2 K)提高到液氮(77 K)温区。同液氮相比,液氮是一种非常经济的冷媒,并且具有较高的热容量,给工程应用带来了极大的方便。另外,高温超导体都具有相当高的磁性能,能够用来产生 20 T 以上的强磁场。

超导材料最诱人的应用是发电、输电和储能。利用超导材料制作线圈磁体的超导发电机,可以将发电机的磁场强度提高到 5 ~ 6 万 A/m,而且几乎没有能量损失,与常规发电机相比,超导发电机的单机容量提高 5 ~ 10 倍,发电效率提高 50%。超导输电线和超导变压器可以把电力几乎无损耗地输送给用户。据统计,目前的铜或铝导线输电,约有 15% 的电能损耗在输电线上,中国每年的电力损失达 1 000 多亿千瓦时,若改为超导输电,节省的电能相当于新建数十个大型发电厂。超导磁悬浮列车的工作原理是将超导材料置于永久磁体(或磁场)的上方,由于超导材料的抗磁性,磁体的磁场线不能穿过超导体,磁体(或磁场)和超导体之间会产生排斥力,使超导体悬浮在上方。利用这种磁悬浮效应可以制作高速超导磁悬浮列车,如已运行的日本新干线列车、上海浦东国际机场的高速列车等。高速计算机要求在集成电路芯片上的元件和连接线密集排列,但密集排列的电路在工作时会产生大量的热量,若利用电阻接近于零的超导材料制作连接线或超微发热的超导器件,则不存在散热问题,可使计算机的运行速度大大提高。

2. 能源材料

能源材料主要有太阳能电池材料、储氢材料、固体氧化物燃料电池材料等。

(1)太阳能电池材料

太阳能电池材料是新能源材料。IBM 公司研制的多层复合太阳能电池,转换率高达 40%。

(2)储氢材料

氢是无污染、高效的理想能源,氢的利用关键是氢的储存与运输。美国能源部在全部氢能研究经费中,大约有 50% 用于储氢技术。氢对一般材料会产生腐蚀,造成氢脆及渗漏,在运输中也易爆炸。储氢材料的储氢方式是材料能与氢结合形成氢化物,当需要时加热放氢,放完后又可以继续充氢。目前的储氢材料多为金属化合物,如 $LaNi_5H$、$Ti_{1.2}Mn_{1.6}H_3$ 等。

（3）固体氧化物燃料电池材料

固体氧化物燃料电池的研究十分活跃,关键是电池材料,如固体电解质薄膜和电池阴极材料,还有质子交换膜型燃料电池用的有机质子交换膜等。

3. 智能材料

智能材料是继天然材料、合成高分子材料、人工设计材料之后的第四代材料,是现代高技术新材料发展的重要方向之一。国外在智能材料的研发方面取得了很多技术突破:如英国宇航公司的导线传感器,用于测试飞机蒙皮上的应变与温度情况;英国开发出一种快速反应形状记忆合金,寿命期具有百万次循环,且输出功率高,以它作制动器时,反应时间仅为 10 min;形状记忆合金还已成功应用于卫星天线、医学等领域。

另外,还有压电材料、磁致伸缩材料、导电高分子材料、电流变液和磁流变液等功能材料。

4. 磁性材料

磁性材料可分为软磁材料和硬磁材料两类。

（1）软磁材料

软磁材料是指那些易于磁化并可反复磁化的材料,但当磁场去除后,磁性即随之消失。这类材料的特性标志是:磁导率（$\mu = B/H$）高,即在磁场中很容易被磁化,并很快达到高的磁化强度;但当磁场消失时,其剩磁很小。这种材料在电子技术中广泛应用于高频技术,如磁芯、磁头、存储器磁芯,在强电技术中可用于制作变压器、开关继电器等。目前常用的软磁体有铁硅合金、铁镍合金、非晶金属。

Fe-（3% ~4%）Si 的铁硅合金是最常用的软磁材料,常用作低频变压器、电动机及发电机的铁芯。铁镍合金的性能比铁硅合金好,典型代表材料为坡莫合金（Permalloy）,其成分为79% Ni－21% Fe。坡莫合金具有高的磁导率（磁导率 μ 为铁硅合金的 10 ~20 倍）、低的损耗;并且在弱磁场中具有高的磁导率和低的矫顽力,广泛用于电信工业、电子计算机和控制系统方面,是重要的电子材料。

非晶金属（金属玻璃）与一般金属的不同点是其结构为非晶体。它们是由 Fe、Co、Ni 及半金属元素 B、Si 所组成,其生产工艺要点是采用极快的速度使金属液冷却,使固态金属获得原子无规则排列的非晶体结构。非晶金属具有非常优良的磁性能,它们已用于低能耗的变压器、磁性传感器、记录磁头等。另外,有的非晶金属具有优良的耐蚀性,有的非晶金属具有强度高、韧性好的特点。

（2）永磁材料（硬磁材料）

永磁材料经磁化后,去除外磁场仍保留磁性,其性能特点是具有高的剩磁、高的矫顽力。利用此特性可制造永久磁铁,可把它作为磁源,如用于制作指南针、仪表、微电机、电动机、录音机、电话及医疗仪器等。永磁材料包括铁氧体和金属永磁材料两类。

铁氧体的用量大、应用广泛、价格低,但磁性能一般,用于一般要求的永磁体。

金属永磁材料中,最早使用的是高碳钢,但磁性能较差。高性能永磁材料的品种有铝镍钴(Al-Ni-Co)和铁铬钴(Fe-Cr-Co);稀土永磁,如较早的稀土钴(Re-Co)合金(主要品种有利用粉末冶金技术制成的 $SmCo_5$ 和 Sm_2Co_{17})以及现在广泛采用的钕铁硼(Nb-Fe-B)稀土永磁。钕铁硼磁体不仅性能优,而且不含稀缺元素钴,所以很快成为目前高性能永磁材料的代表,已用于高性能扬声器、电子水表、核磁共振仪、微电机、汽车启动电机等。

5. 纳米材料

纳米本是一个尺度($1 \text{ nm} = 10^{-9} \text{ m}$),纳米科学技术是一个融科学前沿的高技术于一体的完整体系,它的基本含义是在纳米尺寸范围内认识和改造自然,通过直接操作和安排原子、分子创新物质。纳米科技主要包括纳米体系物理学、纳米化学、纳米材料学、纳米生物学、纳米电子学、纳米加工学、纳米力学七个方面。

纳米材料是纳米科技领域中最富活力、研究内涵十分丰富的科学分支。用纳米来命名材料起源于 20 世纪 80 年代。纳米材料是指由纳米颗粒构成的固体材料,其中纳米颗粒的尺寸最多不超过 100 nm。纳米材料的制备与合成技术是当前主要的研究方向,虽然在样品的合成上取得了一些进展,但至今仍不能制备出大量的块状样品,因此研究纳米材料的制备对其应用起着至关重要的作用。

(1)纳米材料的性能

1)物理和化学性能

纳米颗粒的熔点和晶化温度比常规粉末低得多,这是由于纳米颗粒的表面能高、活性大,熔化时消耗的能量少,如一般铅的熔点为 600 K,而 20 nm 的铅微粒熔点低于 288 K;纳米金属微粒在低温下呈现电绝缘性;纳米微粒具有极强的吸光性,因此各种纳米微粒粉末几乎都呈黑色;纳米材料具有奇异的磁性,主要表现在不同粒径的纳米微粒具有不同的磁性能,当微粒的尺寸高于某一临界尺寸时,呈现出高的矫顽力,而低于某一尺寸时,矫顽力很小,例如,粒径为 85 nm 的镍粒,矫顽力很高,而粒径小于 15 nm 的镍微粒矫顽力接近于零;纳米颗粒具有大的比表面积,其表面化学活性远大于正常粉末,例如化学惰性的金属铂制成纳米微粒(铂黑)后变为活性极好的催化剂。

2)扩散及烧结性能

纳米结构材料的扩散率是普通状态下晶格扩散率的 1 014 ~ 1 020 倍,是晶界扩散率的 102 ~ 104 倍,因此纳米结构材料可以在较低的温度下进行有效的掺杂,可以在较低的温度下使不混溶金属形成新的合金相。扩散能力提高的另一个结果是可以使纳米结构材料的烧结温度大大降低,因此在较低温度下烧结就能达到致密化的目的。

3)力学性能

纳米材料与普通材料相比,力学性能有显著的变化,一些材料的强度和硬度成倍地提高;纳米材料还表现出超塑性状态,即断裂前产生很大的伸长量。

（2）纳米材料的应用

1）纳米金属

如纳米铁材料，是由 6 nm 的铁晶体压制而成的，较普通铁强度高 12 倍，硬度高 2~3 个数量级，利用纳米铁材料，可以制造出高强度和高韧性的特殊钢材。对于高熔点难成形的金属，只要将其加工成纳米粉末，即可在较低的温度下将其熔化，制成耐高温的元件，用于研制新一代高速发动机中承受超高温的材料。

2）纳米陶瓷

首先利用纳米粉末可使陶瓷的烧结温度下降，简化生产工艺，同时，纳米陶瓷具有良好的塑性甚至能够具有超塑性，解决了普通陶瓷韧性不足的弱点，大大拓展了陶瓷的应用领域。

3）纳米碳管

纳米碳管的直径只有 1.4 nm，仅为计算机微处理器芯片上最细电路线宽的 1%，其质量是同体积钢的 1/6，强度却是钢的 100 倍，纳米碳管将成为未来高能纤维的首选材料，并广泛用于制造超微导线、开关及纳米级电子线路。

4）纳米催化剂

由于纳米材料的表面积大大增加，而且表面结构也发生很大变化，使表面活性增强，所以可以将纳米材料用作催化剂。如超细的硼粉、高铬酸铵粉可以作为炸药的有效催化剂；超细的铂粉、碳化钨粉是高效的氢化催化剂；超细的银粉可以作为乙烯氧化的催化剂；用超细的 Fe_3O_4 微粒作催化剂可以在低温下将 CO_2 分解为碳和水；在火箭燃料中添加少量的镍粉便能成倍地提高燃烧的效率。

5）量子元件

制造量子元件，首先要开发量子箱。量子箱是直径约 10 nm 的微小构造，当把电了关在这样的箱了里，就会因量了效应使电子有异乎寻常的表现，利用这一现象便可制成量子元件。量子元件主要是通过控制电子波动的相位来进行工作的，从而它能够实现更高的响应速度和更低的电力消耗。另外，量子元件还可以使元件的体积大大缩小，使电路大为简化，因此，量子元件的兴起将导致一场电子技术革命。人们期待着利用量子元件在 21 世纪制造出 16 GB（吉字节）的 DRAM，这样的存储器芯片足以存放 10 亿个汉字的信息。

目前我国已经研制出一种用纳米技术制造的乳化剂，以一定比例加入汽油后，可使像桑塔纳一类的轿车降低 10% 左右的耗油量；纳米材料在室温条件下具有优异的储氢能力，在室温常压下，约 2/3 的氢能从这些纳米材料中得以释放，可以不用昂贵的超低温液氢储存装置。

思考与练习

1. 什么是低合金钢、合金钢？

2. 合金元素在钢中所起的主要作用是什么？

3. 试解释下列现象：

（1）Q345 钢与 Q235 钢的含碳量基本相同，但前者的强度明显高于后者；

（2）将 20CrMnTi、20 钢同时加热到 950 ℃并保温一段时间，发现前者的奥氏体晶粒很细小而后者的奥氏体晶粒粗大。

4. 为什么渗碳钢采用低碳成分？为什么渗碳处理后要进行淬火、低温回火？

5. 什么是调质钢？为什么调质钢大多采用中碳成分？

6. 弹簧钢的化学成分有何特点？弹簧怎样进行热处理？

7. 有人说"滚动轴承钢是专用钢，只能作滚动轴承，而不能作为它用"，这句话对吗？为什么？

8. 耐磨钢的使用场合有何特点？为什么耐磨钢要进行"水韧处理"？

9. 合金工具钢有哪几种？合金工具钢能制作中、高速切削的刀具吗？

10. 高速钢成分和性能有何特点？高速钢怎样进行热处理？

11. 什么叫不锈钢？不锈钢是如何分类的？

12. 下列零件及工具，如材料错用，在使用过程中会出现哪些问题？

（1）把 45 钢当做 20CrMnTi 钢制造齿轮；

（2）把 T12 钢当做 W18Cr4V 钢制造钻头；

（3）把 20 钢当做 60Si2Mn 钢制造弹簧。

13. 说明下列牌号钢的类型、碳及合金元素的含量：

Q345、20CrMnTi、40Cr、60Si2Mn、GCr15、ZGMn13-1、9SiCr、W18Cr4V、1Cr18 Ni9、5CrMnMo。

14. 什么叫铸铁？与钢相比，铸铁的化学成分和性能有何特点？

15. 什么叫铸铁的石墨化？影响铸铁石墨化的因素有哪些？

16. 灰铸铁的热处理方法有哪些？各有何目的？生产中出现下列不正常现象，应采取什么有效措施予以防止或改善？

（1）灰铸铁磨床床身铸造以后立即进行切削，在切削加工后发生过量的变形；

（2）灰铸铁铸件薄壁处出现白口组织，造成切削加工困难。

17. 球墨铸铁是如何获得的？常用的球化剂有哪些？与钢相比，球墨铸铁在性能上有何特点？

18. 球墨铸铁常用的热处理方法有哪些？各有何目的？已知球墨铸铁的原始组织为"铁素体＋珠光体＋自由渗碳体＋球状石墨"，若要获得下述组织，各应采取什么热处理方法？

（1）铁素体＋球状石墨；（2）珠光体＋球状石墨；（3）下贝氏体＋球状石墨。

19. 可锻铸铁是如何获得的？与灰铸铁及球墨铸铁相比，可锻铸铁有何特点？

20. 什么叫耐热铸铁？如何提高铸铁的耐热性？耐热铸铁有何用途？

21. 什么叫耐蚀铸铁？如何提高铸铁的耐蚀性？耐蚀铸铁有何用途？

22.下列说法是否正确？为什么？

（1）可通过热处理来明显改善灰铸铁的力学性能；

（2）可锻铸铁因具有较好的塑性,故可进行锻造；

（3）白口铸铁硬度高,可用于制造刀具；

（4）因片状石墨的影响,灰铸铁的各项力学性能指标均远低于钢。

23. 说明下列牌号铸铁的类型、数字的含义、用途：

HT250、QT600-3、KTH350-10、KTZ550-04、RuT260。

24. 试为下列零件选择合适的铸铁：

（1）机床床身;（2）汽车发电机曲轴;（3）弯头;（4）钢锭模;（5）机床导轨;（6）球磨机磨球;（7）加热炉底板;（8）化工阀门。

模块三
材料成形技术与实训

材料成形技术与实训包括工程材料的铸造成形技术与实训、锻压成形技术与实训、焊工成形技术与实训、钳工和机械加工等成形技术与基础实训。该模块主要以各实训项目为主线展开理论与实训教学,理论教学根据实训需求进行穿插。教学场地一般应选择在校内实训室或校外实训基地,理论教学内容一般在实训现场讲授,整个教学过程集中在几周时间内完成。

第8单元　铸造成形技术与实训

学习目标

1. 掌握铸造成形的工艺基础。
2. 理解砂型铸造特点。
3. 了解铸造工艺参数设计、铸件结构工艺性要求等内容。
4. 熟悉铸件缺陷形成以及成本分析。
5. 了解特种铸造和铸造新技术。
6. 掌握铸造实训安全注意事项。
7. 掌握砂型铸造操作技能。

任务要求

铸造在信息时代是不是用得很少了?　请观察一下你周围的机械零件,哪些是采用铸造方法成形的?　砂型铸造的生产工序主要包括哪些?　什么是铸造成形?　合金的铸造性能有哪些?　砂型铸造操作技能有哪些?　铸造实训有哪些安全注意事项?　砂型铸造操作技能有哪些方面?

任务分析

该项目是关于铸造成形技术与基础实训方面的问题,不仅牵涉到铸造工艺,而且还涉及铸件质量与成本,因此需要学习以下相关新知识。

相关新知识

一、铸造工艺基础

(一)铸造工艺概述

我国铸造技术历史悠久,早在3000多年前,青铜器已有应用;2500年前,铸铁工具已经相当普遍。泥型、金属型和失蜡型铸造技术是我国创造的三大铸造技术。

铸造是将液态金属浇注到具有与零件形状相适应的铸型空腔中,待其冷却凝固后,以获得零件或毛坯的方法。在一般机械设备中,铸件约占整个机械设备质量的45%～90%。在机床、内燃机中,铸件占机器总重的70%～80%,在农业机械中占40%～70%。

铸件之所以被广泛应用,是因为铸造成形技术与其他金属加工方法相比具有一些鲜明的特点。铸造能够制造各种尺寸和形状复杂的铸件,如箱体、机床床身等。铸件的轮廓尺寸可小至几毫米,大至十几米;质量可小至几克,大至数百吨。铸件的形状、尺寸与零件很接近,可节省切削加工工时。各种合金都可以用铸造的方法制成铸件,特别是塑性差的材料,只能用铸造方法制造毛坯,如铸铁等。铸造工艺灵活,设备投资少,因而成本较低。铸造的缺点是力学性能、精度和效率较低,劳动条件差。

铸造成形的方法很多,一般可分为砂型铸造和特种铸造两大类。其中砂型铸造为铸造生产中最基本的方法,砂型铸造的生产工序主要包括:制模、配砂、造型、造芯、合型、熔炼、浇注、落砂、清理和检验。套筒铸件的生产过程如图8.1所示。

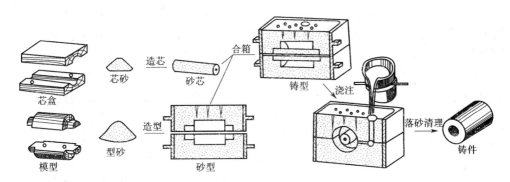

图8.1 套筒的砂型铸造过程

砂型铸造以外的铸造方法统称为特种铸造。特种铸造的方法很多,应用较广的有熔模铸造、金属型铸造、压力铸造和离心铸造等。用特种铸造方法生产的铸件性能较好,而且生产效率高,因此目前特种铸造正逐步得到广泛应用。

(二)合金的铸造性能

合金的铸造性能是表示合金铸造成形获得优质铸件的能力。通常用流动性和收缩性来衡量。在液态合金的充型过程中,有时伴随着结晶现象,若充型能力不足,在型腔被填满之前,形成的晶粒将充型的通道阻塞,液态金属被迫停止流动,于是铸型将产生浇不足或冷隔等缺陷。浇不足使铸件未能获得完整的形状;产生冷隔时,铸件虽可获得完整的外形,但因存有未完全熔化的垂直接缝,铸件的力学性能严重受损。

影响充型能力的主要因素有如下几点。

1.合金的流动性

液态合金本身的流动能力,称为合金的流动性,是合金主要铸造性能之一。合金的流动性愈好,充型能力愈强,愈便于浇注出轮廓清晰、薄而复杂的铸件,同时,有利于非金属夹杂物和气体的上浮与排出,还有利于对合金冷凝过程所产生的收缩进行补缩。因此,在铸件设计、选择合金和制定铸造工艺时,需考虑合金的流动性。

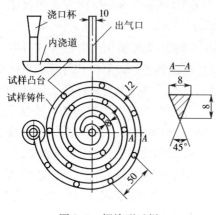

图 8.2　螺旋形试样

液态合金的流动性通常以"螺旋形试样"长度来衡量,如图 8.2 所示。将金属液浇入螺旋形试样铸型中,在相同的浇注条件下,合金的流动性愈好,所浇出的试样愈长。由试验得知,在常用铸造合金中,灰口铸铁、硅黄铜的流动性最好,铸钢的流动性最差。

流动性是合金本身的属性,其主要影响因素包括合金的成分、浇注条件、铸型和铸件结构,但以化学成分的影响最为显著。纯金属和共晶成分合金的结晶是在恒温下进行的,此时,液态合金从表层逐层向中心凝固,由于已结晶的固体层内表面比较光滑,对金属液的阻力较小。同时,共晶成分合金的凝固温度最低,相对来说,合金的过热度大,推迟了合金的凝固,故流动性最好。除纯金属和共晶成分合金外,其他成分合金是在一定温度范围内逐步凝固的,即经过液、固并存的两相区。此时,结晶是在界面上一定宽度的凝固区内同时进行的,由于初生的树枝状晶体使已结晶固体层内表面粗糙,所以,合金的流动性变差。合金成分愈远离共晶,合金温度范围愈宽,对金属流动的阻力愈大,流动性愈差。因此,愈接近共晶成分,愈容易铸造。

浇注条件主要包括浇注温度和充型压力。浇注温度提高,合金的黏度下降,且因过热度高,合金在铸型中保持流动的时间长,故充型能力强。因此,对薄壁铸件或流动性较差的合金可适当提高浇注温度,以防浇注不足和冷隔缺陷。但浇注温度过高,铸件容易产生缩孔、缩松、粘砂、气孔、粗晶等缺陷,故在保证充型能力足够的前提下,尽量降低浇注温度。通常,灰口铸铁的浇注温度为 1 200~1 380 ℃,铸钢为 1 520~1 620 ℃,铝合金为 680~780 ℃。复杂薄壁件取上限,厚大件取下限。液态合金在流动方向上所受的压力愈大,充型能力愈好。砂型铸造时,充型压力是由直浇道所产生的静压力取得的,故增加直浇道的高度可有效地提高充型能力。在压力铸造、低压铸造和离心铸造时,因充型压力得到提高,所以充型能力较强。

液态合金充型时,铸型的阻力将影响合金的流动速度,而铸型与合金间的热交换又将影响合金保持流动的时间。因此,铸型的如下因素对充型能力均有显著影响。

(1)铸型的蓄热能力

铸型的蓄热能力即铸型从金属中吸收和存储热量的能力。铸型材料热导率和质量热容越大,对液态合金的激冷能力越强,合金的充型能力就越差。如金属型铸造较砂型铸造容易产生浇不足等缺陷。

（2）铸型温度

提高铸型温度，减小铸型和金属液间的温差，减缓冷却速度，可使充型能力得到提高。在金属型铸造和熔模铸造时，常将铸型预热数百摄氏度。

（3）铸型中气体

在金属液的热作用下，型腔中的气体膨胀，型砂中的水分气化，煤粉和其他有机物燃烧，将产生大量气体。如果铸型的排气能力差，则型腔中气体压力增大，以致阻碍液态合金的充型，充型能力下降。为减小气体的压力，除应设法减少气体来源外，应使砂型具有良好的透气性，并在远离浇口的最高部位开设出气口。

此外，铸件的结构对充型能力也有相当的影响，壁薄、结构复杂的铸件充型能力会降低。

2. 合金的收缩

铸造合金从浇注、凝固直至冷却到室温的过程中，其体积缩减的现象，称为收缩。收缩是合金的物理性质。

合金的收缩给铸造工艺带来许多困难，是多种铸造缺陷（如缩孔、缩松、裂纹、变形等）产生的根源。为使铸件的形状、尺寸符合技术要求，组织致密，必须研究收缩的规律性。

合金的收缩经历如下三个阶段。

（1）液态收缩

液态收缩是从浇注温度到凝固开始温度（即液相线温度）间的收缩，表现为型腔内液面下降。合金液的过热度越大，则液态收缩也越大。为减小合金的液态收缩及吸气，兼顾充型能力，铸造合金的浇注温度一般控制在高于液相线 $50 \sim 150$ ℃。

（2）凝固收缩

凝固收缩是从凝固开始温度到凝固终止温度（即固相线温度）间的收缩。纯金属和共晶成分合金在恒温下凝固，所以收缩较小。

（3）固态收缩

固态收缩是从凝固终止温度到室温间的收缩。

合金的收缩率为上述三种收缩的总和。合金的液态收缩和凝固收缩表现为体积的缩减，常用单位体积收缩量（即体收缩率）来表示。液态收缩和凝固收缩是铸件产生缩孔和缩松的基本原因。合金的固态收缩不仅引起合金体积上的收缩，同时，还使铸件在各方向的尺寸减小，因此常用单位长度上的收缩量（即线收缩率）来表示。固态收缩是铸件产生应力和裂纹的基本原因。

不同合金的收缩率不同。在常用合金中，铸钢的收缩最大，灰口铸铁最小。灰口铸铁收缩很小是由于其中大部分碳是以石墨状态存在的，石墨的比容大，在结晶过程中石墨析出所产生的体积膨胀，抵消了合金的部分收缩。表 8.1 所示为几种铁碳合金的体积收缩率。

铸件的实际收缩率与其化学成分、浇注温度、铸件结构和铸型条件有关。

表 8.1　几种铁碳合金的体积收缩率

合金种类	含碳量/%	浇注温度/℃	液态收缩率/%	凝固收缩率/%	固态收缩率/%	总体积收缩率/%	线收缩率/%
碳素铸钢	0.35	1 610	1.6	3.0	7.86	12.46	1.38～2.0
白口铸铁	3.0	1 400	2.4	4.0	5.4～6.3	12～12.9	1.35～2.0
灰口铸铁	3.5	1 400	3.5	0.1	3.3～4.2	6.9～7.8	0.8～1.0

二、砂型铸造

砂型铸造是利用具有一定性能的原砂作为主要造型材料的铸造方法。其适应性强,几乎不受铸件材质、形状尺寸、质量及生产批量的限制,因此,它是目前最基本、应用最普遍的铸造方法。

(一)型砂与芯砂

用于制造砂型的材料称为型砂;用于制造型芯的材料称为芯砂。型砂和芯砂的性能要求要有足够的强度、良好的透气性、足够的耐火度、足够的退让性、可塑性以及溃散性、发气性、吸湿性等。型砂与芯砂的组成包括原砂、黏结剂、附加物、涂料及扑料等。型砂与芯砂的配制设备是混砂机,其混制过程是先加入新砂、旧砂、黏土等进行干混,2～3 min 后,再加入水和液体黏结剂,湿混约 10 min,即可打开砂口出砂。配好的型砂和芯砂须经性能检验后方可使用,最简单的检验方法是用手抓一把型(芯)砂,捏成团,然后把手掌松开,如果砂团不松散也不粘手,手印清楚,掰断时断面不粉碎,则认为砂中黏土与水分含量适宜。

(二)手工造型

手工造型指全部用手工或手动工具完成的造型。手工造型的特点是操作灵活,工艺装备(模样、芯盒、砂箱)简单,生产准备时间短,适应性强,可用于各种形状和尺寸的铸件。缺点是对工人技术水平要求较高,生产率低,劳动强度大,铸件质量不稳定。手工造型用于单件、小批生产。

手工造型按模样特征可分为整模造型、分模造型、挖砂造型、假箱造型、活块造型、刮板造型;按砂箱特征可分为两箱造型、三箱造型、地坑造型、组芯造型。具体特点及应用见表8.2。

表 8.2　常用手工造型方法的特点及应用

造型方法		简　图	主要特点	适用范围
按模样特征分	整模造型		模型是整体的,分型面是平面,型腔全在半个铸型内,造型简单,不会产生错箱	适用于铸件最大截面靠一端且为平面的铸件
	分模造型		模型沿最大截面处分为两半,型腔位于上、下砂箱内,模型制造较为复杂,造型方便	最大截面在中部(或圆形)的铸件
	挖砂造型		模型是整体的,但铸件的分型面为曲面,造型时需挖出妨碍起模的型砂,其造型费工时,生产率低	用于分型面不是平面的单件、小批铸件的生产
	假箱造型		造型前先做个假箱,再在假箱上造下箱,假箱不参加浇注,它比挖砂操作简便,且分型面整齐	用于成批生产需要挖砂的铸件
	活块造型		制模时将妨碍起模的小凸台、筋条做成活动部分,起模时先起出主体模型,然后再取出活块	主要用于生产带有突出部分且难以起模的单件、小批铸件
	刮板造型		用刮板代替实体模造型,降低模型成本,缩短生产周期,但生产率低、要求操作工人技术水平高	用于等截面或回转体的大、中型铸件的单件、小批量生产,如带轮、飞轮、铸管、弯头等

造型方法		简 图	主要特点	适用范围
按砂型特征分	两箱造型		铸型由上、下砂箱组成,便于操作	适用于各种批量和各种尺寸的铸件
	三箱造型		上、中、下三个砂箱组成铸型,中箱高度与两个分型面间的距离相适应,造型费工时	主要用于手工造型,生产有两个分型面的铸件
	地坑造型		用地面砂床作为下砂箱,大铸件还需在砂床下铺焦炭、埋出气管,以便浇注时引气	常用于砂箱不足的条件下或制造批量不大的大、中型铸件
	组芯造型		用多块砂芯组合成铸型,而无需砂箱,可提高铸件精度,但成本高	适用于大批量生产形状复杂的铸件

(三)机器造型

机器造型是将填砂、紧实和起模等主要工序实现机械化,并组成生产流水线的造型方法。机器造型的紧砂方法主要有压实、振实、振压、抛砂四种基本形式。机器造型的起模方法主要有顶箱起模、漏模起模和翻转起模。机器造型的造型生产线是将造型机和其他辅机(翻转机、下芯机、合型机、压铁机、落砂机等)按照铸造工艺流程,用运输设备(铸型输送机或辊道)联系起来,组成一套机械化、自动化铸造生产系统。

机器造型生产效率高,劳动条件好,砂型质量好(紧实度高而均匀,型腔轮廓清晰),铸件质量也好,但设备和工艺装备费用高,生产准备时间较长,适于中小铸件的成批或大量生产。

机器造型具有以下工艺特点:①通常采用两箱造型,故只能有一个分型面;②所用的模型、浇注系统与底板连接成模板(或称型板),固定在造型机上,并与砂箱用定位销定位;③为造型方便常不区分面砂和填充砂,而采用统一配置的单一砂。

机器造型的关键是获得具有足够紧实度而且分布均匀的砂型。紧实度是指单位体积型砂的质量。松散型砂的紧实度一般为 $0.006 \sim 0.01$ N/cm^3,理想型砂的紧实度应保持在 $0.014 \sim 0.018$ N/cm^3。

各种造型机的紧砂特点和应用范围如表8.3所示。其中微振压实式造型机有淘汰振压式造型机的趋势。

表8.3 各种机器造型方法的特点和适用范围

种 类	简 图	主要特点	适用范围
压实造型		单纯借助压力紧实砂型。机器结构简单,噪声小,生产率高,消耗动力少。型砂的紧实度沿砂箱高度方向分布不均匀,上下紧实度相差很大	适用于成批生产高度小于200 mm、薄而小的铸件
高压造型		用较高压实比压(一般在0.7~1.5 MPa)压实砂型。砂型紧实度高,铸件尺寸精度高,表面粗糙度值小,废品率低,生产率高,噪声小,灰尘小,易于机械化、自动化,但机器结构复杂、制造成本高	适用于大量生产中、小型铸件,如汽车、机车车辆、缝纫机等产品较为单一的制造业
振击造型		依靠振击力紧实砂型。机器结构简单,制造成本低,但噪声大、生产率低,要求厂房基础好。砂型紧实度沿砂箱高度方向越往下越大	成批生产中、小型铸件
振压造型	 压头 模板 砂箱 振击活塞 振击气缸(压实活塞) 压实气缸	经过多次振击后再压实砂型。生产率高,能量消耗少,机器磨损少,砂型紧实度较均匀,但噪声大	广泛用于成批生产中、小型铸件
微振压实造型		在加压紧实型砂的同时,砂箱和模板作高频率、小振幅振动。生产率高,紧实度均匀,噪声小	广泛用于成批生产中、小型铸件

种 类	简 图	主要特点	适用范围
抛砂造型	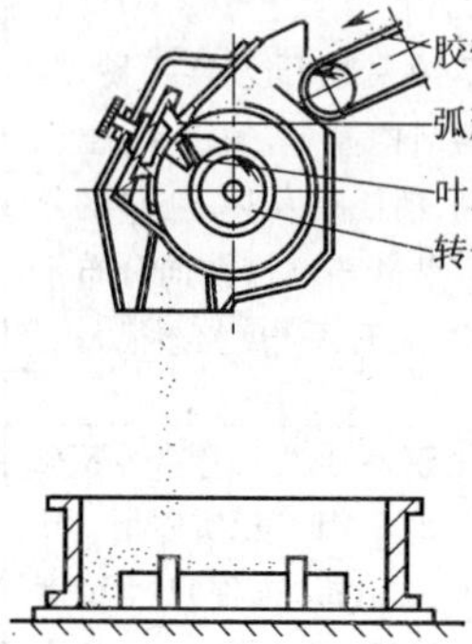 胶带运输机 弧形板 叶片 转子	用离心力抛出型砂,使型砂在惯性力作用下完成填砂和紧实。生产率高,能量消耗少,噪声低,型砂紧实度均匀,适用性广	单件、小批、成批大量生产中、大型铸件或大型型芯
射压造型	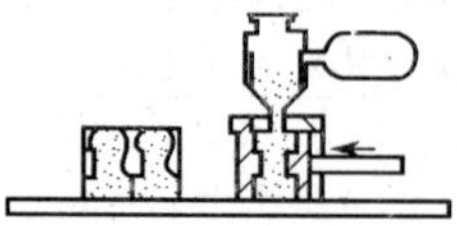	由于压缩空气骤然膨胀,将型砂射入砂箱进行填砂和紧实,再进行压实。生产率高,紧实度均匀,砂型型腔尺寸精确,表面光滑,工人劳动强度低、易于自动化,但造型机调整维修复杂	大批、大量生产形状简单的中、小型铸件
射砂紧实	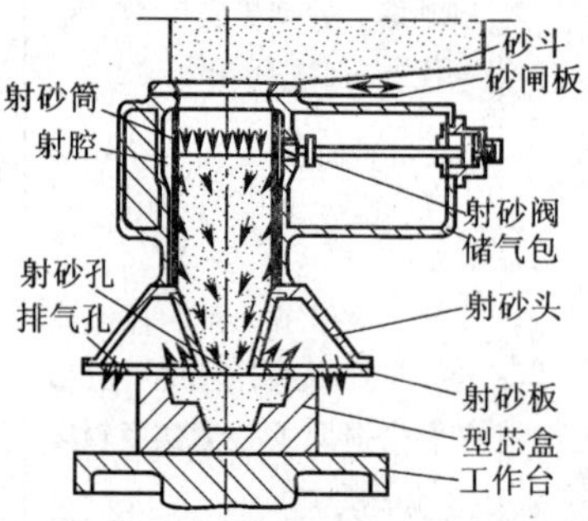 射砂筒 射腔 射砂孔 排气孔 砂斗 砂闸板 射砂阀 储气包 射砂头 射砂板 型芯盒 工作台	用压缩空气将型(芯)砂高速射入砂箱(或芯盒)而进行紧实。将填砂、紧实两个工序同时完成,故生产率高,但紧实度不高,需进行辅助压实	广泛用于制芯,并开始造型

注意:机器造型使用模板造型且只适用于两箱造型,造型机无法造出中型,不能进行三箱造型。

（四）型芯制造

型芯的主要作用是形成铸件的内腔,有时也形成局部外形。在大批量生产中,常用型芯制作设备是射芯机和壳(吹)芯机。为满足砂芯高的强度、透气性、耐火度和退让性等性能,型芯制造生产中常采用的主要措施有放芯骨、开通气道、刷涂料、烘干。型芯可用手工和机器制造;可用芯盒制造,也可用刮板制造。其中手工制芯方法可分为对开式芯盒制芯、整体式芯盒制芯和可拆式芯盒制芯三种。

（五）浇注系统

造型时必须开出引导液体金属进入型腔的通道,这些通道称为浇注系统。典型的浇注系统由外浇口、直浇道、横浇道和内浇道组成,如图8.3所示。图中的冒口是为了保证铸件质量而增设的,其作用是排气、浮渣和补缩。对厚薄相差大的铸件,都要在厚大部分的上方适当开设冒口。

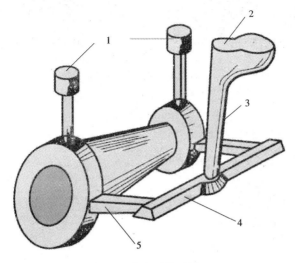

图 8.3　浇注系统及冒口
1—冒口;2—浇口盆;3—直浇道;4—横浇道;5—内浇道

1.浇口盆

浇口盆又称浇口杯,一般为池形或漏斗形。它的作用是减轻金属液流的冲击,使金属平稳地流入直浇道。

2.直浇道

直浇道是圆锥形的垂直通道,其作用是使液体金属产生一定的静压力,并引导金属液迅速充填型腔。

3.横浇道

横浇道断面为梯形的水平通道,位于内浇道的上方,其作用是挡渣及分配金属液进入内浇道。对于简单的小铸件,横浇道有时可省去。

4.内浇道

内浇道是和型腔相连接的金属液通道,其作用是控制金属液流入型腔的方向和速度。内浇道开设的位置和方向对铸件的质量影响很大,一般不应开在铸件的重要部位,以免造成内浇道附近的金属冷却慢、组织粗大、力学性能差。当铸件壁厚相差不大时,内浇道多开在薄壁处,使铸件各处冷却较均匀。当壁厚相差较大时,内浇道多开在厚处以便补缩。内浇道开设的方向,要有利于顺利导入金属液,防止直接冲击砂芯或型腔内壁,如图 8.4 所示。

合理地设计浇注系统,可使金属液平稳地充满铸型型腔;控制金属液的流动方向和速度;调节铸件上各部分的温度,控制冷却凝固顺序;阻挡夹杂物进入铸型型腔。

按金属液导入型腔的位置,浇注系统可分为底注式、顶注式、阶梯式、中注式等,

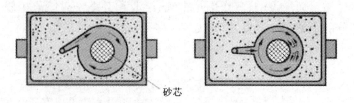

砂芯

图 8.4　内浇道的位置

如图 8.5 所示。

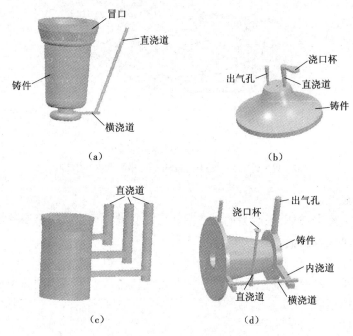

（a）

冒口
直浇道
铸件
横浇道

（b）

浇口杯
出气孔
直浇道
铸件

（c）

直浇道

（d）

出气孔
浇口杯
铸件
内浇道
直浇道
横浇道

图 8.5　浇注系统的类型
(a)底注式;(b)顶注式;(c)阶梯式;(d)中注式

（六）合型

合型主要包括铸型的检验、下芯、合上下型和铸型的紧固等工作。合型后即可准备浇注。

（七）浇注

浇注前有准备浇包、清理通道、烘干用具和安全防护等准备工作。浇注过程注意事项是浇注温度、浇注速度和浇注工艺。

（八）落砂和清理

从砂型中取出铸件的工作叫落砂。清理工作主要包括切除浇口和冒口、清除型芯、清除粘砂等内容。

三、铸造工艺设计

进行铸造生产时,应根据零件的结构特点、技术要求、生产批量和本车间的生产条件确定铸造工艺,绘制铸造工艺图,以指导生产准备和工艺操作,并作为铸件验收的依据。

在接受生产任务前,必须对零件图进行工艺性审查,分析该零件结构是否符合铸造工艺要求,并提出必要的工艺措施。在确定铸造工艺时,应着重考虑以下几方面的问题。

（一）浇注位置的确定

浇注位置是指浇注时铸件在铸型内所处的空间位置。浇注位置的确定应遵循以下原则。

①铸件的重要加工面应朝下或侧立。因为气体、夹杂物总是漂浮在金属液上表面,朝下的面及侧立的面处金属液质量纯净、组织致密。图 8.6 为车床床身的浇注位置,导轨面是关键部分,应朝下。

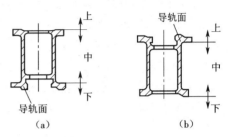

图 8.6　床身的浇注位置

（a）合理;（b）不合理

②铸件的宽大面应朝下。因为浇注时型腔顶面烘烤严重,型砂易开裂形成夹砂、结疤等缺陷,如图 8.7 所示。

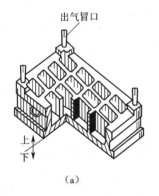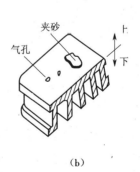

图 8.7　大平面的浇注位置

（a）合理;（b）不合理

③铸件的薄壁部分应放在铸型的下部或侧立,以保证金属液能充满,避免产生浇不足、冷隔等缺陷,如图 8.8 所示的箱盖浇注位置。

④铸件的厚大部分应放在上部或侧面,以便安置冒口补缩。如卷扬筒的厚端位于顶部是合理的。

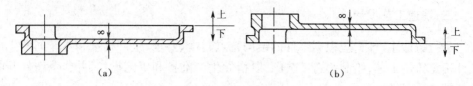

图 8.8　箱盖的浇注位置

(a)合理；(b)不合理

（二）分型面

分型面为铸型组元间的接合面，它决定了铸件在铸型中的位置。选择分型面时应注意以下原则。

①铸件的重要加工面应朝下或在侧面。铸件凝固过程中，气体、非金属夹杂物容易上浮，故铸件上表面的质量远不如下表面或侧面。图 8.9 所示为圆锥齿轮的两种分型面方案，齿轮部分质量要求高，不允许产生砂眼、夹杂和气孔等缺陷，应将其放在下面，如图 8.9(a)所示；图 8.9(b)为不合理方案。

②有利于铸件的补缩。对收缩大的铸件，应把铸件的厚实部分放在上面，以便放置补缩冒口，如图 8.10(a)所示；对收缩小的铸件，则应将厚实部分放在下面，依靠上面金属液体进行补缩，如图 8.10(b)所示。

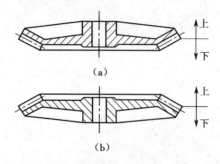

图 8.9　圆锥齿轮的分型面方案

(a)合理；(b)不合理

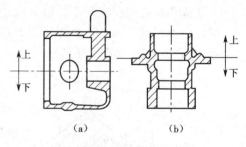

图 8.10　有利于铸件补缩

(a)收缩大的铸件；(b)收缩小的铸件

③保证铸件尺寸精度。应尽量使铸件全部或大部分放在同一砂型内，特别是重要加工面和定位基准面应放在同一砂型内，以避免产生错箱等缺陷，保证铸件尺寸精度。如图 8.11 所示，床身铸件的顶部为加工基准面，导轨部分属于重要加工面。若采用图 8.11(b)分型，错箱会影响铸件精度。图 8.11(a)在凸台处增加一外型芯，可使加工面和基准面处于同一砂箱内，保证铸件精度。

④应尽量减少分型面数目，并尽量取平直分型面。多一个分型面，就要增加一只砂箱，使造型工作复杂化，还会影响铸件精度的提高。对中、小型铸件的机器造型，只允许有一个分型面。在手工造型时，选择平直分型面可以简化造型操作，如选择曲折分型面，则必须采用较复杂的挖砂或假箱造型。

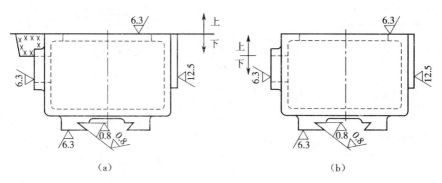

图8.11 床身的分型面方案

(a)合理;(b)不合理

⑤应便于起模。分型面应选择在铸件的最大截面处。对于阻碍起模的凸起部分,手工造型时可采用活块,机器造型时用型芯代替活块。

⑥应尽量减少型芯数目,并使型芯固定可靠,合箱前容易检验型芯的位置。图8.12为接头铸件的分型面方案。按图8.12(a),接头内孔的形成需用型芯;如改成图8.12(b),上箱用吊砂,下箱用砂垛,可省掉型芯,而且铸件外形整齐、容易清理。

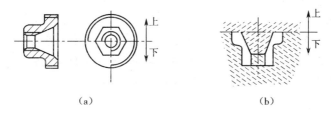

图8.12 接头铸件的分型面方案

(a)用型芯;(b)不用型芯

图8.13为箱体的铸造方案。按图8.13(a),分型面取在箱体开口处,将整个铸件置于上箱中,下芯方便,但合箱时无法检验型芯位置,容易产生箱体四周壁厚不均匀,显然不合理,应采用图8.13(b)所示方案。

⑦应便于铸件清理。图8.14为摇臂铸件的分型面方案。图8.14(a)采用分模造型,具有平直分型面的优点,但浇注后会在分型面处产生飞边,清理时由于砂轮厚度大,无法打磨铸件中间的飞边。若选择图8.14(b)所示的曲折分型面,则采用整模、挖砂造型,不易错箱,清理工作量大为减少。

(三)工艺参数的选择

1.机加工余量

机加工余量是指在切削加工时需从铸件上切去的金属层厚度。凡是零件图上标注表面结构符号的表面均需考虑机加工余量,在制造模型时必须予以考虑。加工余量的大小,取决于铸件的生产批量、合金种类、铸件尺寸和浇注位置等因素。机器造

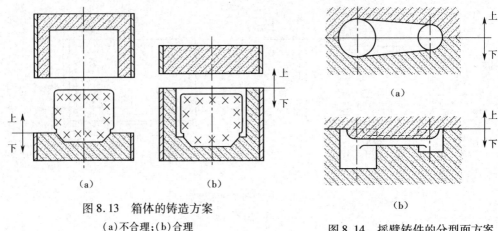

图 8.13　箱体的铸造方案　　　　　　　图 8.14　摇臂铸件的分型面方案
(a)不合理;(b)合理　　　　　　　　　(a)不便清理;(b)便于清理

型铸件精度高,余量小;手工造型误差大,余量应大。灰铸铁表面平整,加工余量小;铸钢件表面粗糙,加工余量应加大。铸件的尺寸越大或加工面与基准面的距离越大,加工余量也应随之增大。铸铁件的机械加工余量通常取在 3～15 mm 之间。具体选择时可参阅有关国家标准。

2.铸出孔的大小

铸件上的孔和槽铸出与否,要根据铸造工艺的可行性和必要性而定。为了节省金属、减少切削工,一般零件上较大的孔和槽应铸出。但若孔径较小而铸件壁较厚(孔处易产生粘砂),或型芯太细长并且不易保证铸件质量时,则该孔不予铸出。表8.4 为铸件的最小铸出孔的尺寸。

表 8.4　铸件的最小铸出孔尺寸

生 产 类 型	最小铸出孔直径/mm	
	灰铸铁件	铸钢件
大量生产	12～15	—
成批生产	15～30	30～50
单件、小批生产	30～50	50

3.铸造收缩率

铸件在冷却时,由于固态收缩,尺寸会减小,为保证铸件尺寸的要求,需将模样(芯盒)的尺寸加上(或减去)相应的收缩量。铸件收缩率(K)定义为单位铸件尺寸的收缩量,即:

$$K = \frac{L - L_1}{L_1} \times 100\%$$

式中:L_1——铸件尺寸;L——模型尺寸。

铸造收缩率取决于合金的种类和铸件固态收缩受阻的情况。表 8.5 为砂型铸造时铸造收缩率的一般数据。

制造模型时,常用"缩尺"来测量尺寸。缩尺的刻度已按铸造收缩率予以放大。例如,选用1%的缩尺,刻度上标为100 mm,实际距离为101 mm。

表8.5 几种合金的砂型铸造收缩率

合 金 种 类		铸造收缩率/%	
		自由收缩	受阻收缩
灰 铸 铁	中、小型铸件	1.0	0.9
	中、大型铸件	0.9	0.8
球墨铸铁		0.8 ~ 1.1	0.4 ~ 0.8
碳钢和低合金钢		1.6 ~ 2.0	1.3 ~ 1.7
铝硅合金		1.0 ~ 1.2	0.8 ~ 1.0
锡青铜		1.4	1.2
无锡青铜		2.0 ~ 2.2	1.6 ~ 1.8
硅黄铜		1.7 ~ 1.8	1.6 ~ 1.7

4. 拔模斜度(或起模斜度)

为便于把模型从铸型中或把芯子从芯盒中取出,而在模型或芯盒的起模方向上做出一定的斜度,称为拔模斜度。拔模斜度一般用角度 α 或宽度 a 表示,其标注方法如图8.15所示。拔模斜度的大小,取决于模型的种类、垂直壁的高度、造型材料的特点和造型方法等。垂直壁越高,则拔模斜度越小。例如,木模外壁高度 $H > 40 \sim 100$ mm 时,起模斜度 $\alpha \leqslant 0°40'$;而 $H > 100 \sim 160$ mm 时,$\alpha \leqslant 0°30'$。金属模比较光洁,拔模斜度可比木模小些。此外,机器造型的拔模斜度较手工造型的小;外壁的拔模斜度小于内壁。

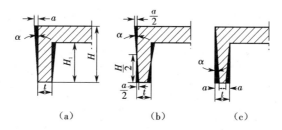

图8.15 拔模斜度示意图

(a)增加铸件厚度;(b)加减铸件厚度;(c)减小铸件厚度

5. 型芯头

型芯头指伸出铸件以外不与金属接触的砂芯部分。型芯在铸型中的定位、固定和排气,主要依靠型芯头。按型芯在铸型中固定的方法不同,型芯头可分为垂直型芯头和水平型芯头两种,分别如图8.16(a)、(b)所示。

垂直型芯一般都有上、下型芯头,短而粗的型芯可不留上芯头。芯头高度主要取

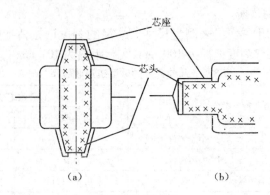

图 8.16　型芯头

(a)垂直芯头;(b)水平芯头

决于芯头直径。为增加芯头的稳定性和可靠性,下芯头的斜度应小些(5°~10°),高度应大些;为便于合型,上芯头的斜度应大些(6°~15°),高度应小些。

水平型芯的两端一般都有型芯头。其长度主要取决于芯头的直径和型芯的长度。为便于下芯及合型,铸型上的芯座(铸型中专为放置芯头的空腔)端部也应有一定的斜度。若水平型芯只能呈悬臂式,一端固定,则型芯头的长度和直径应适当大些,以防止型芯下垂或被金属液的浮力抬起。

为便于铸型的装配,芯头与铸型芯座之间应留 1~4 mm 的间隙。

(四)铸造工艺符号及表示方法

铸造工艺图通常是在零件蓝图上加注红、蓝颜色的各种工艺符号,把分型面、加工余量、拔模斜度、型芯头、浇口和冒口系统等表示出来,铸造收缩率可用文字说明。

对大批量生产的定型产品或重要的试制产品,铸造工艺图可以制定得更加详细,按规定的工艺符号用墨线绘出,并进一步画出铸件图、模型(或模板)图、型芯盒图、砂箱图和铸型装配图等。表 8.6 为常用的铸造工艺符号及表示方法。

表 8.6　常用的铸造工艺符号及表示方法

符号名称	符　号	表　示　方　法
分型面		用细实线条和箭头表示,并写出"上、下"字样(在蓝图上用红线表示)
加工余量		细实线表示毛坯轮廓,双点画线表示零件形状,并注明加工余量数值(在蓝图上用红线表示)
模型上的活块		用细直线表示,并在此线上画出两条平行短线(在蓝图上用红线表示)

符号名称	符　　号	表　示　方　法
浇口	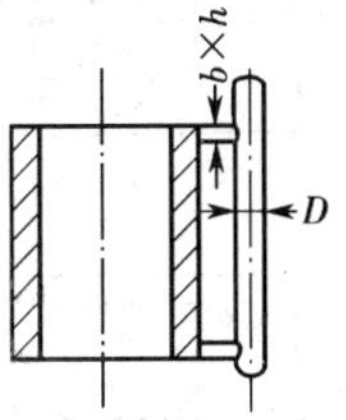	用细直线表示,并标注必要的尺寸(在蓝图上用红线表示)
冒口	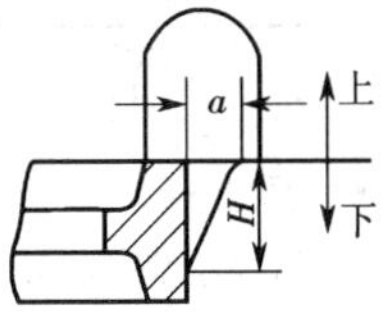	用细直线表示,并标注必要的尺寸(在蓝图上用红线表示)
冷铁	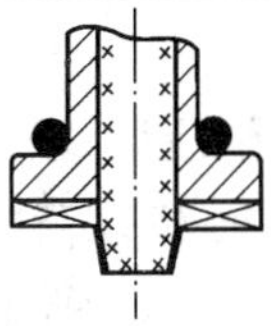	用细直线表示,圆钢冷铁涂黑,成形冷铁打叉(在蓝图上用蓝线表示)
型芯	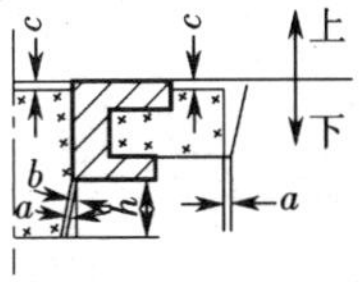	用细直线和边界符号表示,并分别编号,注明型芯头的高度、斜度和间隙(在蓝图上用蓝线表示)

四、铸件结构设计

进行铸件设计时,不仅要保证零件的工作性能和力学性能的要求,还必须考虑铸造工艺和合金铸造性能对铸件结构的要求。铸件的结构工艺性是否良好对铸件的质量、生产率及成本有很大的影响。若某些铸件需要采用金属型铸造、压力铸造或熔模铸造等特种铸造方法时,还必须考虑这些方法对铸件结构的特殊要求。以下主要从铸件的外形、内腔、壁厚及壁间连接几方面,讨论铸件设计的原则。

（一）铸件的外形

铸件外形应尽量采用规则的易加工平面、圆柱面、垂直连接等,避免不必要的曲面,以便于制模和造型,除此以外,还应考虑如下方面。

1. 铸件上的凸台不应妨碍起模以减少活块

对箱体、缸盖等零件上的凸台、肋板设计时,分布应合理,厚度应适当,这样可使造型时起模方便,少用或不用活块造型,简化铸造工艺。图 8.17(a)和(c)上的凸台一般要用活块或型芯才能取出模样,采用图 8.17(b)结构,将凸台延伸至分型面后,可采用简单的两箱造型,避免了活块;图 8.17(d)将邻近的三个凸台连成一片,即可将三个活块减少为一个活块。

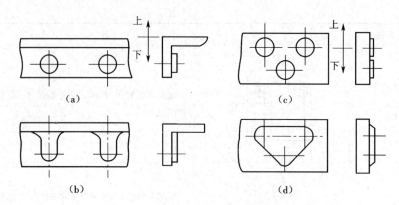

图 8.17　避免或减少活块

(a)用活块造型;(b)用两个活块造型;(c)避免活块造型;(d)减少活块造型

2.铸件应避免外部侧凹以减少分型面

外壁侧凹的铸件一般要采用砂芯、三箱或多箱造型,增加了分型面数量,造型难度较大。而避免侧凹可采用两箱造型,减少分型面和砂箱的数量,从而简化铸造工艺,还能减少错型和偏芯,以提高铸件的精度,如图 8.18 所示。

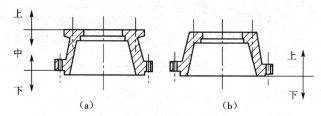

图 8.18　减少分型面

(a)改进前;(b)改进后

3.设计结构斜度以便于起模

造型时为便于起模,在垂直于分型面的非加工侧壁,一般应设计 1°～3°的结构斜度。结构斜度的大小随壁的高度增加而减小;内壁的斜度大于外壁的斜度。图 8.19 为结构斜度示例。

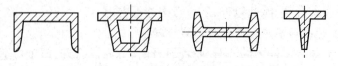

图 8.19　结构斜度

4.铸件结构应有利于自由收缩以防裂纹

图 8.20 为手轮轮辐的三种设计方案。其中图 8.20(a)方案采用偶数直轮辐,易在轮辐和轮缘处产生裂纹,故结构不合理;图 8.20(b)、(c)方案采用弯曲轮辐或奇

数轮辐后,可防止开裂,结构较合理。

5.避免过大水平面以防铸造缺陷

过大的平面不利于金属液的填充,易产生浇不到和冷隔;在大平面上方,铸型受金属液的高温烘烤使型砂拱起,铸件易产生夹砂的缺陷。将大的水平面改为倾斜面,可防止上述缺陷的产生。

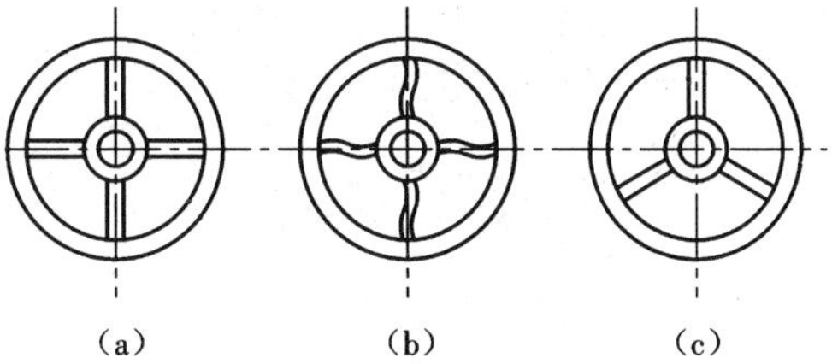

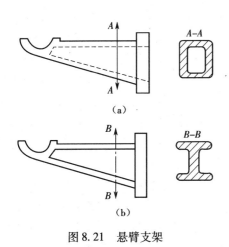

图 8.20 轮辐设计方案
(a)偶数直轮辐;(b)弯曲轮辐;(c)奇数轮辐

(二)铸件的孔和内腔

图 8.21 悬臂支架
(a)不合理;(b)合理

铸件上的孔和内腔是用型芯来形成的。合理的内腔设计既可减少型芯数量,又有利于型芯的固定、排气和清理。从而简化工艺,防止偏芯、气孔等铸造缺陷。

1.减少型芯数量

图 8.21 为悬臂支架的设计,图 8.21(a)方案铸件为封闭结构,内腔需要用型芯铸出;改进为(b)方案开式结构,可省去型芯,从而简化铸造工艺。

图 8.22 为端盖铸件的两种设计方案,该铸件的内腔直径 D 大于高度 H,采用图(a)结构必须要用一个型芯,而采用图(b)结构可采用砂垛代替型芯,使造型工艺简化。

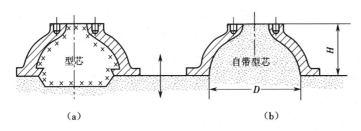

图 8.22 铸件的内腔设计
(a)改进前;(b)改进后

2.便于型芯的固定、排气和铸件清理

图 8.23 为轴承支架,其中图(a)结构有两个互不连通的内腔,分别要用两个型芯形成,其中较大的为悬臂状,装配时必须用芯撑来固定;若连通中间部分,改为图(b)结构,将内腔连为一体,只用一个整体型芯,不仅下芯方便、型芯稳定性提高,而且利于排气和清理。

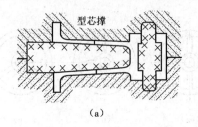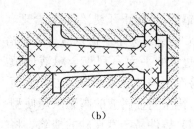

（a）　　　　　　　　　　　　　（b）

图 8.23　轴承支架
（a）不合理；（b）合理

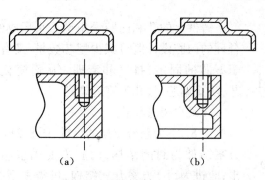

（a）　　　　　　（b）

图 8.24　铸件壁厚力求均匀
（a）不合理；（b）合理

（三）铸件的壁厚与壁间连接

1. 壁厚应均匀，避免"热节"

铸件各部分壁厚相差过大，不仅容易在较厚处产生缩孔、缩松，还会使各部位冷速不均，产生较大的铸造内应力，造成铸件开裂。可采用加强肋或工艺孔等措施使铸件壁厚均匀。图 8.24 为使铸件壁厚均匀的设计方案。

2. 壁的厚度应合理

铸件的壁不宜太薄，否则浇注时金属液在狭窄的型腔内流动性受到影响，易产生浇不到、冷隔等缺陷。在一定的铸造条件下，铸造合金能充满铸型型腔的最小厚度称为该合金的"最小壁厚"。铸件的最小壁厚与金属的流动性有关，还与铸件尺寸大小有关，见表 8.7。

表 8.7　砂型铸造铸件的最小壁厚

铸件最大轮廓尺寸	灰铸铁	球墨铸铁	可锻铸铁	铸钢	铸铝合金	铸锡青铜	铸黄铜
<200	3~4	3~4	2.5~4.5	8	3~5	3~6	≥8
200~400	4~5	4~8	4~5.5	9	5~6	8	≥8
400~800	5~6	8~10	5~8	11	6~8	8	≥8

铸件的壁厚也不宜过大，否则由于铸件冷却过慢使晶粒粗大，且易产生缩孔、缩松等缺陷，使性能下降，所以不能靠无节制地增大铸件的壁厚来提高承载能力。可采取在铸件的脆弱处增设加强肋的方法来提高铸件的强度和刚度，如图 8.25 所示。因此，铸件的壁厚应小于

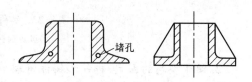

图 8.25　铸件加强肋的应用
（a）不合理；（b）合理

"临界壁厚"，砂型铸造铸件的临界壁厚约取最小壁厚的三倍。

3.铸件的壁间连接、交叉应合理

铸件壁与壁的连接或转角处应设有结构圆角,避免直角或尖角连接,以免造成应力集中而产生裂纹;如结构上确有要求厚、薄壁相连时,应采用逐步过渡,避免尺寸突变,以防产生铸造内应力和应力集中;壁与壁应避免十字形交叉,交叉密集处金属液集聚较多,产生热节后易出现缩孔等铸造缺陷,可改为交错接头或环形接头,如图8.26所示。

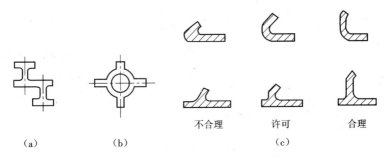

不合理　　　　许可　　　　合理

（a）　　　　　（b）　　　　　　　　　　　　　（c）

图8.26　铸件壁与壁的连接与交叉设计

（a）交错接头；（b）环状接头；（c）两壁夹角小于90°的连接

五、铸件质量分析

在实际生产中,常需对铸件缺陷进行分析,其目的是找出产生缺陷原因,以便采取措施加以防止。对于铸件设计人员来说,了解铸件缺陷及产生原因,可以有助于正确设计铸件结构,并了解铸造生产时的实际条件,恰如其分地拟定技术要求。

铸件的缺陷很多,常见的铸件缺陷名称、特征及产生的主要原因见表8.8。分析铸件缺陷及其产生原因是很复杂的,有时可以见到在同一个铸件上出现多种不同原因引起的缺陷,或同一原因在生产条件不同时,会引起多种缺陷。

表8.8　常见的铸件缺陷及产生原因

缺陷名称和特征	简　图	主要原因分析
气孔:铸件内部出现的空洞,常为梨形、圆形,孔的内壁较光滑	气孔	①型砂含水过多,透气性差; ②起模和修型时刷水过多; ③砂芯烘干不良或通气孔堵塞; ④浇注温度过低或浇注速度太快等
缩孔:多分布在铸件厚断面处,形状不规则,孔内粗糙 缩松:铸件截面上细小而分散的缩孔	补缩冒口　缩孔	①铸件结构不合理,如壁厚相差过大,造成局部金属积聚; ②浇注系统和冒口的位置不对,或冒口过小; ③浇注温度太高,或金属化学成分不合格,收缩过大

191

续表

缺陷名称和特征	简　图	主要原因分析
砂眼:在铸件内部或表面有充塞砂粒的孔眼	砂眼	①型砂和芯砂的强度不够; ②砂型和砂芯的紧实度不够; ③合箱时铸型局部损坏
粘砂:系统不合理,冲坏了铸型,粘砂铸件表面粗糙,粘有砂粒	粘砂	①型砂和芯砂的耐火性不够; ②浇注温度太高; ③未刷涂料或涂料太薄
错箱:铸件在分型面处有错移	错箱	①模样的上半模和下半模未对好; ②合箱时,上下砂箱未对准
冷隔:铸件上有未完全融合的缝隙或洼坑,其交接处是圆滑的	冷隔	①浇注温度太低,浇注速度太慢或浇注过程有中断; ②浇注系统位置开设不当或浇道太小
浇不足:铸件不完整	浇不足	①浇注时金属量不够; ②浇注时液体金属从分型面流出; ③铸件太薄; ④浇注温度太低; ⑤浇注速度太慢
裂缝:铸件开裂,开裂处金属表面氧化	裂缝	①铸件结构不合理,壁厚相差太大; ②砂型和砂芯的退让性差,落砂过早

　　具有缺陷的铸件是否定为废品,必须按铸件的用途和要求以及缺陷产生的部位和严重程度来决定。一般情况下,铸件有轻微缺陷,可以直接使用;铸件有中等缺陷,可允许修补后使用;铸件有严重缺陷,则只能报废。

六、特种铸造

砂型铸造是当前铸造生产中应用最普遍的一种方法。它具有实用性广、生产准备简单等优点,但有铸件精度低、表面粗糙度差、内部质量不理想、生产过程不易实现机械化等缺点。对于一些特殊要求的铸件,不用砂型铸造铸出,而采用特种铸造,如熔模铸造、离心铸造、壳型铸造、压力铸造、低压铸造、金属型铸造、陶瓷型铸造、磁型铸造等。这些铸造方法在提高铸件精度和表面质量、改善合金性能、提高劳动生产率、改善劳动条件和降低铸造成本等方面,各有其优越之处。近些年来,特种铸造在我国发展相当迅速,其地位和作用日益提高。

下面介绍几种常用的特种铸造方法。

（一）熔模铸造

熔模铸造也称"失蜡铸造"或"精密铸造",是指用易熔材料(通常用蜡料)制成模样,然后在模样上涂挂耐火涂料,经硬化后,再将模样熔化、排出型外,从而获得无起模斜度、无分型面、带浇注系统的整体铸型的方法。熔模铸造的工艺过程如图8.27所示。

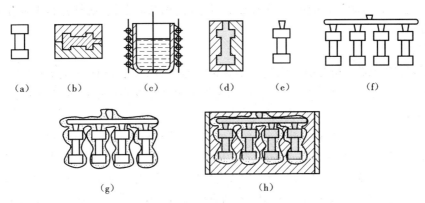

图 8.27　熔模铸造工艺过程
(a)母模;(b)压型;(c)熔蜡;(d)充满压型;(e)单一蜡模;
(f)蜡模组;(g)结壳、倒出熔蜡;(h)填砂浇注

1.蜡模制造

为制出蜡模要经过如下步骤。

（1）压型制造

压型是用来制造蜡模的专用模具。为了保证蜡模质量,压型必须有高的精度和低的粗糙度,而且型腔尺寸必须包括蜡料和铸造合金的双重收缩率。当铸件精度高或大批量生产时,压型常用钢或铝合金经切削加工而成;小批量生产时,可采用易熔合金(Sn、Pb、Bi 等组成的合金)、塑料或石膏直接在模样(母模)上浇注而成。

（2）蜡模的压制

制造蜡模的材料有石蜡、蜂蜡、硬脂酸、松香等，常采用50%石蜡和50%硬脂酸的混合料。

压制时，将蜡料加热至糊状后，在0.2～0.3 MPa下，将蜡料压入到压型内（图8.27(d)），待蜡料冷却凝固后取出，然后修去分型面上的毛刺，即得单个蜡模（图8.27(e)）。

（3）蜡模组装

熔模铸件一般较小，为提高生产率、降低铸件成本，通常将若干个蜡模焊在一个预先制好的直浇口棒上构成蜡模组（图8.27(f)），从而实现一箱多铸。

2. 结壳

结壳是在蜡模组上涂挂耐火材料，以制成一定强度的耐火型壳过程。由于型壳质量对铸件的精度和表面粗糙度有着决定性的影响，因此，结壳是熔模铸造的关键环节。结壳要经过几次浸挂涂料、撒砂、硬化、干燥等工序。

（1）浸涂料

将蜡模组置于涂料中浸渍，使涂料均匀覆盖在模组表层。涂料是由耐火材料（如石英粉）、黏结剂（如水玻璃、硅酸乙酯）组成的糊状混合物，这种涂料可使型腔获得光洁的表面。

（2）撒砂

撒砂是使浸渍涂料的蜡模组均匀地黏附一层较粗的石英砂，其主要目的是迅速增厚型壳。小批生产时采用手工撒砂，而大批量生产则在专门的撒砂设备上进行。

（3）硬化

为使耐火材料层结成坚固的型壳，撒砂之后，应进行化学硬化和干燥。

当以水玻璃为黏结剂时，经过空气中干燥一段时间后，将蜡模组浸在浓度约25%的 NH_4Cl 溶液中1～3 min。由于氯化铵与水玻璃发生化学反应，使分解出来的 SiO_2 迅速以胶态析出，将石英砂粘得十分牢固。此后，在空气中干燥7～10 min，形成1～2 mm厚的薄壳。

为了使型壳具有较高的强度，上述结壳过程要重复进行4～6次，最后制成5～12 mm厚的耐火型壳。在上述各层中，面层所用的石英粉和石英砂均较以后的各加固层细小，以获得高质量的型腔表面。

3. 脱模、焙烧和造型

（1）脱模

为了取出蜡模以形成铸型空腔，必须进行脱模。最简便的脱模方法是将附有型壳的蜡模组浸泡于85～95 ℃的热水中，使蜡料熔化，并经朝上的浇口上浮而脱除（图8.27(g)）。脱出的蜡料经过回收处理仍可重复使用。

除热水法外，还可采用高压蒸汽法。此时，将蜡模组倒置于高压釜内，通以0.2～0.5 MPa的高压蒸汽，使蜡料熔化。

(2)焙烧和造型

脱模后的型壳必须送入加热炉内加热到800~1 000 ℃进行焙烧,以去除型壳中的水分、残余蜡料和其他杂质。通过焙烧,可使型壳的强度增大,型腔更为干净。

若型壳的强度不足,可将型壳置于铁箱之中,周围用粗砂填充,即"造型"(图3.27(h)),然后再浇注。实践证明,若在加固层涂料中加入一定比例的黏土制成高强度型壳,则可不经过造型填砂便可直接进行浇注,因而缩短生产周期、降低铸件成本。

4.浇注、落砂和清理

为提高合金的充型能力,防止浇不足、隔冷等缺陷,常在焙烧出炉后趁热(600~700 ℃)进行浇注。待铸件冷却之后,将型壳破坏,取出铸件,然后去掉浇口、清理毛刺。

对于铸钢件还需进行退火和正火,以便获得所需的力学性能。

熔模铸造有如下优点。

①铸件的精度及表面质量高。如熔模铸造获得的涡轮发动机叶片,无须机加工便可直接使用。

②由于型壳用高级耐火材料制成,故能适应各种合金的铸造。这对于高熔点合金及难切削加工合金(如高锰钢、磁钢、耐热合金)的铸造具有明显优势。

③可铸出形状复杂的薄壁铸件以及不便分型的铸件。其最小壁厚可达0.3 mm,铸出的最小孔径为0.5 mm。

④生产批量不受限制,除适于成批、大量生产外,也可用于单件生产。

熔模造型的主要缺点是材料昂贵、工艺过程复杂、生产周期长(4~15天),铸件成本比砂型铸造高数倍。此外,难以实现全盘机械化和自动化生产,且铸件不能太大(或太长),一般质量为几十克到几千克,最大不超过25 kg。

熔模铸造是少、无切削加工工艺的方法之一,最适于高熔点合金精密铸件的成批、大量生产。它主要适用于形状复杂、难以切削加工的小零件。目前,熔模铸造已在汽车、拖拉机、机床、刀具、汽轮机、仪表、兵器等制造行业得到了广泛应用。

(二)金属型铸造

金属型铸造是在重力作用下将液态合金浇入金属铸型,以获得铸件的铸造方法。由于金属铸型可反复使用多次(几百次到几千次),故有永久型铸造之称。

1.金属型构造

金属型的材料一般采用铸铁,要求较高时可用碳钢或低合金钢。铸件的内腔可用金属型芯或砂芯形成,薄壁复杂件或铸铁、铸钢件多采用砂芯,而形状简单或有色金属件多采用金属型芯。

按照分型面的方位,金属型可分为整体式、垂直分型式、水平分型式和复合分型式。其中,垂直分型式便于开设浇口和取出铸型,也易于实现机械化生产,所以应用最广。金属型的排气依靠出气口及分布在分型面上的许多通气槽。为了使铸件能在高温下从铸型中取出,大部分金属型设有推杆机构。为便于取芯,金属型芯往往由几块拼合而成,浇注后依次逐块取出。

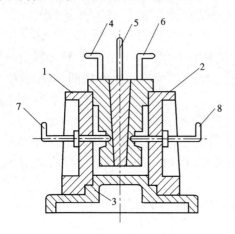

图 8.28　铸造铝活塞简图

1、2—左右半型;3—底型;
4、5、6—分块金属型芯;7、8—销孔金属型芯

图 8.28 为铸造铝活塞金属型典型结构简图,由图可见,它是垂直和水平分型相结合的复合结构,其左、右半型用铰链相连接,以开合铸型。由于铝活塞内腔存有凸台,整体型芯无法抽出,故而采用组合金属型芯。浇注后,先抽出 5,然后再取出 4 和 6。

2. 金属型的铸造工艺

由于金属型导热快,且没有退让性和透气性,为获得优质铸件和延长金属型的使用寿命,必须严格控制其工艺,主要包括金属型型腔和型芯表面喷刷涂料、预热金属型、稍高的浇注温度和合适的出型时间。通常,小型铸铁件的出型时间为 10 ~ 60 s,铸件温度为 780 ~ 950 ℃。

为防止铸铁件产生白口,壁厚不宜过薄(一般大于 15 mm),铁水中的碳、硅总含量应高于6%,同时,涂料中应加些硅铁粉。此外,采用孕育处理的铁水对预防白口也有显著效果。对于已经产生白口的铸铁,要利用出型时的自身余热及时退火。

3. 金属型铸造的特点和适用范围

金属型铸造具有许多优越性(与砂型铸造相比),具体如下。

①实现了"一型多铸",便于实现机械化和自动化生产,从而大大提高了生产率。

②铸件精度和表面质量提高,从而节省金属和减少切削加工工作量。

③由于冷却快,结晶组织致密,铸件的力学性能得到提高,如铸铝件的屈服强度平均提高20%。

④浇口和冒口尺寸较小,金属耗量减少,一般可节约金属 15% ~ 30%。

金属型铸造的主要缺点是金属型不透气,无退让性,铸件冷却速度大,容易出现浇不足、冷隔、裂纹等缺陷,而铸铁件又难以完全避免白口缺陷,因此铸造工艺要求严格,对铸件的形状和尺寸有着一定的限制。此外,制造金属型的成本高、周期长。

金属型铸造主要适用于有色合金铸件的大批量生产,如铝活塞、汽缸盖、油泵壳体、铜瓦、衬套、轻工业品等。对黑色金属铸件,只限于形状简单的中、小件。

(三)压力铸造

压力铸造(简称压铸)的实质是使液态或半液态合金在高压下(压射比压在几兆帕至几十兆帕范围内,甚至高达 500 MPa),以极高的速度充填压型(充填速度为 0.5 ~ 120 m/s;充填时间一般为 0.01 ~ 0.2 s,最短的只有千分之几秒),并在压力作用下凝固而获得铸件的一种方法。

高压力和高速度是压铸时液体金属充填成形过程的两大特点,也是压铸与其他铸造方法最根本的区别所在。此外,压型具有很高的尺寸精度和很低的表面粗糙度值。由于具有这些特点,使得压铸的工艺和生产过程,压铸件的结构、质量和有关性能都具有自己的特征。

1. 压力铸造的工艺方法

压铸机是压铸生产最基本的设备,它所用的铸型称为压型。压铸机分热压室式和冷压室式两类。

热压室式压铸机的工作原理如图8.29所示。其特点是压室和熔化合金的坩埚连成一体,压室浸在液体金属中,大多只能用于低熔点合金,如铅、锡、锌合金等。

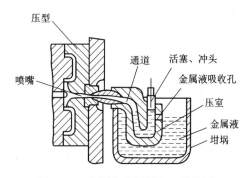

图8.29　热压室式压铸机工作原理

冷压室式压铸机分立式和卧式两类。卧式冷压室式压铸机工作原理如图8.30所示。其工作过程为:先闭合压型,用定量勺将金属液通过压室上的注液孔注入压室(见图8.30(a));活塞左行,将金属液压入铸型(见图8.30(b));稍停片刻,抽芯机构将型腔两侧型芯同时抽出,动型左移开型(见图8.30(c));活塞退回,铸件被推杆推出(见图8.30(d))。

为了制出高质量铸件,压型型腔的精度和表面质量必须很高。压型要采用专门的合金工具钢(如3Cr2W8V)来制造,并需严格的热处理。压铸时,压型应保持120~280℃的工作温度,并喷刷涂料。

2. 压力铸造的特点和适用范围

(1)压力铸造的优点

压力铸造有如下优点。

①铸件的精度及表面质量较其他铸造方法均高(尺寸精度IT11~13,表面粗糙度R_a3.2~0.8)。因此,压铸件不经机械加工或仅个别部位加工即可使用。

②铸件的强度和硬度都较高。如抗拉强度比砂型铸造提高25%~30%。因压型的激冷作用,且在压力下结晶,所以表层结

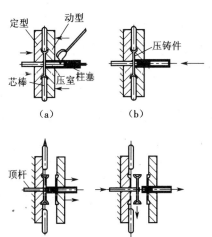

图3.30　卧式冷压室式压铸机的工作原理
(a)合型,向压室注入液态金属;
(b)将液态金属压入铸型;(c)芯棒退出,压型分开;
(d)柱塞退回,推出铸件

晶细密。

③可压铸出形状复杂的薄壁件或镶嵌件。这是由于压型精密,在高压下浇注,极大地提高了合金充型能力所致。可铸出极薄件,或直接铸出细小的螺纹、孔、齿槽及文字等。铸件的最小壁厚,锌合金为 0.3 mm,铝合金为 0.5 mm;最小铸孔直径,锌合金为 1 mm,铝合金为 2.5 mm;可铸螺纹最小螺距,锌合金为 0.75 mm,铝合金为 1.0 mm。此外,压铸可实现嵌铸,即压铸前先将其他材质的零件嵌放在铸型内,经压铸可将其与另外一种金属合铸为一体。

④生产率极高。在所有铸造方法中,压铸生产率最高,且随着生产工艺过程机械化、自动化程度进一步发展而提高。如我国生产的压铸机生产能力为 50 ~ 150 次/h,最高可达 500 次/h。

(2)压力铸造的不足

压铸虽是实现少、无屑加工非常有效的途径,但也存在许多不足。

①由于压铸型加工周期长、成本高,且压铸机生产效率高,故压铸只适用于大批量生产。

②由于压铸的速度极高,型腔内气体很难完全排出,常以气孔形式存留在铸件中。在热处理加热时,孔内气体膨胀将导致铸件表面起泡,因此,压铸件一般不能进行热处理,也不宜在高温条件下工作。同样,也不宜进行较大余量的机械加工,以防孔洞的外露。

③由于黑色金属熔点高,压型寿命短,故目前黑色金属压铸在实际生产中应用不多。

(3)压力铸造适用范围

压力铸造主要用于有色金属的中、小铸件的大量生产,以铝合金压铸件比例最高(30% ~35%),锌合金次之。在国外,锌合金铸件绝大部分为压铸件。铜合金(黄铜)比例仅占压铸件总量的 1% ~2%。镁合金铸件易产生裂纹,且工艺复杂,过去使用较少。我国镁资源十分丰富,随着汽车等工业的发展,预计镁合金的压铸件将会逐渐增多。

目前用压铸生产的最大铝合金铸件质量达 50 kg,而最小的只有几克。压铸件最大直径可达 2 m。

压力铸造应用的工业部门有汽车、仪表、电工与电子仪器、农业机械、航空、兵器、电子计算机、照相机及医疗器械等,如汽缸体、箱体、化油器、支架等。

(四)低压铸造

低压铸造是采用较低的压力(0.02 ~ 0.06 MPa),使金属液自下而上填充铸型,并在压力下结晶获得铸件的方法。

1. 低压铸造的基本原理

低压铸造的原理如图 8.31 所示。将熔好的金属液放入密封的电阻坩埚炉内保温。铸型(一般为金属型)安置在密封盖上,垂直的升液管使金属液与朝下的浇口相通。铸型为水平分型,金属型在浇注前必须预热,并喷刷涂料。

压铸时,先锁紧上半型,将压缩空气(或惰性气体)通入密封坩埚内,合金液在压力的作用下将沿升液管进入型腔,同时保持一定压力或适度增压,直至合金液冷却凝固完毕,然后释放坩埚内的气压,未凝固合金液在重力作用下返回坩埚。打开型腔取出铸件。

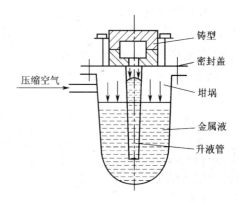

图 8.31　低压铸造的工作原理

2.低压铸造的特点和适用范围

低压铸造有如下特点。

①充型压力和速度便于控制,故可适应各种铸型,如金属型、砂型、熔模型壳、树脂型壳等。由于充型平稳,冲刷力小,且液流和气流的方向一致,不易产生气孔、夹渣、砂眼等缺陷。

②铸件轮廓清晰、组织致密,力学性能较高。这对于薄壁、耐压、防渗漏、气密性要求高的铸件尤为有利。

③浇注系统简单,浇口可兼冒口,金属利用率高,通常可达 90% 以上。

④设备简单、劳动条件好,容易实现机械化、自动化生产。

低压铸造的主要缺点是升液管寿命短,且保温过程中金属液易氧化。

低压铸造主要用于生产质量要求高的铝、镁合金铸件,如汽缸体、缸盖、活塞、曲轴等,已成功地铸造了重达 200 kg 的铝活塞、30 t 的铜螺旋桨及大型球墨铸铁曲轴铸件。从 20 世纪 70 年代起出现了侧铸式、组合式等高效低压铸造机,开展定向凝固及大型铸件的生产等研究,提高了铸件质量,扩大了低压铸造的应用范围。

(五)离心铸造

离心铸造是将液态合金浇入高速旋转(250～1 500 r/min)的铸型中,使其在离心力作用下充填铸型并结晶的铸造方法。离心铸造可以用金属型,也可以用砂型、熔模壳型;既适合制造中空铸件,也能生产成形铸件。

1.离心铸造的基本方法

为使铸型旋转,离心铸造必须在离心铸造机上进行。根据铸型旋转轴空间位置的不同,离心铸造机可分为立式和卧式两大类。立式离心铸造机上铸型是绕垂直轴旋转的,如图 8.32(a)所示。其优点是便于铸型的固定和金属的浇注,但其自由表面(即内表面)呈抛物线状,使铸件上薄下厚。主要用于高度小于直径的圆环类铸件,如活塞环。

卧式离心铸造机上的铸型绕水平轴旋转,如图 8.32(b)所示,铸件各部分的冷却条件相近,铸件沿轴向和径向的壁厚均匀,因此适于生产长度大于直径的套筒、管类铸件(如铸铁水管、煤气管),是最常用的离心铸造方法。

离心铸造也可用于生产成形铸件,此时,多在立式离心铸造机上进行。如图8.33所示,铸型紧固于旋转工作台上,浇注时金属液填满型腔,故不形成自由表面。成形铸件的离心铸造虽未省去型芯,但在离心力的作用下,提高了金属液的充型能力,便于薄壁铸件的形成,而且,浇口可起补缩作用,使铸件组织致密。

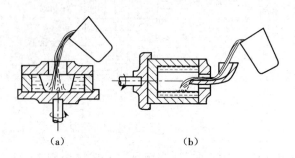
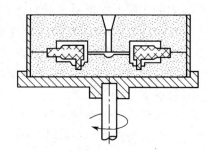

图8.32 离心铸造示意图

(a)立式离心铸造机;(b)卧式离心铸造机

图8.33 成形铸件的离心铸造

2.离心铸造的特点和适用范围

由于液体金属是在离心力的作用下完成充填、成形和凝固过程的,所以离心铸造具有如下一些优点。

①铸型中的液体金属能形成中空圆柱形自由表面,可省去型芯和浇注系统,因而省工、省料,降低了铸件成本。

②合金的充型能力强,可用于浇注流动性较差的合金和薄壁件的生产。

③铸件自外向内定向凝固,补缩条件好。液体金属中的气体和夹杂物因密度小易向内腔(自由表面)移动而排除。因此,离心铸件的组织致密、缩松及夹杂等缺陷较少,力学性能好。

④可生产双金属中间圆柱形铸件,如铜套镶铜轴承、复合轧辊等,从而降低成本。

离心铸造的缺点是对于某些合金(如铅青铜、铅合金、镁合金等)容易产生重度偏析。在浇注中空铸件时,其内表面较粗糙,尺寸难以准确控制。

因需要较多的设备投资,故不适宜单件、小批生产。离心铸造发展至今已有几十年的历史。我国20世纪30年代开始采用离心铸造生产铸铁管。现在离心铸造已是一种应用广泛的铸造方法,常用于生产铸管、铜套、缸套、双金属钢背铜套等。对于双金属轧辊、加热炉滚道、造纸机干燥滚筒及异形铸件(如叶轮等),采用离心铸造也十分有效。目前已有高度机械化、自动化的离心铸造机,有年产量达数十万吨的机械化离心铸管厂。

思考与练习

1.简述分型面的确定原则。

2. 简述浇注位置的确定原则。

3. 浇注系统的组成和作用是什么？

4. 何为缩孔和缩松？它们的形成原因是什么？

5. 冒口的作用是什么？

第 9 单元　锻压成形技术与实训

学习目标

1. 了解锻压的分类、特点、应用。

2. 理解塑性变形对金属组织和性能的影响以及常用金属的锻压性能。

3. 了解自由锻的主要工序及工艺要点。

4. 了解其他常用锻压方法的特点及应用、锻压技术发展趋势。

5. 初步具备合理选择典型零件的锻压方法、分析锻件结构工艺性，具有锻件质量与成本分析的初步能力。

任务要求

锻造虽然是一项古老的成形工艺,但在信息时代是不是用得很少了？采用锻造方法成形的机械零件有哪些？这些零件通常采用什么样的毛坯,再经切削加工制成？对于特大型的零部件如水轮机主轴、多拐曲轴、人型连杆等,唯一可行的加工方法是什么？锤上自由锻实训的安全规则有哪些？

任务分析

锻压成形技术是指对金属材料施加外力作用,利用金属的塑性使其产生塑性变形,从而获得具有一定的形状、尺寸、组织和性能的工件或毛坯的加工方法,也称为塑性加工或压力加工。塑性成形使金属组织致密、晶粒细小、力学性能提高。常见的塑性成形方法有:锻造、冲压、挤压、轧制、拉拔等。

用于塑性成形的金属材料包括黑色金属和有色金属,大多数金属及其合金均具有一定的塑性,可在热态或冷态下进行各种塑性成形。

锻压成形技术具有零件性能好、尺寸精度高、寿命长、材料利用率高、切削工作量小、生产效率高等一系列特点,可广泛应用于机械制造、汽车、拖拉机、仪表、容器、造船、冶金、建筑、家用器具、包装、航空、航天等工业领域。

该项目是关于锻压成形技术与基础实训方面的问题,不仅牵涉到锻压工艺,而且还涉及锻件质量与成本,因此需要学习以下相关新知识。

相关新知识

一、锻压工艺基础

(一)概述

锻压是对坯料施加外力,使其产生塑性变形,改变形状、尺寸及改善性能,用于制造机器零件、工件或毛坯的成形加工方法。它是锻造与冲压的总称。

锻造是在加压设备及工(模)具作用下,使坯料、铸锭产生局部或全部的塑性变形,以获得一定几何尺寸、形状和质量的锻件的加工方法。经锻造过的金属材料,具有细晶粒结构;能使粗大枝晶和各种夹杂物都沿着金属流动方向被拉长,呈现纤维结构;并能使铸造时的内部缺陷(如微裂纹、气孔、缩松等)得以压合,提高力学性能。因此,与铸态金属相比,锻件的性能得到了极大的改善。很多承受重载荷、受力复杂的机器零件或毛坯都使用锻件,如机床的主轴和齿轮、内燃机的连杆、起重机的吊钩等。另外,锻造适用范围广,使用模型锻造有较高的生产率,节约材料。但在锻造过程中,由于高温下金属表面的氧化和冷却收缩等各方面的原因,锻造精度不高,表面质量不好,加之锻件结构工艺性的制约,锻件通常只作为机器零件的毛坯。

冲压是指板料在冲压设备及模具作用下,通过塑性变形产生分离或变形而获得制件的加工方法。冲压通常是在再结晶温度以下完成变形的,因而也称为冷冲压。冲压件具有刚性好、结构轻、精度高、外形美观、互换性好等优点。因此广泛应用于汽车、拖拉机外壳、电器、仪表及日用品生产。

常见的锻压方法包括轧制、挤压、拉拔、自由锻造、模型锻造、冲压等加工方法,其典型工序实例如图9.1所示。

锻压加工是以金属的塑性变形为基础的,各种钢和大多数非铁金属及其合金都具有不同程度的塑性,因此它们可在冷态或热态下进行锻压加工,而脆性材料(如灰铸铁、铸造铜合金、铸造铝合金等)则不能进行锻压加工。

金属锻压加工的主要特点有如下几点。

①能改善金属内部组织,提高金属的力学性能。

②节省金属材料。与直接切削钢材的成形方法相比,还可以节省金属材料的消耗,而且也节省加工工时。

③生产效率较高。如齿轮轧制、滚轮轧制等制造方法均比机械加工的生产率高出几倍甚至几十倍。

④不能获得形状很复杂的制件,其制件的尺寸精度、形状精度和表面质量还不够高。

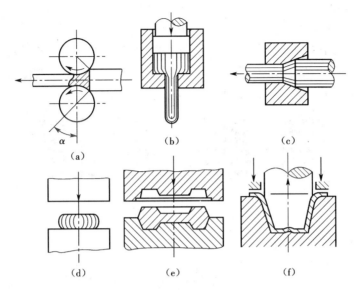

图 9.1　常用的锻压加工方法
(a)轧制；(b)挤压；(c)拉拔；(d)自由锻造；(e)模型锻造；(f)冲压

⑤加工设备比较昂贵，制件的成本比铸件高。

本单元重点介绍锻压的分类、特点、应用，塑性变形对金属组织和性能的影响，自由锻的主要工序及工艺要点，锻压件的特点及应用。

（二）金属的塑性变形

1.金属塑性变形的实质

金属材料在外力作用下要经历两个变形阶段——弹性变形阶段和塑性变形阶段。

在外力不超过弹性极限时，金属材料只发生弹性变形，一旦去除外力，由它引起的变形即消失。这是由于金属在弹性变形状态下，其内部原子间的距离会有所改变，但去掉外力以后其距离即恢复原状。而当外力继续增大，使金属的内部应力超过了该金属的屈服极限以后，即使去除外力引起的变形也不会自行消失，这就是塑性变形。其实质是内部应力迫使晶粒内部和晶粒间产生滑移和转动，从而产生了塑性变形。

日常生活中，人们用手折弯钢丝即是一个可用来说明弹性、塑性变形的很好的例子。当弯曲程度小时，发生弹性变形，松手后，钢丝恢复原来的直线状态；当弯曲程度大时，发生塑性变形，松手后，仍保持弯曲状态。

2.塑性变形的基本形式

一般来说实际使用的金属都是多晶体，而其塑性变形的机理较为复杂。因此，为了便于理解，必须先了解单晶体的塑性变形规律。

(1)单晶体的塑性变形

单晶体的塑性变形方式主要为滑移和孪晶。

滑移是金属中最常见的一种塑性变形方式。它是指晶体的一部分沿一定的晶面(原子密排晶面)和晶向(原子密排晶向)相对于另一部分产生相对位移。图9.2所示的是单晶体以滑移方式进行的塑性变形。

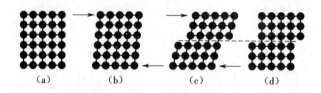

图9.2　单晶体滑移示意图

(a)未变形;(b)弹性变形;(c)弹塑性变形;(d)塑性变形

滑移的过程是位错运动的过程,并非刚性整体滑动,故实际需要的临界剪应力远小于理论临界剪应力。这也说明了滑移的实质是在切应力的作用下,位错沿滑移面的运动。

除了滑移,金属晶体有时还可以以孪晶的方式产生塑性变形。

(2)多晶体的塑性变形

多晶体是由许多微小的单个晶粒杂乱组合而成的。实验证明,晶界和晶粒对常温塑性变形有显著的阻碍作用。因此,多晶体的塑性变形抗力要比同种金属的单晶体大得多。

金属的晶粒越细,其晶界的总面积越大,每个晶粒周围具有不同方位的晶粒数目越多,金属的塑性变形抗力便越大,其强度便越高,而且塑性、韧性也越好。这是因为晶粒越细,在一定体积内的晶粒数目越多,变形时同样的变形量可分散在更多的晶粒中发生,产生较均匀的变形,而不至于造成局部的应力集中,引起裂纹过早产生和发展。另外晶粒越细,晶界的曲折越多,越不利于裂纹的传播,从而使其在断裂前能够承受较大的塑性变形,具有较高的抗冲击能力,即表现出较高的塑性和韧性。因此,根据这一原理,在生产时经常通过压力加工及热处理等工艺,使金属获得细而均匀的组织,从而达到强化金属的目的。

(三)塑性变形后金属的组织和性能

1.金属的冷变形强化

金属在冷塑性变形时,随着变形程度的增加,会因各部分变形不均匀以及晶格严重畸变等,出现强度和硬度提高、塑性和韧性下降的现象,称为冷变形强化,亦称加工硬化或形变强化。形变强化的主要原因是碎晶及晶格扭曲增加了滑移阻力。

在实际生产中,形变强化可作为强化金属的一种手段,特别是对那些不产生相变,不能通过热处理强化的金属材料,如某些非铁金属及其合金、奥氏体合金钢等。另外,形变强化也常常在零件短时过载时,提供一定程度的安全保证。例如发电机的护环、某些冷冲模具的凹模环等等,就是利用冷塑性变形产生的形变强化,在零件内部产生与其所受工作应力方向相反的预应力,以达到强化金属、提高工件寿命的目的。

形变强化的不良影响是:由于塑性、韧性降低给进一步变形带来困难,不利于金属材料的使用及后续加工,甚至导致裂纹和脆断。冷变形产生的材料各向异性还会引起材料的不均匀变形。例如,冷轧钢板会因残余应力的作用而发生翘曲,长轴类零件在切削加工后发生弯曲等。故金属在冷塑性变形后,为消除或降低残余应力,通常要进行退火处理。

2 金属的回复与再结晶

形变强化是一种不稳定现象,具有自发回复到稳定状态的倾向。在低温下原子活动能力较低,当加热温度升高时,金属原子获得了热能,热运动加剧,内应力会明显下降,而显微组织变化不明显,各种性能将略有不同程度的恢复,此过程即称为"回复"。

回复主要用作去应力退火。生产中常用于变形金属需要保留形变强化性能,而降低其内应力或改善某些性能的场合。例如,对冷卷弹簧钢丝,对铸件、焊件等进行的去应力退火,也都是通过回复作用来实现的。

金属回复的温度约为:

$$T_{回} = 0.3 T_{熔}$$

其单位为绝对温标 K。

加热温度继续升高至某一数值时,变形金属内将形成一些位错密度很低的新晶粒,这些新晶粒不断生长和增加,直至全部取代已变形的高位错密度的变形晶粒。这一过程称为再结晶过程。金属回复和再结晶过程组织变化如图 9.3 所示。

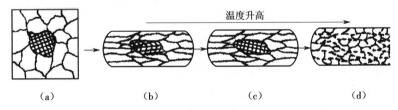

温度升高

(a)　　　(b)　　　(c)　　　(d)

图 9.3　金属回复与再结晶过程组织变化示意

(a)变形前;(b)变形后;(c)回复;(d)再结晶

再结晶后的金属,其强度、硬度显著下降,塑性、韧性提高,内应力和形变强化完全消除,金属恢复到冷变形前的状态。能够进行再结晶的最低温度称为金属的再结晶温度。金属的再结晶温度一般与其预先变形程度、化学成分、加热速度等因素有关。预先变形程度越大,其再结晶温度便越低。当变形达到一定程度之后,再结晶温度便趋于某一最低极限值,称为"最低再结晶温度"$T_{再}$。工业纯金属的最低再结晶温度与其熔点之间存在如下关系:

$$T_{再} = 0.4T_{熔}$$

在实际生产中,把消除形变强化、提高塑性的热处理退火工艺称为"再结晶退火"或中间退火,常用于冷挤、冷轧或冷冲压过程中,以消除形变强化,以利后续工序成形。

为了缩短退火周期,提高生产率,再结晶退火的实际温度通常要比再结晶温度提高 $100 \sim 200$ ℃。

冷变形的金属,通过再结晶一般都能得到细小而均匀的等轴晶粒。但是如果加热温度过高或加热时间过长,则晶粒会明显长大,成为粗晶粒组织。

3. 冷变形与热变形

若金属材料在回复、再结晶温度以下变形,则位错密度上升,发生形变强化,强度、硬度提高,韧性降低,称为冷变形。冷变形在工业生产中应用很普遍,如冷冲压、冷挤、冷锻等。

如果变形时温度超过再结晶温度,变形速度也不高,这时由于再结晶软化的原因,使得金属材料的变形能顺利进行,这称为热变形。热变形同样在工业生产中应用广泛,如热锻、热轧、热挤压等。但需要注意的是,一些成分复杂的高合金钢、高温合金、某些有色金属等,由于成分复杂,再结晶速度缓慢,如变形速度较高,大于再结晶速度,那么即使在再结晶温度以上进行热变形,也仍会出现形变强化,甚至开裂。

4. 锻造流线与锻造比

在锻造时,金属的脆性杂质被打碎,顺着金属主要伸长方向呈碎粒状或链状分布;塑性杂质随着金属变形沿主要伸长方向呈带状分布,这样热锻后的金属组织就具有一定的方向性,并沿着金属塑性变形方向能形成流线组织,称为锻造流线。

锻造流线的明显程度和锻造比有关,而锻造比的大小可用热变形程度来表示。锻造比是锻造时金属变形程度的一种表示方法,通常用变形前后的截面比、长度比或高度比 Y 来表示。即:

拔长时的锻造比为 $\quad Y_{拔} = F_0/F = L/L_0$

镦粗时的锻造比为 $\quad Y_{镦} = H_0/H = F/F_0$

式中: Y ——锻造比;

H_0、L_0、F_0 ——变形前坯料的高度、长度和横截面积;

H、L、F ——变形后坯料的高度、长度和横截面积。

锻造比和热变形程度越大,则金属的组织和性能改善就越明显,而且锻造流线也越明显。

锻造流线使金属的力学性能呈各向异性。当分别沿着流线方向和垂直流线方向拉伸时,前者有较高的抗拉强度。当分别沿着流线方向和垂直流线方向切断时,后者有较高的抗剪强度。

锻造流线不会因热处理而改变,只能用热变形来改变流线的分布、流向和形状。最理想的流线分布是流线沿零件轮廓分布而不被切断。例如吊钩采用弯曲工序成形时,就能使流线方向与吊钩受力方向一致,如图9.4(a)所示,从而可提高吊钩承受拉伸载荷的能力。图9.4(b)所示锻压成形的曲轴中,其流线的分布是合理的。图9.4(c)是切削成形的曲轴,由于流线不连续,所以流线分布不合理。

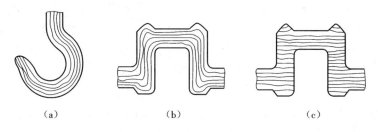

图9.4　吊钩、曲轴中的流线分布
(a)吊钩;(b)锻压成形曲轴;(c)切削成形曲轴

（四）金属的锻造性能

金属的锻造性能是指金属在塑性成形时获得优质零件的难易程度。金属锻造性能好,表明该金属适于采用锻压加工方法成形。合金的锻造性能常用合金的塑性和变形抗力来综合衡量。塑性越好,变形抗力越小,则合金的锻造性能越好。反之,则合金的锻造性能差。金属的锻造性能决定于金属的本质和变形条件。

所谓塑性,是指金属材料在外力作用下能稳定地改变自己的形状和尺寸而各质点间的联系不被破坏的性能。金属的塑性不是固定不变的,同一种材料,在不同的变形条件下,会表现出不同的塑性。例如铅在通常情况下具有极好的塑性,但在三向等拉应力的作用下,会像脆性材料一样破坏,而不产生任何塑性变形。

塑性加工时,作用在工具表面单位面积上变形力的大小称为变形抗力。变形抗力取决于工件的受力状况和变形条件下材料的真实应力。由于真实应力、屈服极限、强度极限等在一定程度上反映材料的变形抗力,因此也把它们作为材料的变形抗力指标来讨论。

注意:塑性和变形抗力是两个不同的概念,简单地说,前者反映材料塑性变形的能力,后者反映塑性变形的难易程度。塑性好不一定变形抗力低,反之亦然。

综上,影响金属锻造性能的因素有如下几点。

1.加工条件

（1）锻造温度范围

钢的锻造温度范围是指锻件由始锻温度至终锻温度的间隔,它能保证金属在锻造过程中有良好的锻造性能,又能使金属有足够的锻造时间。

（2）变形速度

变形速度与塑性和变形抗力的关系如图9.5所示。由图可见,变形速度对金属锻造性能的影响有两个方面:一方面,当变形速度较大时,由于来不及完成回复和再结晶,不能及时消除加工硬化,使锻造性能下降;另一方面,当变形速度低时,能充分

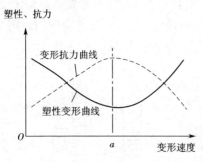

图 9.5　变形速度与塑性和
变形抗力的关系

进行回复和再结晶,故锻造性能良好。

2. 内在因素

(1)金属组织

纯金属和固溶体的锻造性能好,含较多金属碳化物时锻造性能较差;粗晶粒和有其他缺陷的金属锻造性能差;晶粒细小且组织均匀的金属锻造性能好。

(2)化学成分

通常情况,不同化学成分的金属,其塑性不同,锻造性能也不相同。纯铁的塑性比碳钢好,抵抗变形的抗力也小,低碳钢的锻造性能比高碳钢好。

实践证明:三个方向中压应力数目愈多,可锻性愈好;拉应力数目愈多,可锻性愈差。因此,许多用普通锻造效果不好的材料改用挤压后可达到加工的目的。

(五)坯料的加热和锻件的冷却

1. 坯料的加热

加热的目的是提高坯料的塑性并降低变形抗力,以改善其锻造性能,一般来说,随着温度的升高,金属材料的强度降低而塑性提高,变形抗力下降,用较小的变形力就能使坯料稳定地改变形状而不出现破裂。

(1)始锻温度与终锻温度

坯料在锻造时,所允许的最高加热温度,称为该材料的始锻温度。加热温度高于始锻温度,会使锻件质量下降,甚至造成废品。各种材料停止锻造的温度,称为该材料的终锻温度。低于终锻温度继续锻造,由于塑性变差,变形抗力大,不仅难以继续变形,且易断裂,必须及时停止锻造,重新加热。

每种金属材料,根据其化学成分的不同,始锻和终锻温度都是不一样的。几种常用金属材料的锻造温度范围见表 9.1。

碳钢在加热及锻造过程中的温度变化可通过观察火色(即坯料的颜色)的变化大致判断。碳钢的加热温度与火色的关系见表 9.2。

表 9.1　常用金属材料的锻造温度范围

材料种类	始锻温度/℃	终锻温度/℃
低碳钢	1 200 ~ 1 250	800
中碳钢	1 150 ~ 1 200	800
合金结构钢	1 100 ~ 1 180	850
铝合金	450 ~ 500	350 ~ 380
铜合金	800 ~ 900	650 ~ 700

表 9.2　碳钢的加热温度与火色的关系

温度/℃	1 300	1 200	1 100	900	800	700	小于600
火色	白色	亮黄	黄色	樱红	赤红	暗红	黑色

（2）加热炉

在工业生产中,锻造加热炉有很多种,如明火炉、反射炉、室式重油炉等。也可采用电能加热。

典型的电能加热设备是高效节能红外箱式炉,其结构如图9.6所示。它采用硅碳棒为发热元件,并在内壁涂有高温烧结的辐射涂料,加热时炉内形成高辐射均匀温度场,因此升温快,单位耗电低,达到节能目的。红外炉采用无级调压控制柜与其配套,具有快速启动、精密控温、送电功率和炉温可任意调节的特点。

2.锻件冷却方法

锻件的冷却方法也是影响锻件质量的重要因素之一。如果冷却方法不适当,可使锻件产生翘曲变形、硬度过高和裂纹等缺陷。锻件的冷却方法主要根据材料的化学成分、锻件形状和截面尺寸等因素来确定。

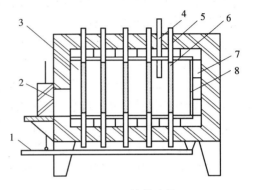

图 9.6　红外箱式炉
1—踏杆;2—炉门;3—炉膛;4—温度传感器;
5—硅碳棒冷端;6—硅碳棒热端;7—耐火砖;
8—反射层

低、中碳钢和低合金结构钢的小型锻件一般采用空冷(在无风的空气中冷却);合金钢、碳素工具钢采用坑冷或箱冷(在干砂子、石棉灰、炉灰等隔热材料覆盖下冷却);高碳钢和合金钢的大型锻件以及高合金钢的重要锻件采用炉冷(在 500～700 ℃炉中随炉缓冷)。一般来说,锻件中碳及合金元素的含量愈高,锻件尺寸愈大,形状愈复杂,则冷却速度应愈缓慢。

二、自由锻

自由锻是自由锻造的简称,是金属塑性成形的一种方法。它是利用锻压设备上下砧块和一些简单通用工具,使坯料在压力作用下产生塑性变形,从而获得所需锻件的一种加工方法。

自由锻所用工具和设备简单,通用性好,成本低。同铸造毛坯相比,自由锻消除了缩孔、缩松、气孔等缺陷,使毛坯具有更高的力学性能。因此,它在重型机器及重要零件的制造上有特别重要的意义。

自由锻是靠人工操作来控制锻件的形状和尺寸的,所以锻件精度低,加工余量大,劳动强度大,生产率也不高,因此它主要应用于单件、小批量生产。

根据锻造设备类型不同,自由锻可分为锻锤自由锻和水压机自由锻两种。前者用于锻造中、小锻件,后者用于锻造大型锻件。

自由锻造具有以下三个特点。

①自由锻使用工具简单,通用性强,灵活性大,因此适合单件小批锻件的生产。

②自由锻锻件是由坯料逐步变形而成的,工具只与坯料部分接触,故所需设备功率比模锻要小得多,所以自由锻适于锻造大型锻件。如万吨模锻水压机只能模锻几百公斤的锻件,而万吨自由锻水压机却可锻造重达百吨以上的大型锻件。可见,对于大型锻件,只能采用自由锻成形。

③自由锻是靠人工操作来控制锻件的形状和尺寸,所以锻件的精度差,锻造生产率低,劳动强度较大。

对于碳钢和低合金钢的中小型锻件,原材料大多是经过锻轧而质量较好的钢材,在锻造时主要考虑的是成形问题,要求掌握金属的流动规律,合理运用各种变形工序,以便有效而准确地获得所需形状和尺寸的锻件;而对于大型锻件和高合金钢锻件,一般是以内部组织较差的钢锭为原材料,锻造的关键是保证内部质量。为保证锻件的内部质量,除了提高原材料的冶炼质量之外,还应从锻造工艺方面采取措施。

(一)自由锻设备

根据施加在锻件上作用力的性质,自由锻设备可分为锻锤(空气锤、蒸汽-空气锤)和液压机(水压机、油压机)两大类。锻锤产生的冲击力和液压机产生的静压力使金属变形。

1. 空气锤

空气锤是生产中小型锻件的常用设备,其外形和结构如图 9.7 所示。空气锤由自身携带的电动机直接驱动,落下部分质量在 40 ~ 1 000 kg 之间,锤击能量较小,只能锻造 100 kg 以下的小型锻件。

空气锤主要由以下几个主要部分组成。

①机架,又称锤体,由工作缸、压缩缸、锤身和底座组成。

②传动部分,由电动机、减速器、曲柄连杆及压缩活塞等组成。

③操纵部分,由上、下旋阀,旋阀套和操纵手柄(踏杆)等组成。

④工作部分,包括落下部分(工作活塞、锤杆和上砧块)和锤砧(下砧、砧垫、砧座)。

为满足锻造的稳定性,砧座的质量要求不小于落下部分质量的 12 ~ 15 倍。砧座安装在坚固的钢筋混凝土基础上,而且在砧座与基础之间垫有垫木,以消除打击时产生的震动。

空气锤的特点是:锤头速度可达到 7 ~ 8 m/s,不需要辅助设备,操作方便,但结构较复杂,锤击能力有限,所以广泛应用于中小型锻件的生产。

2. 水压机

水压机的优点在于它以静压力代替锻锤的冲击力,上砧铁速度为 0.1 ~ 0.3 m/

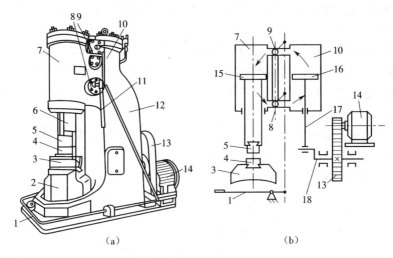

图 9.7　空气锤

（a）外形示意图；（b）结构图

1—踏杆；2—砧座；3—砧垫；4—下砧铁；5—上砧铁；6—锤头；7—工作缸；8、9—旋阀；10—压缩缸；11—手柄；12—锤身；13—减速机构；14—电动机；15—工作活塞；16—压缩活塞；17—连杆；18—曲柄

s,从而避免了对地基及建筑物的震动,工作环境噪声小,也比较安全。水压机的压力在整个冲程中是不变的,故能充分利用有效冲程进行锻造,它比锤上锻造更容易达到较大的锻透深度,锻件的整个截面可获得细晶粒组织。水压机的缺点是设备庞大,并需一套供水系统和操纵系统,造价较高。水压机的规格用压力来表示,也称吨位。水压机施加的压力可达 8 000 ~ 120 000 kN,所锻钢锭的质量为 1 ~ 300 t,广泛用于碳素钢、合金钢、高合金钢及特殊钢等大型锻件的单件小批生产中。

（二）自由锻的基本工序

根据作用与变形要求的不同,自由锻的工序分为基本工序、辅助工序和精整工序三类。实现锻件基本成形的工序称为基本工序,如镦粗、拔长、冲孔、弯曲、扭转和切割等;基本工序前要有做准备的辅助工序,如压钳口、压钢锭棱边和切肩等;基本工序后要有修整形状的精整工序,如滚圆、摔圆、平整和校直等。

1. 镦粗

镦粗是使坯料高度减小、截面增大的锻造工序,如图 9.8 所示。镦粗通常用来生产盘类工件毛坯,如齿轮坯、法兰盘等。圆钢镦粗下料的高径比要满足 $h_0/d_0 = 2.$

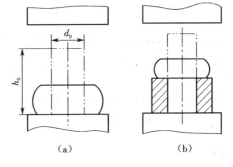

图 9.8　镦粗

（a）全部镦粗；（b）局部镦粗

5 ~3,坯料太高,镦粗时会发生侧弯或双鼓变形,锻件易产生夹黑皮折叠而报废。

2. 拔长

拔长是使坯料的长度增加、截面减小的锻造工序。通常用来生产轴类件毛坯,如车床主轴、连杆等。拔长时,每次的送进量 L 应为砧宽 B 的 $0.3 \sim 0.7$ 倍。若 L 太大,则金属横向流动多,纵向流动少,拔长效率反而下降;若 L 太小,又易产生夹层。一般 $L > \Delta h/2$。

拔长过程中应做 90° 翻转,较重锻件常采用锻打完一面再翻转 90° 锻打另一面的方法;较小锻件则采用来回翻转 90° 的锻打方法,如图 9.9 所示。

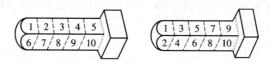

图 9.9　拔长时坯料的翻转方法

3. 冲孔

冲孔是用冲子在坯料上冲出通孔或不通孔的锻造工序。实心冲头双面冲孔如图 9.10 所示,在镦粗平整的坯料表面上先预冲一凹坑,放少许煤粉,再继续冲至约 3/4 深度时,借助于煤粉燃烧的膨胀气体取出冲子,翻转坯料,从反面将孔冲透。

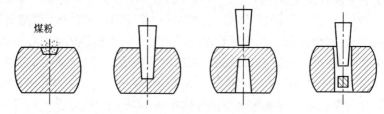

图 9.10　实心冲头双面冲孔

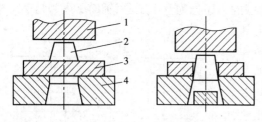

图 9.11　实心冲头单面冲孔
1—上砧;2—冲头;3—坯料;4—漏盘

实心冲头单面冲孔如图 9.11 所示,主要用于扁薄形锻件,防止冲孔时产生较大的变形。

4. 弯曲

弯曲是使用一定的工具将坯料弯曲成一定角度或形状的锻造工序。弯曲工艺常用来生产吊钩、弯板、链环等。图 9.12 为弯曲方法示意图。

5. 扭转

使坯料的一部分相对另一部分旋转一定角度的锻造工序叫扭转,扭转工序可用来制造多拐曲轴和连杆等。图9.13为扭转方法示意图。

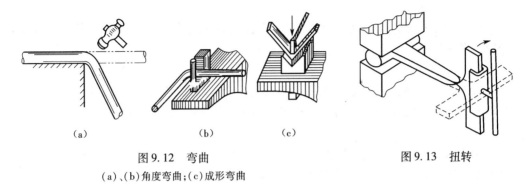

图9.12　弯曲
（a）、（b）角度弯曲；（c）成形弯曲

图9.13　扭转

6.切割

分割坯料或切除料头的锻造工序叫切割。切割的工具叫剁刀。切割常用于下料和切割锻件的余料。

7.错移

使坯料一部分相对于另一部分错开，但两部分轴线仍保持平行的工序叫错移。错移工序可用于曲轴等的制造。

（三）锤上自由锻实训的安全规则

锤上自由锻实训的安全规则如下。

①工作前必须进行设备和工具检查，如上下砧铁的楔铁有无松动，火钳、垫铁、冲子等有无开裂及铆钉松动的现象。

②选择火钳时必须使钳口与锻件的截面形状相适应，以保持夹持牢固。

③握钳时应握紧火钳的尾部，并将钳把置于体侧。严禁把钳把等工具尾部对准身体正面，或将手指放入钳股之间。

④锻打时，锻件应放在砧铁中部，锻件及垫铁等工具必须放正、放平，以防飞出伤人。

⑤踩锻锤踏杆时，脚跟不许悬空，非锤击时，应随时将脚离开踏杆，以防误踏失事。

⑥两人和多人配合操作时，必须听从掌钳者的统一指挥，冲孔及剁料时，司锤者应听从拿剁刀及冲子者的统一指挥。

⑦严禁用锤头空击砧铁，也不许锻打过烧或已冷的锻件。

⑧放置及取出工件、清除氧化皮时，必须使用火钳、扫帚等工具，不许将手伸入上下砧铁之间。

（四）自由锻工艺规程的制定

制定工艺规程、编写工艺卡片是进行自由锻生产必不可少的技术准备工作，是组织生产过程、规定操作规范、控制和检查产品质量的依据。自由锻工艺规程包括以下几个内容。

1.绘制锻件图

锻件图是在零件图的基础上结合自由锻工艺特点绘制而成的。绘制锻件图应考虑以下几个因素。

(1)余块(敷料)

余块是为了简化锻件形状、便于进行锻造而增加的一部分金属。当零件上带有难以直接锻出的凹槽、台阶、凸肩、小孔时,均须添加余块,如图9.14(a)所示。

(2)锻件余量

由于自由锻锻件的尺寸精度低、表面质量差,所以,应在零件的加工表面上增加供切削加工用的金属,该金属称为锻件余量。锻件余量的大小与零件的尺寸、形状等因素有关。零件越大,形状越复杂,则余量越大。具体数值结合生产的实际条件查表确定。

(3)锻件公差

锻件公差指锻件的实际尺寸与基本尺寸之间所允许的偏差。公差值的大小根据锻件形状、尺寸并考虑到生产的具体情况加以选取。

确定了余块、加工余量和公差后便可绘出锻件图,如图9.14(b)所示。锻件图的外形用粗实线表示,零件外形用双点画线画出。锻件的基本尺寸与公差标注在尺寸线上面,下面用括弧标注出零件尺寸。

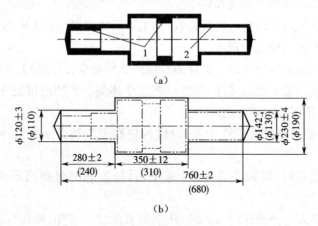

(a)

(b)

图9.14 典型锻件图

(a)锻件的余量及余块;(b)锻件图

1—余块;2—余量

2.坯料的质量及尺寸计算

坯料质量可按下式计算:

$$g_{坯料} = g_{锻件} + g_{烧损} + g_{料头}$$

式中:$g_{坯料}$——坯料质量;

$g_{锻件}$——锻件质量；

$g_{烧损}$——加热时坯料表面氧化而烧损的质量，第一次加热取被加热金属的2%
～3%，以后各次加热取1.5%～2.0%；

$g_{料头}$——在锻造过程中冲掉或被切掉的那部分金属的质量，如冲孔时坯料中部
的料芯、修切端部产生的料头等。

当锻造大型锻件采用钢锭作坯料时，还要同时考虑切掉的钢锭头部和钢锭尾部
的质量。

确定坯料尺寸时，应考虑到坯料在锻造过程中锻造比的问题。对于以碳素钢锭
作为坯料并采用拔长方法锻制的锻件，锻造比一般不小于2.5～3；如果采用轧材作
坯料，则锻造比可取1.3～1.5。

根据计算所得的坯料质量和截面大小，可确定坯料的尺寸，或选择适当尺寸的
钢锭。

3. 选择锻造工序

自由锻锻造的工序是根据工序特点和锻件形状来确定的。一般锻件的大致分类
及所采用的工序见表9.3。

表9.3 锻件分类及所需锻造工序

锻件类型	图 例	锻造工序
盘类锻件	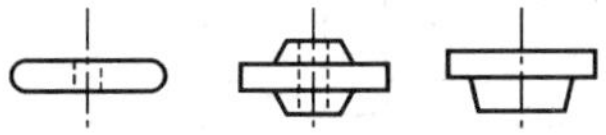	镦粗（或拔长及镦粗），冲孔
轴类锻件	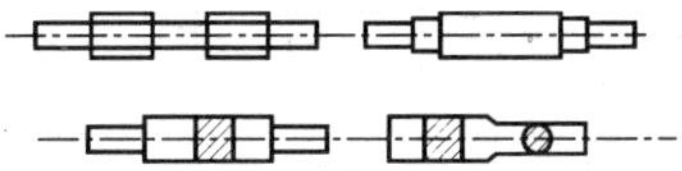	拔长（或镦粗及拔长），切肩和锻台阶
筒类锻件	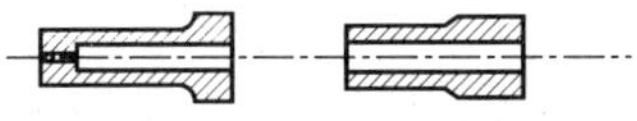	镦粗（或拔长及镦粗），冲孔，在心轴上拔长
环类锻件		镦粗（或拔长及镦粗），冲孔，在心轴上扩孔
曲轴类锻件	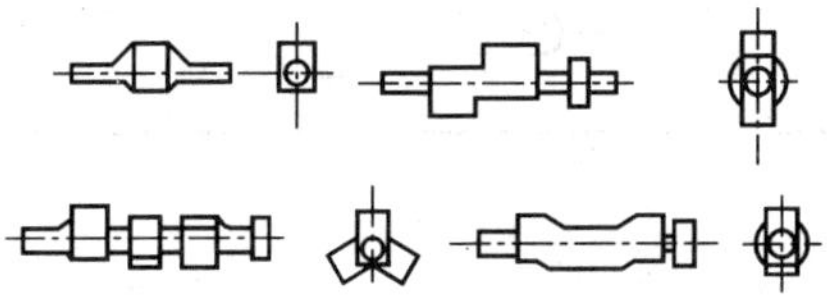	拔长（或镦粗及拔长），错移，锻台阶，扭转
弯曲类锻件	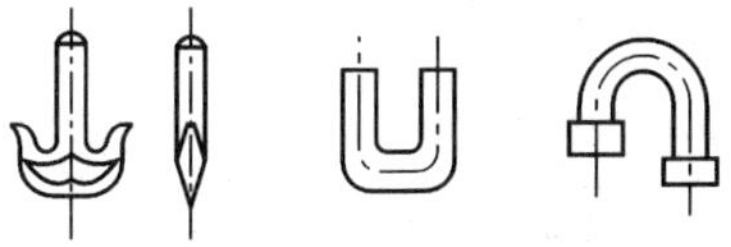	拔长，弯曲

自由锻工序的选择与整个锻造工艺过程中的火次和变形程度有关。坯料加热次
数（即火次数）与每一火次中坯料成形所经工序都应明确规定出来，写在工艺卡上。

4.选择锻造设备

根据坯料的种类、质量及锻造基本工序、设备锻造能力等因素,结合工厂具体条件来确定锻造设备。设备吨位太小,锻件内部锻不透,质量不好,生产率低;吨位太大,不仅浪费设备和动力,而且操作不便,也不安全。实际中吨位选择可查有关手册。

(五)自由锻锻件结构工艺性

在设计自由锻零件时,必须考虑自由锻设备、工艺、工具特点,力求符合自由锻的结构工艺性。应尽可能使锻件的外形简单、对称,最好是主要由圆柱面和平面组成的结构;应避免有复杂的凸台和外肋,可采取加厚壁厚的方法;应尽量避免带有锥面、曲线形、楔形的表面;不允许有圆柱与圆柱相贯的部分,以达到加工方便、提高生产效率的目的。

设计自由锻成形的零件时,必须考虑自由锻设备和工具的特点,零件结构要符合自由锻的工艺性要求。对自由锻锻件结构工艺性总的要求是,在满足使用要求的前提下,锻件形状应尽量简单和规则。具体要求见表9.4。

表 9.4　自由锻锻件的结构工艺性

要　求	举　例		说　明
	不合理	合理	
避免锥体和斜面结构	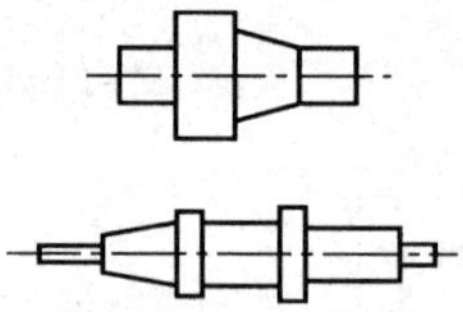	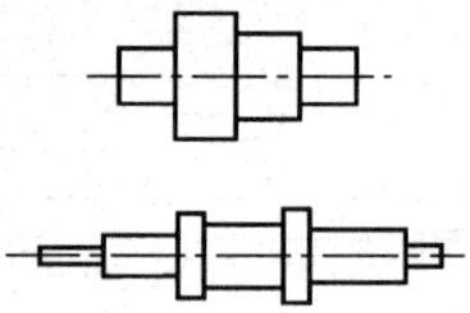	圆锥体的锻造须用专门工具,锻造比较困难,工艺过程复杂,应尽量避免
避免椭圆形、工字形等复杂形状的截面,特别要避免曲面相交的空间曲线	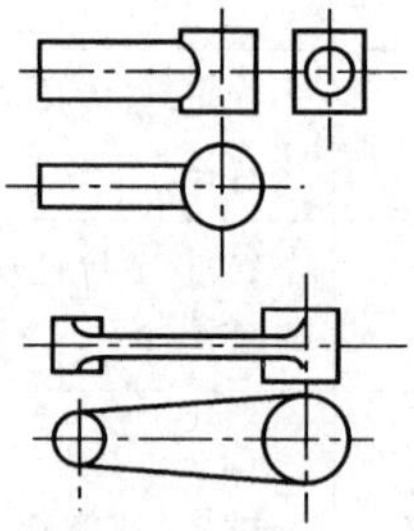	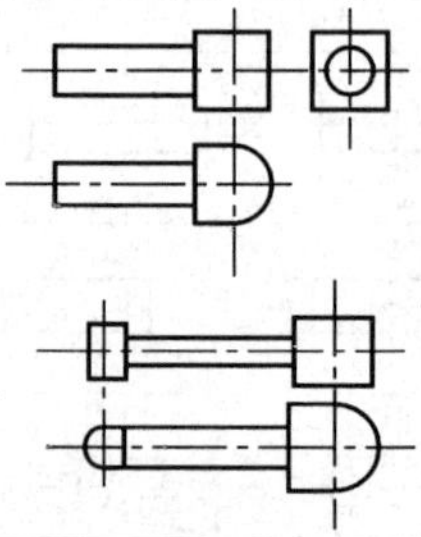	圆柱体与圆柱体交接处的锻造很困难,应改成平面与圆柱体交接,或平面与平面交接,消除空间曲线

续表

要　求	举　例		说　明
	不合理	合理	
避免凸台、加强筋等	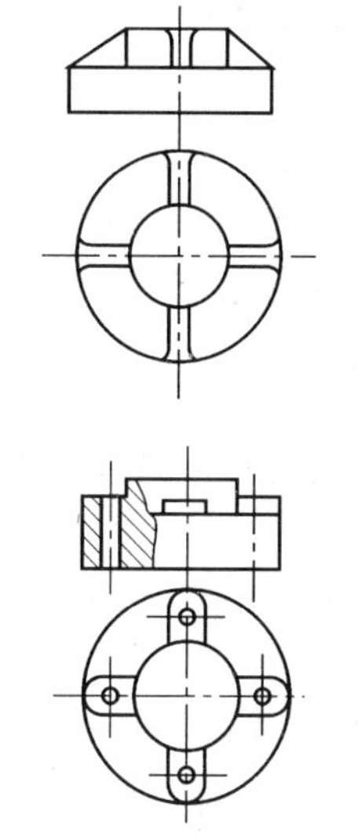	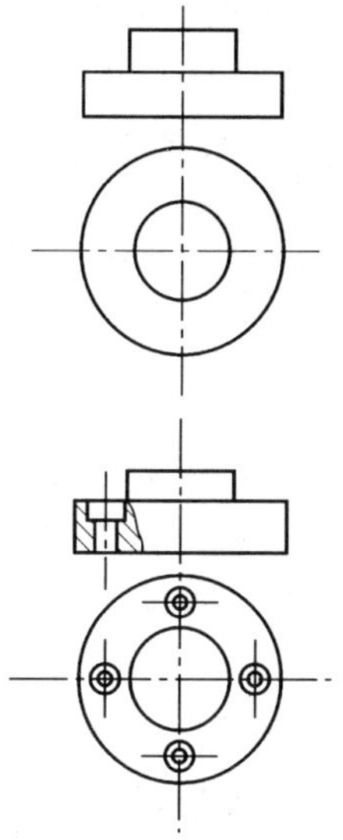	加强筋与表面凸台等结构难以用自由锻方法获得，应避免这种设计
尽量避免横截面急剧变化或形状复杂的情况	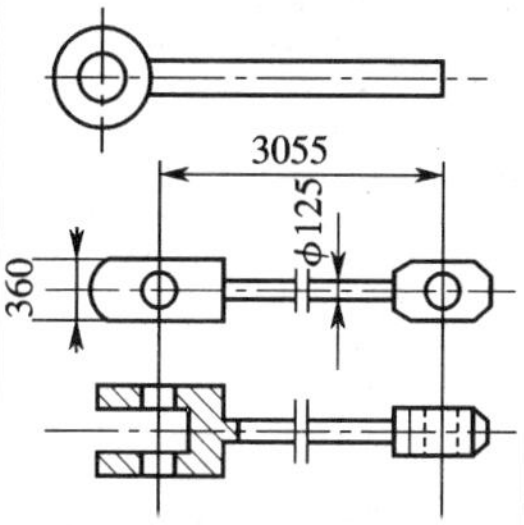	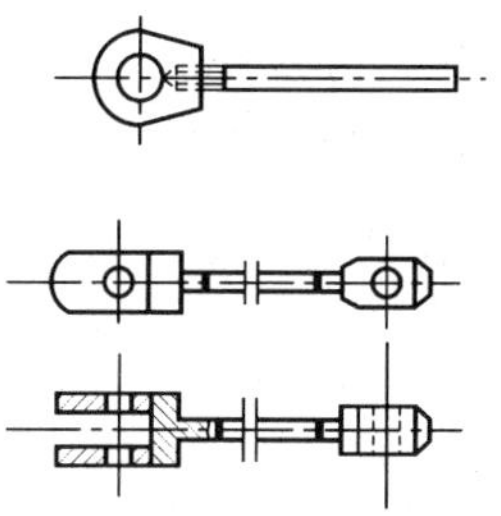	横截面积急剧变化或形状复杂的零件，应分成几个易锻造的简单部分，再用焊接或机械连接方式组合成整体

三、模锻

模锻是在高强度金属锻模上预先制出与锻件形状一致的模膛，使坯料在模膛内受压变形，锻造终了得到和模膛形状相符的锻件的锻造方法。

模锻与自由锻比较有如下优点。

①生产率高，且劳动强度小，操作简便，易实现机械化和自动化，适于大批量的中、小锻件生产。

②模锻件尺寸精度高，加工余量和公差小，可节约材料和加工工时。

③由于有模膛引导和限制金属流动，可以锻造出形状比较复杂的锻件。如用自由锻来生产，则必须加大量余块来简化形状。

④锻件内部流线较完整，从而提高了零件的力学性能和使用寿命。

但是，模锻生产由于受模锻设备吨位的限制，模锻件不能太大（一般小于 150 kg）。又由于制造锻模成本高、周期长，所以模锻不适合于小批和单件生产，批量一

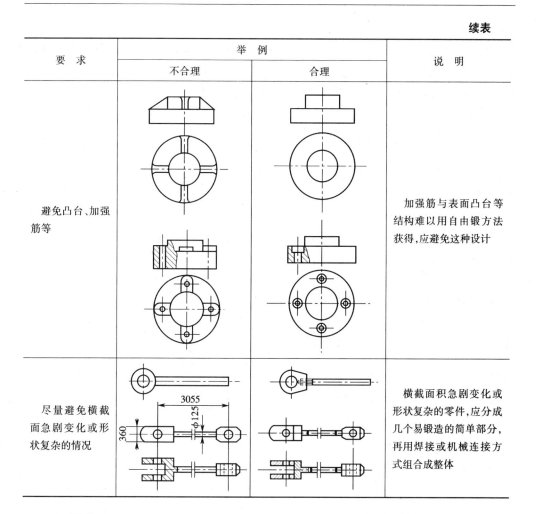

般都在数千件以上。

由于现代化大生产的要求,模锻生产越来越被广泛地应用在国防工业和机械制造业中,如飞机制造、坦克制造、汽车制造、拖拉机制造、轴承制造等。按质量计算,飞机上的锻件中模锻件占85%,坦克上占70%,汽车上占80%,机车上占60%。

模锻按使用的设备不同分为:锤上模锻、胎模锻、压力机上模锻等。其中锤上模锻是目前我国应用最多的一种模锻方法。

(一)锤上模锻

锤上模锻所用设备有蒸汽-空气锤、无砧座锤、高速锤等。一般工厂中主要使用蒸汽-空气模锻锤。

模锻生产所用蒸汽-空气锤的工作原理与蒸汽-空气自由锻锤基本相同。但由于模锻生产要求精度较高,故模锻锤的锤头与导轨之间的间隙比自由锻锤的小,且机架直接与砧座连接,这样使锤头运动精确,保证上下模对得准。另外,模锻锤一般均由一名模锻工人操作,操作工除了掌钳之外,还同时踩踏板带动操纵系统控制锤头行程及打击力的大小。

模锻锤的吨位(落下部分的质量)为 1 ~ 16 t,可用于锻造 0.5 ~ 150 kg 的模锻件。各种吨位模锻锤所能锻制的模锻件质量如表9.5所示。

表 9.5　模锻锤吨位选择的概略数据

模锻锤吨位/ t	1	2	3	5	10	16
锻件质量/kg	2.5	6	17	40	80	120
锻件在分模面处投影面积 /cm²	13	380	1 080	1 260	1 960	2 830
能锻齿轮的最大直径/mm	130	220	370	400	500	600

1. 锻模结构

如图9.15所示,锤上模锻用的锻模是由带有燕尾的上模2和下模4两部分组成的。下模用紧固楔铁7固定在模垫5上。上模2靠楔铁10紧固在锤头1上,随锤头一起做上下往复运动。上、下模合在一起,其中部形成完整的模膛9,8为分模面,3为飞边槽。

模膛根据其功用不同可分为制坯模膛和模锻模膛两大类。对于形状较复杂的锻件,为使坯料形状逐步接近锻件形状,使金属能合理分布和顺利充满模膛,就必须预先在制坯模膛内制坯。坯料在制坯模膛内锻成接近锻件的形状,再放入模锻模膛终锻。模锻模膛分为终锻模膛和预锻模膛两种。对于形状简单或批量不大的模锻件可不设置预锻模膛。

终锻模膛四周设有飞边槽,锻件终锻成形后还须在切边压力机上切去飞边。飞边槽的宽度为 30 ~ 100 mm。槽的桥部较窄,可以限制金属流出,使之首先充满模膛,仓部用以容纳多余金属。

对于具有通孔的锻件,由于不可能靠上、下模的凸起部分把金属完全挤压掉,故终锻后在孔内留下一薄层金属,称为冲孔连皮。把冲孔连皮和飞边冲掉后,才能得到有通孔的锻件。可将锻模设计成单腔锻模或多腔锻模。单腔锻模是在一副锻模上只具有终锻模腔一个模腔的锻模,如齿轮坯模锻件就可将截下的圆柱形坯料,直接放入单腔锻模中成形;多腔模锻是在一副锻模上具有两个以上模腔的锻模,如弯曲连杆锻件即为多腔锻模,如图9.16所示。

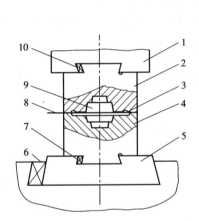

图 9.15　模锻工作示意图

1—锤头;2—上模;3—飞边槽;4—下模;
5—模垫;6、7、10—紧固楔铁;
8—分模面;9—模膛

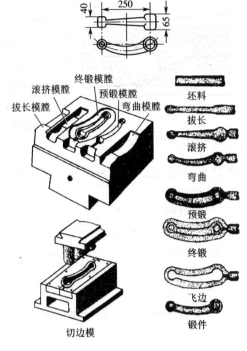

图9.16　弯曲连杆的多模膛模锻及锻造过程

2. 制定模锻工艺规程

模锻生产的工艺规程包括制定锻件图、计算坯料尺寸、确定模锻工步(模膛)、选择设备及安排修整工序等。

(1)制定模锻锻件图

锻件图是设计和制造锻模、计算坯料以及检查锻件的依据。制定模锻锻件图时应综合考虑分模面、余量、公差、余块和连皮、模锻斜度、模锻圆角半径等问题。

(2)确定模锻工步

模锻工步主要是根据锻件的形状和尺寸来确定的。如图9.16所示为弯曲连杆的锻造过程,坯料经过拔长、滚挤、弯曲等制坯工步,使形状接近锻件,然后经预锻及终锻工步制成带有飞边的锻件。上述各变形工步都是在同一副锻模的不同模膛中完成的,而切除飞边则在单独的切边模上进行。

（3）修整工序

终锻并不是模锻过程的终结，还需经切边、冲孔、校正、清理等一系列修整工序才能获得合格锻件。对于要求精度高和表面粗糙度低的锻件，还要进行精压。

①切边和冲孔。切边是指切除锻件分模面周围的飞边，冲孔是指冲除冲孔连皮。切边和冲孔在压力机上进行，可进行热切或冷切。较大的锻件和高碳钢、高合金钢锻件常利用模锻后的余热立即进行切边和冲孔。而中碳钢、低合金钢的小型锻件或精度要求较高的锻件常采用冷切，其特点是切断后锻件表面较整齐，不易变形，但所需的切断力较大。

②校正。许多锻件，特别是对形状复杂的锻件在切边（冲连皮）之后还需进行校正。校正可在锻模的终锻模膛或专门的校正模内进行。

③清理。为了提高模锻件的表面质量，消除改善模锻件的切削加工性能，需要进行表面处理，以去除在生产过程中形成的氧化皮、油污及其他表面缺陷（残余毛刺）等。

④精压。精压分为平面精压和体积精压两种。平面精压用来获得模锻件某些平行平面间的精确尺寸。体积精压主要用来提高模锻件所有尺寸的精度、减少模锻件质量差别。

⑤模锻件的热处理一般是正火或退火，以消除过热组织或加工硬化组织，使模锻件具有所需的力学性能。

3.模锻零件结构工艺性

设计模锻零件时，应根据模锻特点和工艺要求，使零件结构符合下列原则，以便于模锻生产和降低成本。

①模锻零件必须具有合理的分模面，以满足制模方便、金属易于充满模膛、锻件便于出模及减少余块。

②锻件上与分模面垂直的非加工表面应设计出结构斜度，非加工表面所形成的角都应按模锻圆角设计。

③零件外形力求简单、平直和对称，尤其应避免薄壁、高筋、凸起等结构，以使金属容易充满模膛和减少工序。

④设计时应尽量避免深孔、深槽或多孔结构。

⑤在可能的条件下，应采用锻-焊组合工艺，以减少余块。

（二）胎模锻

胎模锻是在自由锻设备上使用胎模生产模锻件的工艺方法。通常采用自由锻方法制坯，然后在胎模中最后成形。胎模锻兼有自由锻和模锻的特点。胎模锻可采用多个模具，每个模具都能完成模锻工艺中的一个工序。因此胎模锻能锻制出不同外形、不同复杂程度的模锻件。

与自由锻相比，胎模锻可以生产形状较复杂的锻件，节约金属，生产率高，余块少；与模锻相比，胎模结构简单，容易制造，使用方便，不需贵重的模锻设备。胎模锻的尺寸精度和表面粗糙度值介于自由锻和模锻之间。但胎模寿命较低,工人劳动强度大。胎模锻适合于中小批量生产,在没有模锻设备的中小型工厂中得到广泛应用。

(三)压力机上模锻

锤上模锻具有工艺适应性广的特点,目前在锻压生产中得到广泛应用。但是,模锻锤在工作中存在振动和噪声大、劳动条件差、蒸汽效率低、能源消耗多等难以克服的缺点。因此近年来大吨位模锻锤有逐步被压力机取代的趋势。

用于模锻生产的压力机有曲柄压力机、摩擦压力机、平锻机等。

四、板料冲压

板料冲压是利用冲模使板料产生分离或变形的加工方法。这种加工方法通常是在冷态下进行的,所以又叫冷冲压。只有当板料厚度超过 8~10 mm 时,才采用热冲压。

冲压加工的应用范围广泛,既适用于金属材料,也适用于非金属材料;既可加工仪表上的小型制件,也可加工汽车覆盖件等大型制件。它在汽车、拖拉机、航空、电器、仪表及日常生活用品等行业中,都占有极其重要的地位。

板料冲压具有下列特点。

①材料利用率高,可以冲压出形状复杂的零件,废料较少。

②产品尺寸精度高,表面粗糙度值低,互换性好。一般不再加工或只进行一些钳工修整即可作为零件使用。

③能获得质量小、材料消耗少、强度和刚度较高的零件。

④冲压生产操作简单,便于机械化和自动化,生产率高。

⑤冲模结构复杂、精度要求高,制造费用高。只有在大批量生产条件下,这种加工方法的优越性才显得突出。

板料冲压所用的原材料,特别是制造中空杯状和钩环状等成品时,必须具有足够的塑性和较低的变形抗力。常用的冲压金属材料有低碳钢、铜合金、铝合金、镁合金及塑性高的合金钢等。非金属冲压板料有纸板、绝缘板、纤维板、塑料板、石棉板、硬橡胶板等。

冲压生产中常用的设备是剪床和冲床。剪床用来把板料剪切成一定宽度的条料,以供下一步的冲压工序用。冲床用来实现冲压工序,制成所需形状和尺寸的成品零件供使用。冲床最大吨位已达 40 000 kN。

(一)冲压设备

冲床是冲压加工的基本设备。常用的开式冲床结构如图 9.17 所示。电动机 4 通过 V 形带 10 带动大飞轮 9 转动,当踩下踏板 12 后,离合器 8 使大飞轮与曲轴相连而旋转,再经连杆 5 使滑块 11 沿导轨 2 做上下往复运动,进行冲压加工。当松开踏板时,离合器脱开,制动器 6 立即制止曲轴转动,使滑块停止在最高位置上。

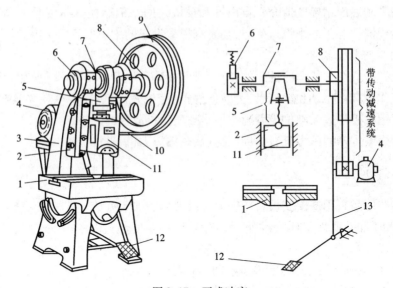

图 9.17　开式冲床

1—工作台;2—导轨;3—床身;4—电动机;5—连杆;6—制动器;7—曲轴;8—离合器;
9—飞轮;10—V 形带;11—滑块;12—踏板;13—拉杆

(二)冲压模具

冲模是使板料分离或变形的工具,可分为简单模、连续模和复合模三种。

1. 简单冲模

简单冲模是在冲床的一个冲程中只完成一道冲压工序的冲模。落料或冲孔的简单冲模如图 9.18 所示。工作时条料在凹模上沿两个导板 2 之间送进,碰到定位销 1 停止。凸模向下冲压时,冲下的零件(或废料)进入凹模孔,而条料的孔则绕紧凸模一起回程向上运动;当向上运动的条料碰到卸料板 3 时(固定在凹模上)被推下,这样,条料得以在导板间继续被送进。重复上述动作,冲下第二个零件。

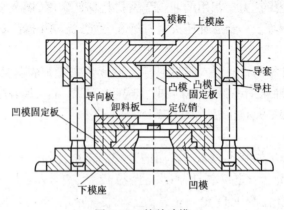

图 9.18　简单冲模

2.连续冲模

冲床在一个冲程中,在模具的不同部位上同时完成两道以上冲压工序的冲模,称为连续模。此种模具伸长率高,易于实现自动化。但要求定位精度高,制造比较麻烦,成本也较高。

3.复合冲模

冲床在一个冲程中,在模具的同一个部位上同时完成两道以上冲压工序的冲模,称为复合冲模,复合模的最大特点是模具中有一个凸凹模。复合模具适用于大批量生产高精度的冲压件。

(三)板料冲压的基本工序

板料冲压生产可分多种工序。其基本工序有分离工序和变形工序两大类。分离工序主要包括切断、落料、冲孔、切口、切边等。变形工序主要包括弯曲、拉深、翻边、起伏、缩口和胀形等。

1.分离工序

分离工序是使坯料的一部分与另一部分相分离的工序。

(1)切断

切断是指用剪刃或冲模将板料沿不封闭轮廓进行分离的工序。

剪刃安装在剪床上,把大块板料剪成一定宽度的条料,供下一步冲压工序用。而冲模安装在冲床上,用以制取形状简单、精度要求不高的平板零件。

(2)落料及冲孔

落料和冲孔的工艺过程完全相同,当坯料被冲下的部分为成品时,该工艺过程称为落料;当坯料被冲下部分的周边为成品时,该工艺过程称为冲孔。落料与冲孔总称为冲裁。

为保证落料与冲孔的边缘整齐、切口光洁,冲头与凹模间的间隙必须合适。若间隙过大,则冲裁件断面有拉长的毛刺,且边缘出现较大的圆角;若间隙过小,则模具刃口的磨损加剧,寿命缩短,一般间隙要等于板厚的5%～10%。

落料时,应考虑合理排样,使废料最少。冲孔时,应注意零件的定位,以保证冲孔的位置精度。

(3)修整

修整是利用修整模沿冲裁件外缘或内孔刮去一薄层金属,以提高冲裁件的加工精度和降低剪断表面的表面粗糙度的冲压方法。

修整的机理与冲裁完全不同,与切削加工相似。修整时应合理确定修整余量及修整次数。对于大间隙落料件,单边修整量一般为材料厚度的10%;对于小间隙落料件,单边修整量在材料厚度的8%以下。当冲裁件的修整总量大于一次修整量时,或材料厚度大于3 mm时,均需多次修整。但修整次数越少越好。

修整后冲裁件公差等级达IT6～IT7,表面粗糙度为0.8～1.6 μm。

2. 变形工序

变形工序是使坯料的一部分相对于另一部分产生位移而不破裂的工序。它包括弯曲、拉深、翻边和成形等。

（1）弯曲

弯曲是将板料、型材或管材在弯矩作用下弯成一定角度的工序，如图 9.19 所示。由图可见，弯曲时，材料内侧受压缩，外侧受拉伸；塑性变形集中在与凸模接触的狭窄区域内。当外侧拉应力超过坯料抗拉强度时，会造成裂纹。坯料越厚，内弯曲半径越小，则压缩及拉伸应力越大，越容易弯裂。为防止裂纹，应选用塑性好的材料，限制最小弯曲半径 $r_{min} = (0.25 \sim 1)\delta$，其中 δ 指板料的厚度；使弯曲方向与坯料流线方向一致；防止坯料表面的划伤，以免产生应力集中。

（2）拉深（拉延）

拉深是利用拉深模使平面板料变为开口空心件的冲压工序，又称拉延。拉深可以制成筒形、阶梯形、球形及其他复杂形状的薄壁零件。

拉深过程如图 9.20 所示。原始直径为 D 的板料，经拉深后变成外径为 d 的杯形零件。凸模压入过程中，伴随着坯料变形和厚度的变化。拉深件的底部一般不变形，厚度基本不变。其余环形部分坯料经变形成为空心件的侧壁，厚度有所减小。侧壁与底之间的过渡圆角部位被拉薄得最严重。拉深件的法兰部分厚度有所增加。拉深件的成形是金属材料产生塑性流动的结果，坯料直径越大，空心件直径越小，变形程度越大。

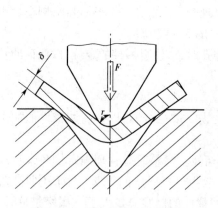

图 9.19　弯曲时金属变形简图

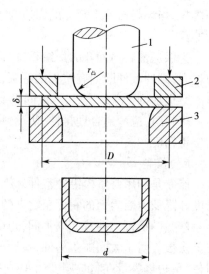

图 9.20　拉深过程简图
1—冲头；2—压板；3—凹模

（四）板料冲压实训的安全规则

板料冲压实训的安全规则如下。

①开机前应锁紧所有调节和紧固螺栓，以免模具等松动造成设备和人身安全事故。

②开机后严禁将手伸入上下模之间，取下工件或废料时应使用工具。

③冲压进行时严禁将工具伸入冲模之间。

④工作台上不准放置杂物，以免坠落于控制踏板造成误冲事故。

⑤装拆或调整模具应停机进行。

五、锻压新技术简介

（一）超塑性成形

超塑性是指金属或合金在特定条件下，伸长率超过 100% 的特性。特定条件是指低的形变速率（$10^{-4} \sim 10^{-2}\ \mathrm{s}^{-1}$）、一定的变形温度和均匀的细晶粒度，晶粒平均直径 $0.2 \sim 5\ \mu\mathrm{m}$。在特定条件下，钢的伸长率超过 500%，纯钛超过 300%，锌铝合金超过 1 000%。

利用金属的超塑性，可使金属在挤压、模锻、拉深等多种工艺方法下成形出复杂形状和高精度的零件，如叶片、涡轮等。目前常用的超塑性成形材料主要有锌铝合金、铝基合金、钛合金及高温合金。

超塑性模锻为少、无切削加工和精密成形开辟了一条新途径，其工艺特点如下。

①扩大了可锻金属材料的种类。例如，过去只能采用锻造成形的镍基合金，也可以进行超塑性模锻成形。

②填充模腔的性能好，可锻出尺寸精度高、机械加工余量小甚至不用加工的零件。

③能获得均匀细小的晶粒组织，零件力学性能均匀一致。

一般工业材料在室温下的伸长率为百分之几到百分之几十，而超塑性材料的伸长率则可高达百分之几百到百分之几千。实现超塑性的三个基础条件为：①材料具有等轴稳定的细晶组织（通常晶粒尺寸 $\leqslant 10\ \mu\mathrm{m}$），可通过冶金方法、压力加工方法或热处理方法获得；②等温变形温度 $T \geqslant 0.5 T_\mathrm{m}$（$T_\mathrm{m}$ 为材料熔点的绝对温度），一般 $T = (0.5 \sim 0.7)T_\mathrm{m}$；③极低的应变速度 ξ，$\xi = 10^{-4} \sim 10^{-1}\mathrm{s}^{-1}$。

超塑性成形方法包括模锻、挤压、轧制、无模拉拔、压锻、深冲、模具凸胀成形、液压凸胀成形、压印加工以及吹塑和真空成形。超塑性成形的优点有：①工具成本低；②具有超塑性和很低的变形抗力；③可以精确复制细微结构；④生产准备时间短；⑤材料的横向疲劳强度、韧性及耐蚀性均优良。

（二）高速高能成形技术

高速高能成形有多种加工形式，其共同的特点是在很短的时间内，将化学能、电能、电磁能和机械能传递给被加工的金属材料，使金属材料迅速成形。高速高能成形分为爆炸成形、电液成形、电磁成形和高速锻造等。它具有成形速度高、可加工难加工的金属材料、加工精度高、设备投资小等优点。

1. 爆炸成形

爆炸成形是利用炸药爆炸时产生的高能冲击波,通过不同的介质使坯料产生塑性变形的方法。成形时在模腔内置入炸药,炸药爆炸时产生的大量高温、高压气体呈辐射状传递,从而使坯料成形。该方法适合于多品种小批量生产,如用于制造柴油机罩子、扩压管及汽轮机空心汽叶的整形等。

2. 电液成形

电液成形是指利用在液体介质中高压放电时所产生的高能冲击波,使坯料产生塑性变形的方法。电液成形的原理与爆炸成形有相似之处。它是利用放电回路中产生的强大的冲击电流,使电极附近的水汽化膨胀,从而产生很强的冲击压力,使金属坯料成形。与爆炸成形相比,电液成形时能量控制和调整简单,成形过程稳定、安全、噪声低,生产率高。但电液成形受设备容量的限制,不适合于较大工件的成形,而特别适合于管类工件的胀形加工。

3. 电磁成形

电磁成形是指利用电流通过线圈所产生的磁场,其磁力作用于坯料使工件产生塑性变形的方法。成形线圈中的脉冲电流可在很短的时间内迅速增长和衰减,并在周围空间形成一个强大的变化磁场。坯料置于成形线圈内部,在此变化磁场的作用下,坯料内产生感应电流,坯料内感应电流形成的磁场和成形线圈磁场相互作用,使坯料在电磁力的作用下产生塑性变形。这种成形方法所用的材料应当具有良好的导电性,如铜、铝和钢等。如果加工导电性差的材料,则应在坯料表面放置用薄铝板制成的驱动片,促使坯料成形。电磁成形不需要水和油等介质,工具几乎没有消耗,设备清洁,生产率高,产品质量稳定,适合于加工厚度不大的小零件、板材或管材等。

4. 高速锻造

高速锻造是指利用高压空气或氮气发出来的高速气体,使滑块带着模具进行锻造或挤压的加工方法。高速锻造可以锻打高强度钢、耐热钢、工具钢等,锻造工艺性能好,质量和精度高,设备投资少,适合于加工叶片、涡轮、壳体等工件。

(三)液态模锻

液态模锻又称熔融锻造,是将定量的熔融金属注入金属模腔,在金属即将凝固或半凝固(即液、固二相共存)状态下,用冲头施以机械静压力,使其充满型腔,并产生少量塑性变形,从而获得组织致密、性能良好、尺寸精确的锻件的工艺方法。

液态模锻与压铸不同之处在于:①压铸时金属靠散热而结晶,而液态模锻则是在压力下结晶,而且可以避免压铸时液态金属沿浇道充填型腔时卷入气体的危险,因而液态模锻制品的结晶组织和相应的力学性能比压铸的好;②液态模锻不需要浇口系统,因此可节约大量金属。

与模锻工艺相比,液态模锻只用一个模腔,而且是利用液态金属的流动性充填模腔,而不是靠强制流动方式使固态金属充满模腔,因而液态模锻的成形能明显低于模锻的成形能,成形压力及能耗可节约 2/3 ~ 3/40。液态模锻所用设备为液态模锻液压机。对于形状较简单的制件,如实心、杯形、通孔和管状制品,可采用通用的液压机。对于形状复杂的制件,根据具体情况,可采用普通型、万能型或特殊型液态模锻液压机。

目前,我国用液态模锻法生产的制件有:铝合金气动仪表零件、汽车活塞、弯头等;铜合金的光学镜架、高压阀体、齿轮、蜗轮和柱塞轴流泵体;碳钢电机端盖和法兰等。

思考与练习

1. 锻造毛坯与铸造毛坯相比,力学性能有何不同?锻造加工有哪些特点?试举出三个需锻造制坯零件的例子。

2. 锻造前坯料加热的目的是什么?怎样确定低碳钢、中碳钢的始锻温度和终锻温度?

3. 空气锤的吨位是怎样确定的? 65 kg 空气锤的打击力是 65 kg 吗?

4. 自由锻的基本工序有哪些?齿轮坯、轴类件的锻造各需哪些工序?镦粗时对坯料的高径比有何限制?为什么?

5. 冲模有哪几类?它们如何区分?试给出垫圈的两种冲压方法及其使用的冲模。

6. 冲压的基本工序有哪些?剪切与冲裁、落料与冲孔有何异同?

7. 冲模通常包括哪几个部分?各有何作用?

8. 冲模的装配基准件和装配顺序应如何选择?试画出某一冲模的装配系统图。

9. 冲模的拆卸应注意哪些事项?

10. 如何安装调试冲模?如果冲床曲轴位于上限,连杆调至最短,此时安装冲模会有何危险?

第10单元　焊接成形技术与实训

学习目标
1. 掌握焊接工艺特点及接头组织和性能。
2. 掌握焊条电弧焊等常用焊接方法的设备、焊接材料、工艺过程特点与应用。
3. 掌握焊条电弧焊与气焊的基本操作技能及焊接生产安全技术。
4. 了解常用金属材料的焊接性能。
5. 具有焊件结构工艺性、焊件质量与成本分析的初步能力。
6. 了解焊接新技术。

项目要求

目前你所见的焊接成形技术有哪些？各出现在哪些行业中？自行车车架采用什么焊接方法？汽车车体的焊接最常用什么焊接方法？是否知道目前国内外先进的焊接方法和焊接技术？

项目分析

焊接是一种应用广泛的永久性连接方法，可用于制造金属结构、连接机械零件等，在机械、造船、化工、汽车和国防等行业起着极为重要的作用。作为将来的技术操作主力军，大家必须掌握新的焊接技术，否则很难满足实际工程需求。本单元主要介绍焊接的基本工艺知识、常用焊接方法的特点及应用场合和焊接新技术。

相关新知识

一、焊接工艺基础

（一）概述

焊接是通过加热或加压，或两者并用，借助于金属原子扩散和结合，使分离的材料牢固地连接在一起的加工方法。它的分类方法很多，按焊接过程特点可分为三大类。

1. 熔焊

熔焊是把焊接局部连接处加热至熔化状态,形成熔池,待其冷却结晶后形成焊缝,将两部分材料焊接成一个整体的焊接方法。因两部分材料均被熔化,故称熔焊。

2. 压焊

压焊是在焊接过程中需要对焊件施加压力(加热或不加热)的一类焊接方法。

3. 钎焊

钎焊是利用熔点比母材低的填充金属(称为钎料)熔化后,填入接头间隙并与固态的母材通过扩散实现连接的焊接方法。

主要焊接方法分类如图 10.1 所示。

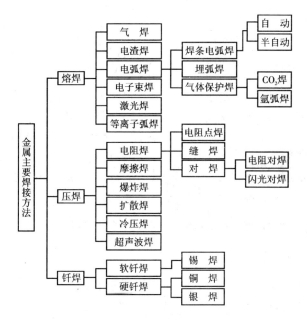

图 10.1　焊接的分类

焊接与铆接等其他加工方法相比,具有结构重量轻,节省材料,生产效率高,易实现机械化和自动化,接头密封性好,力学性能高,工作过程中无噪声等优点。其不足之处是会引起焊接接头组织、性能的变化,同时焊件还会产生较大的应力和变形。

焊接主要用于制造各种金属构件,如建筑结构、船体、车辆、锅炉及各种压力容器。此外,焊接也常用于制造机械零件,如重型机械的机架、底座、箱体、轴、齿轮等。

(二)焊接接头的组织和性能

用焊接方法连接的接头称为焊接接头,简称接头。焊接时,电弧沿着工件逐渐移动并对工件进行局部加热。因此在焊接过程中,焊缝及其附近的母材经历了一个加热和冷却的过程。由于温度的分布不均匀,焊缝受到一次复杂的冶金过程,焊缝附近区域受到一次不同规范的热处理,所以引起相应的组织和性能变化,从而直接影响焊接质量。离焊缝越远的点,被加热的温度越低;反之,被加热的温度就越高。

焊接接头由焊缝区、熔合区、热影响区三部分组成。焊缝两侧因焊接热作用而导致母材的组织和性能发生变化的区域称为焊接热影响区。焊缝和母材的交界线称为熔合线,熔合线两侧有一个比较窄小的焊缝与热影响区的过渡区,称为熔合区。

1. 焊缝的组织和性能

低碳钢焊缝组织是由熔池金属结晶得到的柱状铸态组织,由铁素体和少量珠光体组成。铸态组织晶粒粗大,组织不致密。但由于焊接熔池体积小,冷却速度快,焊条药皮、焊剂或焊丝在焊接过程中的渗合金作用,使得焊缝金属中锰、硅等合金元素含量可能高于母材,所以焊缝金属的力学性能不低于母材,特别是强度容易达到。

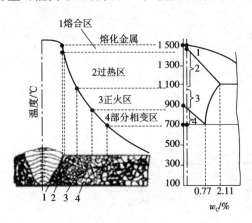

图 10.2　低碳钢焊接接头的组织变化

2. 熔合区及热影响区的组织和性能

图 10.2 所示是低碳钢焊接接头的组织变化情况。其中左部分是焊接接头各点最高加热温度曲线,右部分是简化的铁碳相图的一部分。

（1）熔合区

熔合区处于液相线、固相线之间,所以也称半熔化区。因温度过高而成为过热粗晶,强度、塑性和韧性都下降。此处接头断面变化,易引起应力集中。此区很大程度上决定着焊接接头的性能。

（2）热影响区

低碳钢的热影响区分为过热区、正火区和部分相变区。

①过热区。焊接时被加热到 Ac_3 以上 $100 \sim 200 \ ℃$ 至固相线温度区间为过热区。奥氏体晶粒急剧长大,形成过热组织,故塑性、韧性降低,对易淬火钢,此区脆性更大。

②正火区。焊件被加热到 Ac_3 以上 $100 \sim 200 \ ℃$ 区间为正火区。在此区温度范围内,加热时发生重结晶,转变为细小的奥氏体晶粒,冷却后为均匀而细小的铁素体和珠光体,其力学性能优于母材。

③部分相变区。相当于加热到 $Ac_1 \sim Ac_3$ 温度区间。珠光体和部分铁素体发生重结晶,转变成细小奥氏体晶粒。部分铁素体不发生相变,但晶粒有长大趋势。冷却后晶粒大小不均,因而其力学性能比正火区稍差。

综上所述,熔合区和过热区是焊接接头中比较薄弱的部分,对焊接质量影响最大。因此在焊接过程中尽可能减小其宽度。影响焊接接头组织和性能的主要因素有焊接材料、焊接方法和焊接工艺,其中焊接工艺是影响焊接接头组织和性能的主要因素,增加焊接速度或减小焊接电流都能减小焊接热影响区。

二、常用的焊接方法

(一)焊条电弧焊

焊条电弧焊是利用电弧产生的热量来熔化焊条和部分工件,从而使两块金属连成一体的手工操作的焊接方法。由于它使用的设备简单,操作灵活方便,能够适应各种条件下的焊接,因此成为熔焊中应用最广泛的一种焊接方法。但焊条电弧焊要求操作者技术水平较高,生产率较低,劳动条件较差。

1.焊接过程

焊条电弧焊的焊接原理如图 10.3 所示。将工件和焊钳分别接到电焊机的两个电极上,并用焊钳夹持焊条。焊接时,先将焊条与工件瞬时接触,然后将焊条提到一定距离,于是在焊条端部与工件之间便产生了明亮的电弧。电弧热将工件接头处和焊条熔化形成熔池。随着焊条向前移动,新的熔池不断产生,旧熔池不断冷却凝固,从而形成连续的焊缝,使工件牢固地连接在一起。

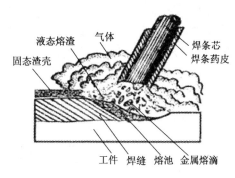

图 10.3　焊条电弧焊

2.电弧焊设备

(1)电焊机

焊条电弧焊主要设备是电焊机。按产生电流的种类不同,可分为弧焊变压器和弧焊整流器。

弧焊变压器如图 10.4 所示,它实际上是一种特殊的降压变压器。它将 220 V 或 380 V 的电源电压降到 60 ~ 80 V,以满足引弧的需要。交流焊机具有无正反接特点。电弧温度为 2 500 K。焊机的空载电压就是焊接时引弧电压,一般为 50 ~ 90 V,电弧稳定燃烧时电压为电弧电压。电弧长度越大,电弧电压也越高,一般为 16 ~ 35 V。

弧焊整流器是通过整流器把交流电转变为直流电,既弥补了交流电焊机电弧稳定性不好的缺点,又比一般直流电焊机结构简单,维修容易,噪声小。使用直流电源焊接时有正接、反接两种,如图 10.5 所示。正接:正极接工件,工件温度可稍高一些。反接:负极接工件,工件温度可稍低一些。

图 10.4　弧焊变压器

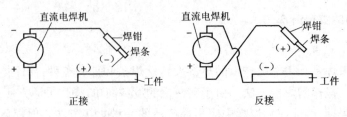

图 10.5 弧焊整流器的正接和反接

（2）焊钳和面罩

焊钳和面罩如图 10.6 所示。焊钳是用于夹持焊条和传递电流的。面罩则是用来保护眼睛和面部，以免弧光灼伤。

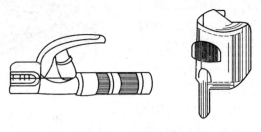

图 10.6 焊钳和面罩

3. 电焊条

焊条电弧焊使用的焊条由焊芯和药皮组成。

焊芯是焊接专用的金属丝，是组成焊缝金属的主要材料。焊接时焊芯的作用有二：一是导电，产生电弧；二是熔化后作为填充金属，与熔化的母材一起形成焊缝。

焊条药皮是由矿石粉和铁合金粉等原料按一定比例配制而成的。药皮的主要作用是保证焊接电弧的稳定燃烧，防止空气进入焊接熔池，添加合金元素，保证焊缝具有良好的力学性能。

焊条型号是在国家标准及权威性国际组织（ISO）的有关法规中，根据焊条特性指标明确划分规定的，是焊条生产、使用、管理及研究等有关单位必须遵守执行的。

注意：焊条型号是国家标准中的焊条代号；焊条牌号是焊接行业的焊条代号，注意型号和牌号的对应关系。

按熔渣性质，焊条可分为两类：酸性焊条，药皮熔渣中的酸性氧化物较多，适于各种电源，成本低，但焊缝的塑性、韧性稍差，操作性好，渗合金作用弱，不宜焊接受动载荷和要求高强度的重要结构件；碱性焊条，熔渣中碱性氧化物多，一般采用直流电源，焊缝塑性、韧性好，抗冲击能力强，价格较高，操作性差，故只适于焊接重要结构件。

4. 焊接工艺

（1）焊接接头形式和坡口形式

根据 GB/T 3375—1994 规定，焊接碳钢和低合金钢的基本接头形式有对接、角接、T形接和搭接。

根据 GB 985—88 规定,手工电弧焊常采用的基本坡口形式有 I 形坡口、Y 形坡口、双 Y 形坡口、U 形坡口等四种,如图 10.7 所示。坡口形式的选择主要根据板厚。板厚为 1~6 mm 时,一般可不开坡口(即 I 形坡口)直接焊成。T 形接头的坡口形式如图 10.8 所示。

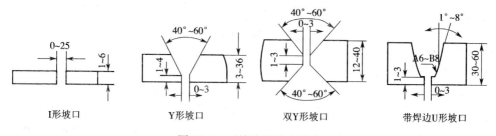

图 10.7　对接接头坡口形式

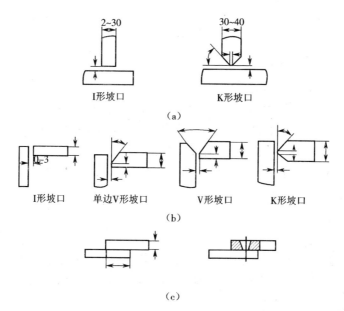

（a）

I形坡口　单边V形坡口　V形坡口　K形坡口

（b）

（c）

图 10.8　接头坡口形式

（a）T形接；（b）角接；（c）搭接

（2）焊缝空间位置

按焊缝在空间位置的不同,可分为平焊、立焊、横焊和仰焊四种,如图 10.9 所示。平焊操作方便,易于保证焊缝质量,应尽可能采用。立焊、横焊和仰焊由于熔池中液体金属有滴落的趋势而造成施焊的困难,应尽量避免。若确需采用这些焊接位置时,则应选用小直径的焊条、较小的电流、短弧操作等工艺措施。

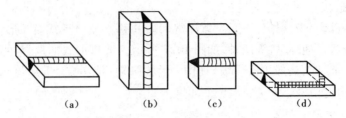

图 10.9　焊缝空间位置

(a)平焊;(b)立焊;(c)横焊;(d)仰焊

(3)焊接参数

焊条电弧焊的焊接参数包括选择焊条直径、焊接电流及焊接速度等。

焊条直径主要根据焊件厚度来选择。焊接厚板时应选较粗的焊条。

焊接电流主要根据焊条直径选取。焊接电流是影响焊接质量和生产率的主要因素。它主要由焊条直径和焊缝位置确定。

$$I = K \cdot d$$

式中:I——焊接电流,A;

　　d——焊条直径,mm;

　　K——经验系数,一般为 25～60。

平焊时 K 取较大值,立、横、仰焊时取较小值。使用碱性焊条时焊接电流要比使用酸性焊条时略小。增大焊接电流能提高生产率,但电流过大,易造成焊缝咬边和烧穿等缺陷;焊接电流过小,使生产率降低,并易造成夹渣、未焊透等缺陷。焊接速度是指焊条沿焊缝长度方向移动的速度,它对焊接质量影响很大。焊接速度以保证焊缝尺寸符合设计图样要求为准。

5.操作技术

(1)引弧

引弧即电弧的引燃,就是使被焊工件和焊条之间产生稳定的电弧。将焊条与工件表面接触形成短路,然后迅速提起焊条并保持 2～4 mm,即可产生电弧。引弧方法有碰撞引弧法和摩擦引弧法。

(2)运条

运条即焊条的运动。电弧引燃后,进入正常焊接过程,这时焊条做三个方向的运动:焊条向下均匀送进,以保证弧长不变;焊条沿焊缝方向逐渐向前移动;焊条做横向摆动,以利于熔渣和气体的浮出。

(3)焊缝收尾

焊缝收尾时,为避免出现尾坑,焊条应停止向前移动,而采用画弧收尾法或反复断弧收尾法或回焊收尾法自下而上慢慢地拉断电弧,以保证焊缝尾部成形良好。

（二）其他焊接方法简介

1. 埋弧自动焊

（1）埋弧自动焊的焊接过程

埋弧自动焊的焊接过程如图 10.10 所示。焊接时，自动焊机头将焊丝自动送入电弧区自动引弧并保证一定的弧长，电弧在颗粒状熔剂下燃烧，工件金属与焊丝被熔化成较大体积的熔池。焊机带着焊丝自动均匀向前移动，或焊机头不动，工件均匀运动，熔池金属被电弧气体排挤向后堆积形成焊缝。电弧周围的颗粒状熔剂被熔化成熔渣，部分焊剂被蒸发，生成的气体将电弧周围的气体排开，形成一个封闭的熔渣泡。它有

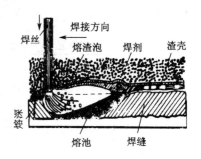

图 10.10　埋弧自动焊的焊接过程

一定的黏度，能承受一定的压力，因此使熔化金属与空气隔离，并防止熔化金属飞溅。未熔化的焊剂可以回收重新使用。

（2）焊接材料

焊接材料包括焊丝和焊剂：焊丝除用作电极和填充材料外，还可以起到渗合金、脱氧、去硫等冶金处理作用；焊剂的作用相当于焊条药皮。

（3）埋弧自动焊特点

埋弧自动焊的特点有以下几方面：

①生产率高；

②焊缝质量高，而且稳定；

③改善劳动条件；

④适应性差；

⑤设备较复杂，投资大，调整等准备工作量较大。

2. 气体保护焊

（1）氩弧焊

氩弧焊是以氩气作保护气体的电弧焊。氩弧焊可分为不熔化极氩弧焊和熔化极氩弧焊两种。不熔化极氩弧焊焊接时，电极不熔化，只起导电和产生电弧作用；熔化极氩弧焊以连续送进的焊丝作为电极，与埋弧自动焊相似，可用来焊接厚 25 mm 以下的工件。图 10.11 所示为氩弧焊示意图。

氩弧焊的特点包括以下几方面。

①适于各种合金钢、易氧化的非铁合金及锆、钼等稀有金属。

②电弧稳定，飞溅小，表面没有熔渣，成形美观。

③明弧可见，易于操作，易实现全位置自动焊接。

④热影响区窄，因而工件变形小。

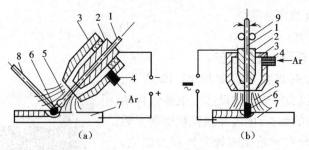

图 10.11　氩弧焊示意图

(a)钨极氩弧焊;(b)熔化极氩弧焊

1—焊丝或电极;2—导电嘴;3—喷嘴;4—进气管;5—氩气流;6—电弧;

7—工件;8—填充焊丝;9—送丝辊轮

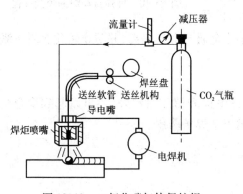

图 10.12　二氧化碳气体保护焊

(2)二氧化碳气体保护焊

二氧化碳气体保护焊是以 CO_2 作为保护气体的电弧焊。焊丝作电极,以自动或半自动方式进行焊接。图 10.12 所示为二氧化碳气体保护焊。二氧化碳气体保护焊的特点包括如下几方面。

①成本低。CO_2 的价格低。

②生产率高。焊丝的送进是机械化或自动化;电流密度大,电弧热量集中,故焊接速度较快;焊后无渣壳,节约了清理时间。

③操作性能好。明弧焊接,易于观察。适于各种位置的焊接。

④质量较好。焊接热影响区较小,变形和产生裂纹的倾向小。

⑤飞溅较严重,焊缝不够光滑,易有气孔。

二氧化碳气体保护焊主要用于厚 30 mm 以下低碳钢、部分低合金钢焊件,尤其适宜薄板。

(3)气焊

气焊是利用气体火焰来熔化母材和填充金属的一种焊接方法。其工作示意图如图 10.13 所示。

气焊设备简单、操作灵活方便、不需电源,但气焊火焰温度较低,且热量较分散,生产率低,工件变形大。

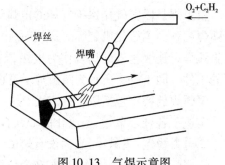

图 10.13　气焊示意图

(4)电阻焊

电阻焊是利用电流通过接触处及焊件产生的电阻热,将焊件加热到塑性或局部熔化状态,再施加压力形成焊接接头的焊接方法。通常分为点焊、缝焊、对焊三种。

1)点焊

点焊是利用柱状电极通电加压在搭接的两焊件间产生电阻热,使焊件局部熔化,将接触面焊成一个焊点的焊接方法,如图 10.14 所示。由于焊接处熔化的金属不与外界空气接触,所以焊接强度高,工件表面光滑,变形较小。电阻点焊主要用于板厚小于 4 mm 的薄板结构,特殊情况可达 10 mm。电阻点焊广泛用于制造汽车车箱、飞机外壳和仪表等轻型结构。

2)缝焊

缝焊采用滚盘作电极,边焊边滚,相邻两个焊点部分重叠,形成一条密封性的焊缝。一般适用于焊接 3 mm 以下的薄板结构。缝焊如图 10.15 所示。

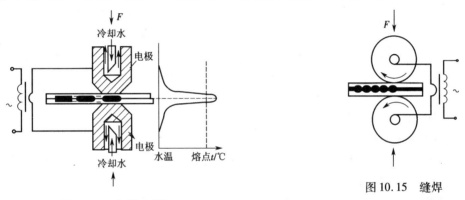

图 10.14　点焊示意图

图 10.15　缝焊

3)对焊

对焊是对接电阻焊。按焊接工艺的不同,分为电阻对焊和闪光对焊,如图 10.16 所示。

电阻对焊是将两个工件装夹在对焊机电极钳口内,先加预压使两焊件端面压紧,再通电加热,使被焊处达到塑性温度状态后,再断电加压顶锻,使高温端面产生一定塑性变形而焊合。

闪光对焊是两焊件不接触,先加电压,再移动焊件使之接触,由于工件表面不平,接触点少,其电流密度很大,接触点金属迅速达到熔化蒸发爆破,有火花从接触处飞射出来,形成

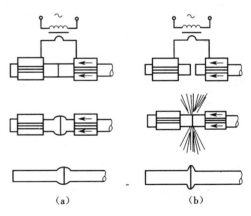

图 10.16　对焊示意图
(a)电阻对焊;(b)闪光对焊

“闪光”,经多次闪光加热后,端面达到均匀半熔化状态,同时多次将端面氧化物清理干净,此时断电并迅速对焊件加压顶锻,形成焊接接头。

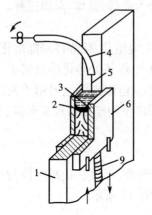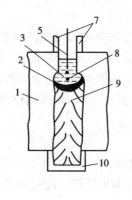

图 10.17　电渣焊示意图

1—工件；2—金属熔池；3—渣池；

4—导丝管；5—焊丝；6—强制成形装置；

7—引出板；8—金属熔滴；9—焊缝；

10—引弧板

（5）电渣焊

电渣焊是利用电流通过液态熔渣产生的电阻热加热熔化母材与电极的焊接方法。

电渣焊一般都是在垂直立焊位置焊接，两个工件接头相距 25～35 mm。固态溶剂熔化后形成的渣池具有较大的电阻，当电流通过时产生大量的电阻热，使渣池温度保持在 1 700～2 000 ℃。焊接时焊丝不断被送进并被熔化，熔池和渣池逐渐上升，冷却块也同时配合上升，从而使立焊缝由下向上顺次形成。其工作示意图如图 10.11 所示。

电渣焊有如下几个特点。

①适合焊接厚件，生产率高，成本低。

②焊缝金属比较纯净，电渣焊机械保护好，空气不易进入。熔池存在时间长，低熔点夹杂物和气体容易排出。

③焊接接头组织粗大，焊后要进行正火处理。

（6）钎焊

钎焊是将熔点低的金属材料作钎料和工件共同加热到高于钎料熔点，在工件不熔化的情况下，使钎料熔化后填满被焊工件连接处的间隙，并与被焊工件相互扩散而形成接头的焊接方法。按钎料熔点分为软钎焊和硬钎焊：钎料熔点在 450 ℃ 以下的叫软钎焊；钎料熔点在 450 ℃ 以上，接头强度较高，都在 200 MPa 以上的叫硬钎焊。

钎焊与熔焊相比，优点是加热温度低，接头组织和力学性能变化小，工件变形小；能焊接同种金属或不同种金属；设备简单，易实现自动化；焊接过程简单，生产效率高；钎焊接头强度低，常用搭接接头来提高承载能力。钎焊主要用于精密仪表、电气零部件、异种金属构件、复杂薄板构件及硬质合金刀具的焊接。

三、金属焊接性

（一）概念

金属焊接性是指金属在一定的焊接方法、焊接材料、工艺参数及结构形式条件下，获得优质焊接接头的难易程度。它包括如下两方面内容。

①接合性能，即在一定的焊接工艺条件下，形成焊接缺陷的敏感性。

②使用性能，即在一定的焊接工艺条件下，焊接接头对使用要求的适应性。

（二）金属焊接性的评定

钢的焊接性取决于碳及合金元素的含量，其中碳含量影响最大。把钢中合金元素（包括碳）的含量按其作用换算成碳的相当含量，用符号 w_{CE} 表示，它可作为评定钢材焊接性的一种参考指标，见下面公式。

$$w_{CE} = w_C + \frac{w_{Mn}}{6} + \frac{w_{Cu} + w_{Ni}}{15} + \frac{w_{Cr} + w_{Mo} + w_V}{5}$$

式中符号表示各元素在钢中的质量分数。当：

w_{CE} < 0.4% 时，焊接性优良；

w_{CE} = 0.4% 时，焊接性较差；

w_{CE} > 0.4% 时，焊接性差，须焊前预热并采取严格的工艺措施。

（三）常用金属材料的焊接

1. 低碳钢的焊接

低碳钢的碳质量分数 w_C < 0.25%，塑性好，焊接性优良。除电渣焊外，焊前一般不需预热，适应各种不同接头、不同位置、不同焊接方法和交直流弧焊机的焊接。

2. 低合金高强度结构钢的焊接

强度级别较低的低合金高强度结构钢，当 w_{CE} < 0.4% 时，焊接性良好。当 w_{CE} > 0.4% 时，焊接性较差，焊前需预热；焊接时增大焊接电流，减慢焊接速度，选用低氢型焊条，减少冷裂纹；焊后应及时进行热处理，以消除应力。一般采用焊条电弧焊和埋弧自动焊。强度级别较低的可采用二氧化碳气体保护焊，较厚件可采用电渣焊。

3. 奥氏体不锈钢的焊接

奥氏体不锈钢焊接性良好，一般采用快速焊，收弧时注意填满弧坑，焊接电流比焊低碳钢时要降低20%左右。

4. 铸铁的焊接

铸铁含碳量高，杂质多，塑性差，焊接性较差。焊接只用来修补铸铁件缺陷和修理局部损坏的零件。补焊铸铁的常用方法是气焊和焊条电弧焊。铸铁补焊的主要问题是出现白口组织和裂纹。预防白口的措施是：在焊条或焊丝中加入碳、硅等石墨化元素，使焊缝形成灰口组织；减慢冷却速度，条件允许时采用钎焊等。预防裂纹的措施是：注意焊前预热和焊后缓冷，控制连续焊的焊缝长度；采用小电流、断续焊等方法。铸铁补焊时必开坡口，并清除坡口及附近的铸造缺陷及脏物。

5. 非铁金属材料的焊接

非铁金属材料焊接主要是铝及铝合金和铜及铜合金的焊接。这类合金的主要特点是极易氧化，易产生气孔，导热系数大，易产生焊接应力和变形，严重时导致开裂。这类材料适宜采用氩弧焊、气焊和钎焊等焊接方法进行焊接。

四、焊接工艺

（一）焊接结构材料的选择

在满足工作要求的条件下，应首先选择焊接性能好的材料。特别是优先选择低碳非合金钢和低合金高强度钢等材料,其价格低廉,工艺简单,易于保证焊接质量。

(二)焊缝布置

焊缝布置的一般工艺设计原则如下。

1.尽可能分散

焊缝布置应尽可能分散,避免过分集中和交叉,焊缝密集或交叉,会加大热影响区,使组织恶化,性能下降。如图10.18所示。

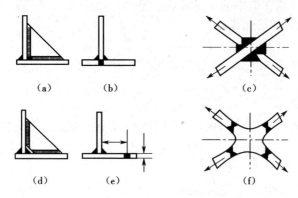

图 10.18 焊缝分散布置的设计

(a)、(b)、(c)不合理;(d)、(e)、(f)合理

2.避开应力集中部位

焊缝应避开应力集中部位,如图10.19所示。焊接接头往往是焊接结构的薄弱环节,存在残余应力和焊接缺陷。因此,焊缝应避开应力较大部位,尤其是应力集中部位。

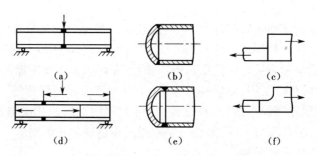

图 10.19 焊缝避开应力集中部位的设计

(a)、(b)、(c)不合理;(d)、(e)、(f)合理

3.尽可能对称

焊缝布置应尽可能对称,焊缝对称布置可使焊接变形相互抵消。如图10.20所示,(a)、(b)偏于截面重心一侧,焊后会产生较大的弯曲变形;(c)、(d)、(e)焊缝对称布置,焊后不会产生明显变形。

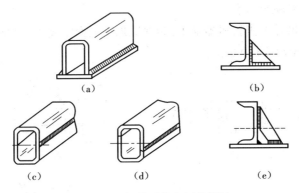

图 10.20　焊缝对称布置的设计

(a)、(b)不合理;(c)、(d)、(e)合理

4. 应便于焊接操作

如图 10.21 所示,焊条电弧焊时,要考虑焊条能到达待焊部位。点焊和缝焊时,应考虑电极能方便进入待焊部位。

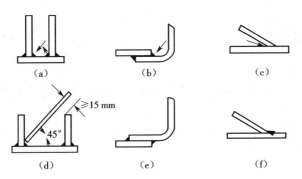

图 10.21　焊条电弧焊焊缝设置

(a)、(b)、(c)不合理;(d)、(e)、(f)合理

5. 尽量减小焊缝长度和数量

减小焊缝长度和数量,可减小焊接加热,减小焊接应力和变形,同时减小焊接材料消耗,降低成本,提高生产率。如图 10.22 所示是采用型材和冲压件减少焊缝的设计。

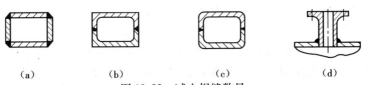

图 10.22　减少焊缝数量

(a)用四块钢板焊成;(b)用两根槽钢焊成;

(c)用两块钢板弯曲后焊成;(d)容器上的铸钢件法兰

6.尽量避开机械加工表面

有些焊接结构需要进行机械加工,为保证加工表面精度不受影响,焊缝应避开这些加工表面,如图 10.23 所示。

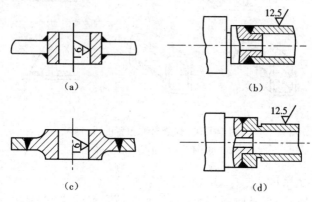

图 10.23　焊缝避开机械加工表面

(a)、(b)不合理;(c)、(d)合理

五、焊接质量与成本分析

（一）焊接质量分析

焊接质量问题主要包括焊件的宏观变形与焊接接头可能出现的各种缺陷。

1.焊接应力与变形

焊接时,焊接接头局部不均匀加热,冷却后产生应力和变形。焊接变形的基本形式有五种,如图 10.24 所示。

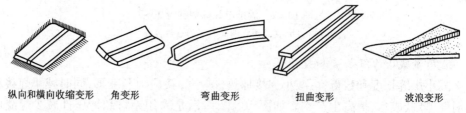

纵向和横向收缩变形　　角变形　　　弯曲变形　　　扭曲变形　　　波浪变形

图 10.24　常见焊接变形的基本形式

预防焊接变形可采取以下工艺措施。

（1）反变形法

通过试验或计算,预先确定焊后可能发生变形的大小和方向,将工件安装在相反方向位置上。或预先使焊接工件向相反方向变形,以抵消焊后所发生的变形,如图 10.25 所示。

（2）加裕量法

加裕量法根据经验在工件下料尺寸上加一定裕量,以弥补焊后的收缩变形。

图 10.25　平板焊接的反变形

(a)焊前反变形;(b)焊后

（3）刚性固定法

当焊件刚性较小时,可利用外加刚性固定以减小焊接变形。这种方法能有效地减小焊接变形,但会产生较大的焊接应力。

（4）合理安排焊接次序

对称截面梁焊接次序如图 10.26 所示。

（5）强制冷却法

使焊缝处热量迅速散走,减小金属受热面,以减小焊接变形。

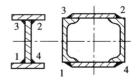

图 10.26　对称截面梁的焊接次序

（6）焊前预热,焊后处理

预热可以减小焊件各部分温度差,降低焊后冷却速度,减小残余应力。焊后进行去应力退火或用锤子均匀迅速地敲击焊缝,使之得到延伸,均可有效地减小残余应力,从而减小焊接变形。焊接变形产生后,可采用机械力或局部加热的方法予以矫正。

2.焊接接头缺陷

在焊接过程中,焊接接头区域有时会产生不符合设计或工艺文件要求的各种焊接缺陷。焊接缺陷的存在,不但降低承载能力,更严重的是导致脆性断裂,影响焊接结构的使用安全。所以,焊接时应尽量避免焊接缺陷的产生,或将焊接缺陷控制在允许范围内。常见焊接缺陷有如下几种。

（1）未焊透与未熔合

未焊透是指焊接时接头根部未完全焊透的现象;未熔合指的是焊道与母材之间或焊层与焊层之间,存在未完全熔化结合的现象,如图 10.27 所示。焊接电流太小、焊接速度太快、坡口角度太小等,都容易产生未焊透和未熔合缺陷。

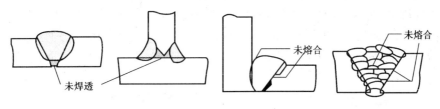

图 10.27　未焊透和未熔合

（2）气孔与夹渣

焊接时，熔池中的气体在凝固时未能逸出而残留下来所形成的空穴，称为气孔。夹渣是指焊后残留在焊缝中的熔渣。焊件表面焊前清理不良、焊条药皮受潮、焊速太快、电流过小等，都是产生气孔和夹渣的原因。气孔与夹渣如图 10.28 所示。

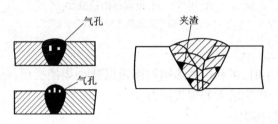

图 10.28　气孔与夹渣

（3）咬边

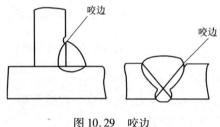

图 10.29　咬边

当焊接电流过大、焊接速度太快、运条方法不当时，焊缝两侧与母材交界处容易形成咬边。咬边减弱了母材的有效承载截面，并且在咬边处形成应力集中。咬边如图 10.29 所示。

（4）裂纹

焊接裂纹分为热裂纹和冷裂纹两种。

热裂纹是冷却到固相线附近在高温时产生的裂纹，冷裂纹是焊接接头冷却到 200～300 ℃以下时形成的裂纹。焊件碳、硫、磷含量高、冷却速度快、焊接顺序不正确、焊接应力过大等，都容易产生冷裂纹。

（二）焊接质量检验过程

焊接检验过程贯穿于焊接生产的始终，包括焊前检验、焊接生产过程的检验和焊后成品检验。焊前检验主要内容有原材料检验、技术文件、焊工资格考核等。焊接过程中的检验主要是检查各生产工序的焊接工艺参数执行情况，以便发现问题及时补救，通常以自检为主。焊后成品检验是检验的关键环节，是焊接质量最后的评定，通常包括无损检验、焊后成品强度试验、致密性检验。

焊接检验的主要目的是检查焊接缺陷。焊接缺陷包括外部缺陷和内部缺陷。针对不同类型的缺陷通常采用破坏性检验和非破坏性检验。破坏性检验主要有力学性能试验、化学成分分析、金相组织检验和焊接工艺评定。焊接质量检验重点采用非破坏性检验。

（三）焊接生产成本分析

焊接方法的选用应根据各种焊接方法的特点和焊接结构制造要求，综合考虑其质量、经济性和工艺可行性。选用时，应考虑以下几方面。

1. 焊接结构的影响

焊接结构应多采用标准的型材,以便减少焊缝数量和简化焊接工艺,降低成本。采用以小拼大的工艺,节约钢材,降低成本。

2. 工件材料的影响

在满足使用性能的前提下,尽量选用焊接性好的材料来制作焊接结构。焊接性差的材料焊后易产生焊接缺陷。焊接时若需采用价格较高的低氢型焊条、焊前预热和焊后热处理,会增加焊接成本。

3. 焊条选用的影响

除焊接受冲击载荷或动载荷的工件时采用低氢型焊条外,一般应尽量选用价格较低的酸性焊条。为降低成本,尽量选用低强度等级的焊条。

4. 焊接方法的影响

焊接方法影响焊接质量和成本,应考虑现场条件和工艺可能性来选择焊接方法。上述几方面在实际焊接生产中应综合考虑,统筹安排。

六、焊接新工艺和新技术简介

(一)传统焊接方法的新发展

为提高焊接质量和焊接生产率,利用传统的焊接方法,组织生产线,实现机械化,使焊接过程自动化、智能化是重点发展方向。目前全世界 50% 以上的工业机器人用于焊接技术。最大限度地采用熔化极气体保护焊和埋弧焊,代替焊条电弧焊是自动化发展的主要方向。

(二)高能束焊接方法的应用

高能束焊接方法能量密度高,可一次穿透较厚的焊件而不需预制坡口,可焊接任何金属和非金属材料。

1. 等离子弧焊

等离子弧焊是借助水冷喷嘴对电弧的拘束作用,获得较高能量密度的等离子弧进行焊接的方法。

2. 激光焊

激光焊是以聚焦的激光束作为能源轰击工件所产生的热量进行焊接的方法。激光束能量密度大,加热范围小,焊接速度高,焊缝可极为窄小,可以焊接所有金属,能在任何空间进行焊接,并可实现其他焊接方法所不能完成的远距离焊接。激光焊多用于仪器、微电子工业中超小型元件及空间技术中特种材料的焊接。

(三)特种焊接方法

1. 超声波焊

超声波焊是利用超声波的高频振荡能对工件接头进行局部加热和表面清理,然后施加压力实现焊接的一种压焊方法。它可以焊接一般焊接方法难以或无法焊接的焊件和材料,如铝、铜、镍、铂、金、银等薄件。超声波焊广泛应用于无线电、仪表、精密机械及航空工业等部门。

2. 扩散焊

扩散焊是将工件在高温下加压,但不产生可见变形和相对移动的固态焊接方法。它能焊接同种和异种金属材料,特别是不适于熔焊的材料,还可用于金属与非金属间的焊接,能用小件拼成力学性能均一和形状复杂的大件,以代替整体锻造和机械加工。

3. 爆炸焊

爆炸焊是利用炸药爆炸产生的冲击力造成焊件的迅速碰撞,实现连接焊件的一种压焊方法。国外已用爆炸方法复合了近 300 种复合板材。美国"阿波罗"登月宇宙飞船的燃料箱用钛板制成,它与不锈钢管的连接采用了爆炸焊方法。日本利用爆炸焊方法维修舰船,给磨损的水下机件重新加上不锈钢。

思考与练习

1. 熔焊、压焊和钎焊的实质有何不同?
2. 焊条由什么组成? 各有什么作用?
3. 酸性焊条和碱性焊条在特点和应用上有何区别?
4. 与焊条电弧焊相比,埋弧自动焊有何特点?
5. 二氧化碳焊和氩弧焊各有什么特点?
6. 电渣焊的特点是什么?
7. 焊接接头有几个区域? 各区域的组织性能如何?
8. 影响焊接接头性能的因素有哪些? 如何影响?
9. 如何防止焊接变形? 矫正焊接变形的方法有哪些?
10. 减小焊接应力的工艺措施有哪些? 消除焊接残余应力有什么方法?

第 11 单元　钳工成形技术与实训

学习目标

1. 了解钳工工作的特点及其在机械制造和维修中的作用。

2. 重点掌握常用钳工基本工艺和主要设备、工具与量具的构造和使用方法,掌握钳工主要工艺的操作技能和钳工安全技术。

3. 了解机械部件装配的基本知识,具有装拆简单部件的操作技能。

任务要求

钳工是手持工具对金属进行加工的方法。钳工工作主要以手工方法,利用各种工具和常用设备对金属进行加工。那么,工业发展这么快,为什么还有手工操作?

任务分析

钳工工具简单,操作灵活,可以完成用机械加工不方便或难以完成的工作。因此,尽管钳工大部分是手工操作,劳动强度大,对工人技术水平要求也高,但在机械制造和修配工作中,钳工仍是必不可少的重要工种。如零件加工过程中的画线、精密加工(刮削、锉削样板及制作模具等等)以及检验、修配等。

相关新知识

钳工是手持工具进行加工、维修、装配和调试等的工艺方法。钳工的工作范围很广,工作种类繁多,随着生产的发展,钳工工种已有了明显的专业分工,如普通钳工、画线钳工、模具钳工、装配钳工、修理钳工、工具和夹具钳工等。

一般来说,钳工的工作范围如下:

①加工前的准备工作;

②精密零件的加工;

③零件装配成机器时,互相配合零件的修整,整台机器的组装、试车和调整等;

④机器设备的养护和维修等。

钳工工作有如下特点:

①加工灵活、方便,能够加工形状复杂、质量要求较高的零件;

②工具简单,制造刃磨方便,材料来源充足,成本低;

③劳动强度大,生产率低,对工人技术水平要求较高。

钳工的大多数操作是在钳工工作台上进行的,简称钳台,如图 11.1 所示。常用硬质木板或钢材制成,要求坚实、平稳,台面高度 800~900 mm,台面上装台虎钳和防护网。

台虎钳是夹持工件的主要工具,如图 11.2 所示。其规格以钳口的宽度来表示,常用的有 100、125、150 mm 三种。另外还配有画线平台、钻床和砂轮机等。

使用台虎钳应注意如下事项:

①工件应夹在钳口中部以使钳口受力均匀;

②夹紧后的工件应稳固可靠,便于加工,并且不产生变形;

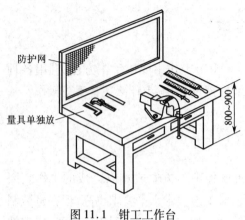

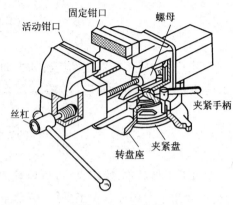

图 11.1 钳工工作台　　　　　图 11.2 台虎钳

③当转动手柄夹紧工件时,手柄上不准用套管接长手柄或用锤敲击手柄,以免损坏虎钳丝杠或螺母;

④不要在活动钳身的光滑表面进行敲击作业,以免降低它与固定钳身的配合性能,锤击应在钳面上进行。

无论是哪一种钳工,要想完成好本职工作,首先应该掌握钳工的画线、锯切、锉削、钻孔、铰孔、攻螺纹与套螺纹和刮削等基本操作。

一、画线

画线是钳工操作的最重要的一个环节。画线不仅能使加工有明确的界线,而且能及时发现和处理不合格的毛坯,避免造成损失,而在毛坯误差不太大时,往往又可依靠画线的借料法予以补救,使零件加工表面仍符合要求。画线的质量直接影响到工件的精度和质量,所以一定要掌握好画线的基本知识。

画线是在某些工件的毛坯或半成品上按零件图样要求的尺寸画出加工界线或找正线的一种方法。它的作用有如下几条:

①确定工件加工表面的加工余量和位置;

②检查毛坯的形状、尺寸是否合乎图纸要求;

③合理分配各加工面的余量。

画线分为平面画线和立体画线两类。在工件的一个平面上画线称为平面画线;在工件的几个表面上,即在长、宽、高方向上画线称为立体画线,如图 11.3 所示。

（一）画线工具

画线工具按用途不同分为基准工具（如画线平台等）、支承装夹工具（如方箱千斤顶、V 形铁等）、直接画线工具等。直接画线工具主要有如下几种。

①画针,是用来在工件上画线的工具,如图 11.4 所示。

②画线盘,是立体画线和校正工件位置时常用的工具,如图 11.4 所示。

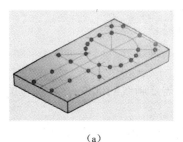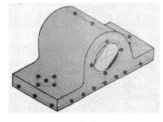

（a）　　　　　　　　　　（b）

图 11.3　平面画线和立体画线

（a）平面画线；（b）立体画线

③画规，是画圆或弧线、等分线段及量取尺寸等用的工具，如图 11.5 所示。

④画卡，是用来确定工件上各孔的中心位置的工具，如图 11.5 所示。

⑤样冲，用来在工件的线上打出样冲眼，以备所画的线模糊后，仍能找到原线的位置，如图 11.6 所示。

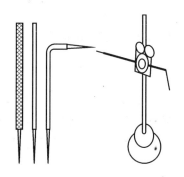

图 11.4　画针及画针盘

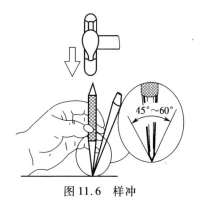

图 11.5　画规及画卡

（二）画线基准

画线时为了正确地确定工件的各部分尺寸、几何形状和相对位置的点、线或面，必须选定工件上的某个点、线或面作为画线基准。

1.基准选择的原则

基准的选择一般遵循以下原则：如工件已有加工表面，则应以已加工表面为画线基准；如毛坯上没有重要孔，则应选择较大的平面为画线基准。

2.画线基准的类型

画线的基准有如下三种类型：

①以两个相互垂直的平面（或线）为基准；

图 11.6　样冲

②以一个平面与一个对称平面为基准；

③以两个相互垂直的中心平面为基准。

(三)画线步骤

画线的步骤如下：

①研究图纸,确定画线基准,详细了解需要画线的部位,这些部位的作用、需求以及有关的加工工艺；

②初步检查毛坯的误差情况,去除不合格毛坯；

③工件表面涂色(蓝油)；

④正确安放工件和选用画线工具；

⑤画线；

⑥详细检查画线的精度以及线条有无漏画；

⑦在线条上打冲眼。

(四)画线操作注意事项

画线操作时,有如下注意事项：

①工件支承、夹持要稳固,以防滑倒或移动；

②在一次支承中,应把需要画出的平行线画全,以免再次支承补画,造成误差；

③应正确使用画线工具,以免产生误差。

二、锉削

用锉刀对工件表面进行切削加工,使工件达到所要求的尺寸、形状和表面粗糙度,称为锉削。锉削所加工出的表面粗糙度 R_a 值可达 $1.6 \sim 0.8\ \mu m$,最高精度可达 IT7 ~ IT8。

锉削加工简便,应用范围广泛,是钳工最常用的操作方法之一。锉削一般都在凿削或锯削之后,对工件进行精加工,可用于成形样板、模具型腔以及部件,还可用于机器装配时的工件修整。在现代化生产条件下,虽然可以用车、铣、刨、磨等机械加工,但仍有许多不适宜采用机械加工的场合,或在单件生产的时候,都需要通过锉削加工来完成。

(一)锉刀

1.锉刀的材料及热处理

锉刀是锉削使用的工具,常用碳素工具钢 T10、T12 制成,并经热处理淬硬到 HRC 62 ~ 67。

2.锉刀的种类

锉刀按形状不同,可分为平锉、半圆锉、方锉、三角锉及圆锉等；锉刀按其齿纹的粗细可分为粗锉刀(4 ~ 12 齿)和细锉刀(13 ~ 24 齿)。

3.锉刀的选用

合理选用锉刀,对保证加工质量、提高工作效率和延长锉刀使用寿命有很大的影响。一般选择锉刀有如下原则。

①根据工件形状和加工面的大小选择锉刀的形状和规格。

②根据加工材料软硬、加工余量、精度和表面粗糙度的要求选择锉刀的粗细。粗锉刀的齿距大,不易堵塞,适宜于粗加工(即加工余量大、精度等级和表面质量要求低)及铜、铝等软金属的锉削;细锉刀适宜于钢、铸铁以及表面质量要求高的工件的锉削;油光锉只用来修光已加工表面。锉刀愈细,锉出的工件表面愈光,但生产率愈低。

（二）锉削操作

1. 装夹工件

将工件装夹于台虎钳钳口中间,需锉削的表面略高于钳口,不能高得太多,以免锉削时工件振动;夹持已加工表面时,应在钳口与工件之间垫以铜片或铝片。装夹工件如图 11.7 所示。

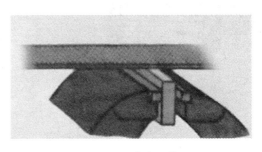

图 11.7　装夹工件

2. 握锉

正确握持锉刀有助于提高锉削质量。

（1）大锉刀的握法

右手握住锉柄,左手压住锉刀前端,使其保持水平,如图 11.8(a)所示。

（2）中锉刀的握法

中锉刀的握法大致和大锉刀握法相同,左手用大拇指和食指捏住锉刀的前端,以引导锉刀水平移动,如图 11.8(b)所示。

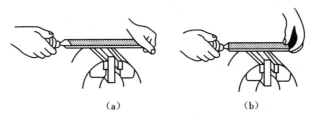

（a）　　　　　　　　　　　　（b）

图 11.8　锉刀的握法
(a)大锉刀的握法;(b)中锉刀的握法

3. 锉削方法

常用的锉削方法有顺锉法、交叉锉法、推锉法、滚锉法,前三种用于平面锉削,后一种用于弧面锉削。

（1）顺锉法

锉刀沿着工件表面横向或纵向移动,锉削平面可得到正直的锉痕,比较美观。适用于工件锉光、锉平或锉顺、锉纹顺锉法如图 11.9 所示。

（2）交叉锉法

交叉锉法是以交叉的两个方向顺序地对工件进行锉削。由于锉痕是交叉的,容易判断锉削表面的不平程度,因此也容易把表面锉平。交叉锉法去屑较快,适用于平面的粗锉。交叉锉法如图 11.10 所示。

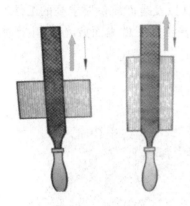

图 11.9　顺锉法

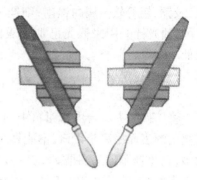

图 11.10　交叉锉法

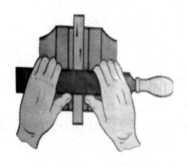

图 11.11　推锉法

（3）推锉法

两手对称地握着锉刀,用两大拇指推锉刀进行锉削。这种方式适用于较窄表面,且已锉平、加工余量较小的情况下,修正和减小表面粗糙度。推锉法如图 11.11 所示。

（三）锉削平面质量的检查

锉削时,工件的尺寸可用钢直尺和卡钳(或卡尺)检查。工件的平面及直角可用直角尺根据是否能透过光线来检查,如图 11.12。

（四）锉削操作注意事项

锉削操作时,有如下注意事项。

①锉削操作时,锉刀必须装柄使用,以免刺伤手心。

②由于台虎钳钳口经过淬火处理,不要锉到钳口上,以免磨钝锉刀和损坏钳口。

③锉削过程中不要用手抚摸工件表面,以免再锉时打滑。

④锉面堵塞后,用钢丝刷顺着锉纹方向刷去切屑。

⑤锉下来的屑末用毛刷清除,不要用嘴吹,以免屑末进入眼睛。

⑥铸件上的硬皮和粘沙,应先用砂轮磨去,然后再锉削。

锉削是手工操作,劳动强度大、效率低,对操作姿势、动作要领要求掌握准确,并且操作时必须一丝不苟,精益求精,否则会影响工件的加工进度以及加工质量。

三、锯切

（一）锯切及工作范围

1. 锯切

用手锯锯割工程材料或进行切槽的方法称为锯切。

虽然当前各种自动化、机械化的切割设备已被广泛地使用，但手锯切割还是常见的方式，它具有方便、简单和灵活的特点，在单件小批生产、临时工地以及切割异形工件、开槽、修整等场合应用较广。因此手工锯切是钳工需要掌握的基本操作之一。

2. 锯切工作范围

锯切工的工作范围如下：

①分割各种材料及半成品；

②锯掉工件上多余部分；

③在工件上锯槽。

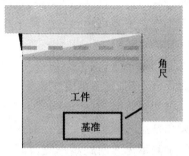

图 11.12　检查平直和直角

（二）锯切的工具——锯条

锯条多用碳素工具钢制成。常用的锯条约长 300 mm，宽 12 mm，厚 0.8 mm。锯条切削部分是由许多锯齿组成的。

锯齿按齿距的大小，可分为粗齿、中齿及细齿三种。粗齿锯条适于锯铜、铅等软金属及厚的工件。细齿锯条适用于锯硬钢、板料及薄壁管子等。加工普通钢、铸铁及中等厚度的工件多用中齿锯条。

（三）锯切操作

1. 工件的夹持

工件的夹持要牢固，不可有抖动，以防锯切时工件移动而使锯条折断。同时也要防止夹坏已加工表面和使工件变形。

工件应尽可能夹在台虎钳左边，以免操作时碰伤左手。工件伸出要短，以防锯切时产生颤动。

锯条安装在锯弓上时，锯齿应向前。锯条的松紧要合适，否则锯切时易折断锯条。

2. 起锯

起锯姿势要正确。起锯时，以左手拇指靠住锯条，右手稳握手柄，起锯角稍小于 15°，如图 11.13 所示。

3. 正常锯切

锯弓直线往复，锯条要与工件表面垂直，前推时轻压，用力要均匀，返回时从工件表面轻轻滑过。锯削时不要用力过猛,以防止锯条折断,崩出伤人。

工件将要被锯断时压力要小,以免工件突然断开,身体前冲造成事故。

4. 锯切示例

锯切圆钢时,为了得到整齐的锯缝,应从起锯开始以一个方向锯到结束。如果对断面要求不高,可逐渐变更起锯方向,以减小抗力,便于切入。

锯切圆管时,一般把圆管水平地夹持在台虎钳内,对于薄管或精加工过的管子,应夹在木垫之间。锯切管子不宜从一个方向锯到底,应该锯到管子内壁时停止,然后把管子向推锯方向旋转一些,仍按原有锯缝锯下去,这样不断转锯,到锯断为止。

锯切薄板时,为了防止工件产生振动和变形,可用木板夹住薄板两侧进行锯切。

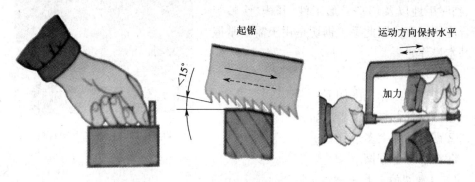

图 11.13　起锯

(四)锯切操作注意事项

锯切操作时,有如下注意事项:

①锯切前要检查锯条的装夹方向和松紧程度;

②锯切时压力不可过大,速度不宜过快,以免锯条折断伤人;

③锯切将完成时,用力不可太大,并需用左手扶住被锯下的部分,以免该部分落下时砸脚。

四、刮削

刮削是一种比较古老的加工方法,也是一项比较繁重的体力劳动。

(一)刮削

1. 定义

刮削是用刮刀在工件已加工表面上刮去一层薄金属的加工方法。刮削是钳工中的一种精密加工,用在零件上的配合滑动表面上,例如机床的导轨、滑动轴承等。

2. 作用

刮削(如图 11.14 所示)作用是为了达到配合精度,增加接触表面,减少摩擦磨损,提高使用寿命等目的。

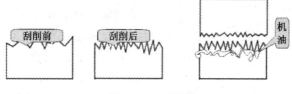

图 11.14　刮削

（二）刮刀及其用法

图 11.15 所示为平面刮刀,是用优质碳素工具钢锻制而成的,端部需磨出锋利刃口,并用油石磨光。

图 11.16 所示为刮刀的一种握法,右手握刀柄,推动刮刀前进;左手在接近端部的位置施压并引导刮刀沿刮削方向移动。刮刀与工件间倾斜夹角为 25°～30°。刮削时用力要均匀,避免划伤工件。

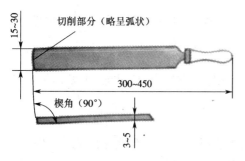

图 11.15　平面刮刀

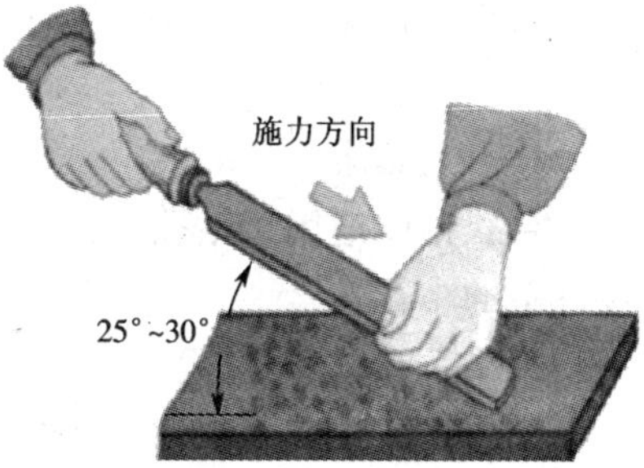

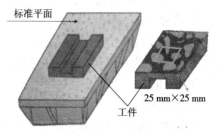

图 11.16　刮刀握法

（三）刮削质量检验

刮削后的质量通常用研点法来检验,如图 11.17 所示。

将刮削后的平面磨净,均匀涂上一层很薄的红丹油,然后与校准工具稍加压力配研。配研后工件表面的亮点便因磨去红丹油而显出亮点。

每 25 mm×25 mm 面积内的亮点数即反映了刮削质量。普通机床导轨面为 8～

图 11.17　刮削质量检验

10 点;精密机床导轨面为 12～15 点;0 级平板、精密量具刮削面大于 25 点。

（四）平面刮削步骤

平面刮削是用平面刮刀刮削平面的操作,主要用于刮削平板、工作台、导轨面等。按加工质量不同可分为粗刮和细刮。

工件表面粗糙、存有机械加工刀痕时,应先行粗刮。粗刮用长刮刀,施加较大的

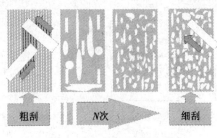

图 11.18　平面刮削步骤

压力,多次刮削交叉进行,直至刀痕等全部消除。刀痕等刮除后可用研点法检验,并按显示出的亮点逐点刮削,当贴合点增至 4 个点后进行细刮。细刮采用较短的刮刀,施加较小的压力,经反复刮削后,使贴合点逐步增多,直至满足要求为止。其步骤如图 11.18 所示。

五、钻孔

(一)概述

钻孔是用钻头在实体材料上加工孔的方法。钻孔属于粗加工,其尺寸公差等级一般为 IT14 ~ IT12,表面粗糙度 R_a 值为 25 ~ 12.5 μm。

(二)钻床

常用的钻床有台式钻床、立式钻床、摇臂钻床三种。手电钻也是常用的钻孔工具。

1. 台式钻床

台式钻床适用于钻孔直径 12 mm 以下的情况,特点是小巧灵活,主要加工小型零件上的小孔。

2. 立式钻床

立式钻床主要由主轴、主轴变速箱、进给箱、立柱、工作台和底座组成,其规格用最大钻孔直径表示,如 25 mm、35 mm、40 mm、50 mm,等等。立式钻床可以完成钻孔、扩孔、铰孔、锪孔、攻丝等加工。在立式钻床上,钻完一个孔后需移动工件,钻另一个孔,对较大的工件移动很困难,因此立式钻床适于加工中小型零件上的孔。

3. 摇臂钻床

它有一个能绕立柱旋转(360°)的摇臂,摇臂带着主轴箱可沿立柱垂直移动,同时主轴箱等还能在摇臂上做横向移动,由于摇臂钻的结构特点是能方便地调整刀具的位置,因此适用于加工大型笨重零件及多孔零件上的孔。

4. 手电钻

在其他钻床不方便钻孔时,可用手电钻钻孔。

(三)钻头

钻头是钻孔用的切削工具,常用高速钢制造,工作部分经热处理淬硬至 62 ~ 65 HRC。一般钻头由柄部、颈部及工作部分组成。

1. 柄部

柄部是钻头的夹持部分,起传递动力的作用。柄部有直柄和锥柄两种,直柄传递扭矩较小,一般用在直径小于 12 mm 的钻头;锥柄可传递较大扭矩(主要是靠柄的扁尾部分),用在直径大于 12 mm 的钻头。

2. 颈部

颈部是砂轮磨削钻头时退刀用的,钻头的直径大小等一般也刻在颈部。

3. 工作部分

它包括导向部分和切削部分。导向部分有两条狭长、螺纹形状的刃带(棱边亦即副切削刃)和螺旋槽。棱边的作用是引导钻头和修光孔壁;两条对称螺旋槽的作用是排除切屑和输送切削液(冷却液)。切削部分有两条主切削刃和一条横刃。两条主切削刃之间通常为 $118°±2°$,称为顶角。横刃的存在使钻削轴向力增加。

(四)钻孔方法

按画线钻孔时,一定要使麻花钻的尖头对准孔中心的样冲眼,一般先钻一小孔以判断是否对准。钻削开始时,要用较大的力向下进给,以免钻头在工件表面上来回晃动而不能切入。用麻花钻头钻较深的孔时,要经常退出钻头以排出切屑和进行冷却,否则可能使切屑堵塞在孔内卡断钻头,或由于过热而加快钻头的磨损。钻孔时为了降低切削温度和延长钻头使用寿命,要加冷却润滑液。

(五)钻孔操作注意事项

钻孔操作时,有如下注意事项:

①严格遵守实训着装要求,扎紧衣袖,严禁戴手套,女同学戴安全帽;

②工件夹紧必须牢固,孔将要钻穿时应减小进给力;

③先停车后变速,注意用电安全;

④不准用手拉或用嘴吹钻屑,以防止切屑伤手或伤眼。

六、攻螺纹和套螺纹

常用的螺纹工件,其螺纹除采用机械加工外,能不能亲手加工螺纹呢?手工加工螺纹的技术,可以采用钳加工方法中的攻螺纹和套螺纹。攻丝、套丝适用于小批量的螺纹加工生产。

(一)攻螺纹

攻螺纹(也叫攻丝)是用丝锥加工内螺纹的方法。

1. 丝锥及铰杠

(1)丝锥

丝锥是用来加工较小直径内螺纹的成形刀具,一般选用合金工具钢9SiGr,并经热处理制成。通常 M6 ~ M24 的丝锥一套为两支,称头锥、二锥;M6 以下及 M24 以上一套有三支,即头锥、二锥和三锥。每个丝锥都有工作部分和柄部组成。工作部分是由切削部分和校准部分组成。轴向有几条(一般是三条或四条)容屑槽,相应地形成几瓣刀刃(切削刃)和前角。切削部分(即不完整的牙齿部分)是切削螺纹的重要部分,常磨成圆锥形,以便使切削负荷分配在几个刀齿上。头锥的锥角小些,有 5 ~ 7 个牙;二锥的锥角大些,有 3 ~ 4 个牙。校准部分具有完整的牙齿,用于修光螺纹和引导丝锥沿轴向运动。柄部有方头,其作用是与铰杠相配合并传递扭矩。

（2）铰杠

铰杠是用来夹持丝锥的工具，常用的是可调式铰杠。旋转手柄即可调节方孔的大小，以便夹持不同尺寸的丝锥。铰杠长度应根据丝锥尺寸大小进行选择，以便控制攻螺纹时的扭矩，防止丝锥因施力不当而扭断。

2. 攻螺纹前钻底孔直径和深度的确定以及孔口的倒角

（1）底孔直径的确定

丝锥在攻螺纹的过程中，切削刃主要切削金属，但还有挤压金属的作用，因而造成金属凸起并向牙尖流动的现象，所以攻螺纹前，钻削的孔径（即底孔）应大于螺纹内径。底孔的直径可查手册或按下面的经验公式计算：

脆性材料（铸铁、青铜等） $d_0 = d - 1.1p$

塑性材料（钢、紫铜等） $d_0 = d - p$

式中：d_0——钻孔直径，mm；

d——螺纹外径，mm；

p——螺距，mm。

（2）钻孔深度的确定

攻盲孔（不通孔）的螺纹时，因丝锥不能攻到底，所以孔的深度要大于螺纹的长度，盲孔的深度可按下面的公式计算：

钻孔深度 = 所需螺纹深度 + $0.7d$

（3）孔口倒角

攻螺纹前要在钻孔的孔口进行倒角，以利于丝锥的定位和切入。倒角的深度大于螺纹的螺距。

3. 攻螺纹的操作步骤

（1）装夹检查

将螺帽坯夹在台虎钳上。将头锥装入丝锥铰杠上。将夹在铰杠上的头锥垂直地插入底孔。

（2）攻螺纹

如图 11.19 所示，双手握住铰杠手柄，大拇指抵住手中部向下施压。按顺时针方向，边压边转，使丝锥逐步切入孔内。丝锥切入孔内 1 ~ 2 牙，检查丝锥的垂直程度。发现偏斜，予以纠正。丝锥攻入孔内 3 ~ 4 牙后，双手分开握住铰手柄，不再加压，均匀地转动铰手。每转动 3/4 圈，倒旋 1/4 圈。攻削至头锥刀齿全长的一半长度伸出底孔的另一端。攻削过程中要适量地加入润滑油。双手扶持铰手柄，按逆时针方向均匀平稳地转动，从孔内退出头锥。清理头锥和螺孔内切屑。用手将二锥直接旋入螺孔内，至旋不动为止。用铰手夹住二锥的方榫继续攻削修光螺纹。双手扶持铰手柄均匀平稳地按逆时针方向旋转，退出二锥。清理切屑。

4. 攻螺纹的操作要点及注意事项

攻螺纹操作时，应注意如下事项。

①根据工件上螺纹孔的规格,正确选择丝锥,先头锥后二锥,不可颠倒使用。

②装夹工件时,要使孔中心垂直于钳口,防止螺纹攻歪。

③用头锥攻螺纹时,先旋入1~2圈后,要检查丝锥是否与孔端面垂直(可目测或用直角尺在互相垂直的两个方向检查)。当切削部分已切入工件后,每转1~2圈应反转1/4圈,以便切屑断落;同时不能再施加压力(即只转动不加压),以免丝锥崩牙或攻出的螺纹齿较瘦。

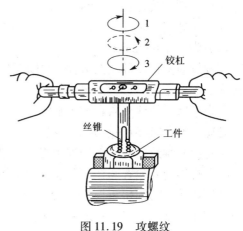

图11.19　攻螺纹

④攻钢件上的内螺纹,要加机油润滑,可使螺纹光洁、省力和延长丝锥使用寿命;攻铸铁件上的内螺纹可不加润滑剂,或者加煤油;攻铝及铝合金件、紫铜件上的内螺纹,可加乳化液。

⑤不要用嘴直接吹切屑,以防切屑飞入眼内。

（二）套螺纹

加工外螺纹可以用套螺纹的方法。

1. 板牙和板牙架

（1）板牙

板牙是加工外螺纹的刀具,用合金工具钢9SiGr制成,并经热处理淬硬。其外形像一个圆螺母,只是上面钻有3~4个排屑孔,并形成刀刃。

板牙由切屑部分、定位部分和排屑孔组成。圆板牙螺孔的两端有40°的锥度部分,是板牙的切削部分。定位部分起修光作用。板牙的外圆有一条深槽和4个锥坑,锥坑用于定位和紧固板牙。

（2）板牙架

板牙架是用来夹持板牙、传递扭矩的工具。不同外径的板牙应选用不同的板牙架。

2. 套螺纹前圆杆直径的确定和倒角

（1）圆杆直径的确定

与攻螺纹相同,套螺纹时有切削作用,也有挤压金属的作用。故套螺纹前必须检查圆杆直径。圆杆直径应稍小于螺纹的公称尺寸,圆杆直径可查表或按下面的经验公式计算:

$$d_0 = d - (0.13 \sim 0.2)p$$

式中:d_0——圆杆直径,mm;

　　　　d——螺纹公称直径,mm;

　　　　p——螺距,mm。

　　(2)圆杆端部的倒角

　　套螺纹前圆杆端部应倒角,使板牙容易对准工件中心,同时也容易切入。倒角长度应大于一个螺距,斜角为15°~30°。

　　3.套螺纹的操作要点和注意事项

　　套螺纹操作时,应注意如下事项。

　　①每次套螺纹前应将板牙排屑槽内及螺纹内的切屑清除干净。

　　②套螺纹前要检查圆杆直径大小和端部倒角。

　　③套螺纹时切削扭矩很大,易损坏圆杆的已加工面,所以应使用硬木制的V形槽衬垫或用厚铜板作保护片来夹持工件。工件伸出钳口的长度,在不影响螺纹要求长度的前提下,应尽量短。

　　④套螺纹时,板牙端面应与圆杆垂直,操作时用力要均匀。开始转动板牙时,要稍加压力,套入3~4牙后,可只转动而不加压,并经常反转,以便断屑。

　　⑤在钢制圆杆上套螺纹时要加机油润滑。

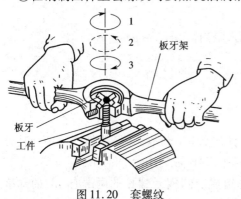

图11.20　套螺纹

　　套螺纹与攻螺纹在操作步骤和操作方法上十分相似,如图11.20所示。加工前都要确定工件加工部位的直径(套螺纹,圆柱形工件直径;攻螺纹,底孔直径)。装夹检查时要使切削刃具垂直于工件(套螺纹,板牙平面与圆杆垂直;攻螺纹,头锥与孔口平面垂直)。套削与攻削方法相似。开始时用加压旋转方式进行切削,力求刃具与工件保持垂直。在切削过程中要及时倒转刃具清出切屑。不同之处主要表现为板牙装入板牙铰手的方法与丝锥装入丝锥的方法有所不同。

七、装配工艺

　　任何一台机器都是由许多零件和部件组成的。按照规定的装配精度和技术要求,将若干个零件和部件进行必要的配合与连接,并经调整、试验,使之成为合格产品的过程,称为装配。

　　零件是机器最基本的单元。组件则是若干零件组合而成的单元。将若干零件安装在一个基础零件上而构成组件的装配称为组件装配;将若干零件、组件安装在另一个基础零件上而构成部件的装配称部件装配;将若干个零件、组件、部件安装在一个较大较重的基础零件上而构成产品的装配称为总装配。

(一)典型零件的装配

1. 螺栓螺母的装配

螺纹连接是机器中最常见的一种可拆卸固定连接。它具有装拆简便,调整、更换容易,易于多次拆装等优点。在装配工作中,常遇到大量的螺栓、螺母的装配,在装配中应注意以下事项。

①螺纹配合时应做到螺母能用手自由旋入,既不能过紧,又不能过松,过紧会咬坏螺纹,过松在受力后,螺纹易断裂。

②螺母端面应与螺纹的轴线位置垂直,以便受力均匀。

③装配成组螺栓、螺母时,为了保证贴合面受力均匀,应按一定顺序拧紧,并且一次不能全拧紧,应按顺序分两次或三次拧紧。

④螺纹连接应采取防松措施。

2. 滚动轴承的装配

滚动轴承的装配多数为较小的过盈配合。常用锤子或压力机装配。为了使轴承圈受到均匀压力,采用垫套加压。轴承往轴上压时,应通过垫套施力于轴承内圈端面,如图11.21(a)所示;轴承压到机体孔中时,则应施力于外圈端面,如图11.21(b)所示;若同时将轴承压到轴上和机体孔中,则内外圈端面应同时加压,如图11.21(c)所示。若轴承与轴为较大的过盈配合时,最好将轴承挂在 80 ~ 90 ℃的热油中加热,然后趁热装入。

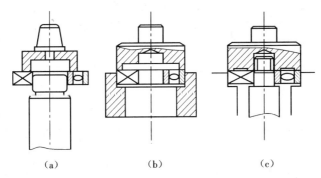

(a)   (b)   (c)

图 11.21 用垫套压装滚动轴承
(a)内圈先装在轴上;(b)外圈先装入机体中;(c)内外圈同时装

3. 轴与传动轮的装配

传动轮(如齿轮、带轮、蜗轮等)与轴一般采用键连接,其中以普通平键连接最为常用。键与轴槽、轴与轮多采用过渡配合,键与轮槽常采用间隙配合或过渡配合。

在单件小批量生产中,轴、键、传动轮的装配要点如下。

①清理键及键槽上的毛刺。

②用键的头部与轴槽试配,使键能较紧地嵌入轴槽中。

③锉配键长,使键与轴槽在轴向有 0.1 mm 左右的间隙。

④在装合面上加机油,用铜棒或台虎钳(钳口座加铜皮)将键压入轴槽中,并与槽底接触良好。

⑤试配并安装好传动轮,注意槽底部与键应留有间隙。

(二)拆装工艺方法

1.装配

装配前,研究和熟悉装配图的技术条件,了解产品的结构和零件的作用以及相互连接的关系,确定装配的方法(有完全互换装配法、选配装配法、修配装配法和调整装配法等)以及装配的工艺规程。

装配工艺规程是指导装配生产的主要技术文件,制定装配工艺规程是生产技术准备工作的一项重要工作,对保证装配质量、提高装配生产效率、缩短装配周期、减轻工人的劳动强度等有重要影响。制定装配工艺规程,最主要的是划分装配单元,确定装配顺序。将产品划分为可进行独立装配的单元是制定装配工艺规程中最重要的一个步骤。依据制定的装配单元系统图按组件装配—部件装配—总装配的次序进行,并经调整、试验、检验、喷漆、装箱等步骤完成全部工作。

装配要求如下。

①装配前应检查零件形状、尺寸有无变形和损坏等,并注意零件上的标记,防止错装。

②装配的顺序一般从里到外,由下向上进行。

③旋转的机构外面不得有凸出的螺钉或销钉头等。

④固定连接零、部件,不允许有间隙,活动的零件按规定方向运动。

⑤有足够的润滑。不得有渗油、漏气现象。

⑥试车时,应从低速到高速逐步进行,根据试车情况逐步调整,使其达到规定的要求。

2.拆卸

机器使用一段时间后,要进行检查和修理,这时要对机器进行拆卸,拆卸要注意如下几项。

①机器拆卸工作,应按其结构的不同,预先考虑操作程序,以免先后倒置,或贪图省事猛敲,造成零件的损伤或变形。

②拆卸的顺序,应与装配的顺序相反,一般应先拆外部附件,然后按总成、部件进行拆卸。

③拆卸时,使用的工具必须保证对合格零件不发生损伤,尽可能使用专用拆卸工具,严禁用硬手锤直接在零件的工作表面上敲击。

④拆卸时要记住每个零件原来的位置,配合件要做记号,防止以后装错。

⑤紧固件上的防松装置,在拆卸后一般要更换,避免这些零件在使用时折断而造成事故。

思考与练习

1. 什么叫做画线基准？如何选择画线基准？
2. 怎样选择锯条？起锯时应注意哪些问题？
3. 交叉锉、顺向锉、推锉各有何优点？怎样正确使用？
4. 麻花钻的切削部分和导向部分的作用有何不同？
5. 为什么套螺纹前要检查圆杆的直径？其大小怎样决定？为什么要倒角？
6. 装配工作应注意哪些事项？

第 12 单元　机械加工成形工艺

学习目标
1. 了解金属切削加工的基本知识。
2. 了解卧式车床的组成、运动、用途及典型零件的装夹方法。
3. 重点掌握基本切削工艺,具有主要车削工艺操作技能和机械加工安全技术。
4. 掌握铣床、刨床及磨床的组成、运动、用途和加工工艺特点;具有铣削、刨削及磨削等加工方法的初步操作技能。

任务要求

你知道常用的机床有哪几种？机械加工成形方法有哪些？如何对一中等复杂零件进行机械加工工艺规程的编制？

任务分析

本单元的任务是了解零件的机械加工成形工艺,切削加工是利用切削工具和工件之间的相对运动,从毛坯(例如:铸件、锻件、焊接件、型材等)上切削掉多余部分材料,以获得所需要的尺寸精度、形状精度、相互位置精度以及表面粗糙度的一种加工方法。机械加工是操作机床进行的切削加工,切削加工历史较悠久,应用广泛,其先进程度直接影响产品的生产率和质量。

相关新知识

一、切削加工基本知识

(一)切削运动

切削加工时,为了获得各种形状的零件,刀具与工件必须具有一定的相对运动,即切削运动。切削运动按其所起的作用可分为主运动和进给运动。

1.主运动

主运动是由机床或人力提供的运动,它使刀具与工件之间产生主要的相对运动。主运动的特点是速度最高,消耗功率最大。车削时,主运动是工件的回转运动,如图12.1所示;牛头刨床刨削时,主运动是刀具的往复直线运动,如图12.2所示。

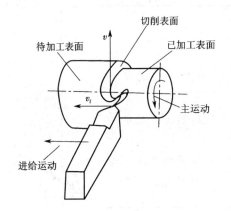

图 12.1 车削运动和工件上的表面

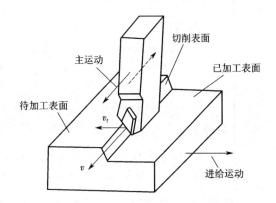

图 12.2 刨削运动和工件上的表面

2.进给运动

进给运动是由机床或人力提供的运动,它使刀具与工件间产生附加的相对运动,进给运动将使被切金属层不断地投入切削,以加工出具有所需几何特性的已加工表面。车削外圆时,进给运动是刀具的纵向运动;车削端面时,进给运动是刀具的横向运动。牛头刨床刨削时,进给运动是工作台的移动。

主运动的运动形式可以是旋转运动,也可以是直线运动;主运动可以由工件完成,也可以由刀具完成;主运动和进给运动可以同时进行,也可以间歇进行;主运动通常只有一个,而进给运动可以有一个或几个,通常消耗功率较小。

(二)工件表面

切削加工过程中,在切削运动的作用下,工件表面一层金属不断地被切下来变为切屑,从而加工出所需要的新的表面,在新表面形成的过程中,工件上有三个依次变化着的表面,它们分别是待加工表面、切削表面和已加工表面,如图12.1和图12.2所示。

1. 待加工表面

待加工表面是即将被切去金属层的表面。

2. 切削表面

切削表面是切削刃正在切削而形成的表面,切削表面又称加工表面或过渡表面。

3. 已加工表面

已加工表面是已经切去多余金属层而形成的新表面。

(三)切削用量

切削用量是衡量切削运动大小的参数。它包括切削速度、进给量和背吃刀量。

①切削速度(v_c)是主运动的线速度。它是指刀具在一分钟内切削工件表面的理论展开直线长度,单位为 m/s。它是衡量主运动大小的参数,其计算公式为

$$v_c = \pi d_w n / 1\ 000$$

式中:d_w——工件待加工表面直径,mm;

n——车床主轴转数,r/min。

②进给量(f)是进给运动方向上相对工件的移动量。它是衡量进给运动大小的参数。车削时,进给量为主轴每转一转,工件与刀具相对的位移量,单位为 mm/r。

③背吃刀量(a_p)是每次走刀切入的深度。背吃刀量等于待加工表面与已加工表面的垂直距离(mm),就是每次走刀时刀具切入工件的深度,可用下式计算

$$a_p = (d_w - d_m)/2$$

式中:d_w——工件待加工表面的直径,mm;

d_m——工件已加工表面的直径,mm。

二、金属切削刀具

切削刀具种类很多,如车刀、刨刀、铣刀和钻头等。它们几何形状各异,复杂程度不等,但它们切削部分的结构和几何角度都具有许多共同的特征,其中车刀是最常用、最简单和最基本的切削工具,因而最具有代表性。其他刀具都可以看做是车刀的组合或变形。因此,研究金属切削工具时,通常以车刀为例进行研究和分析。

(一)车刀的组成

车刀由切削部分、刀柄两部分组成。切削部分承担切削加工任务,刀柄用以装夹在机床刀架上。切削部分是由一些面和切削刃组成。常用的外圆车刀是由一个刀尖、两条切削刃、三个刀面组成的,如图 12.3 所示。

1. 刀面

①前刀面 A_γ:刀具上切屑流过的表面。

②后刀面 A_α:与工件上切削表面相对的表面。

③副后刀面 A'_α:与工件已加工表面相对的刀面。

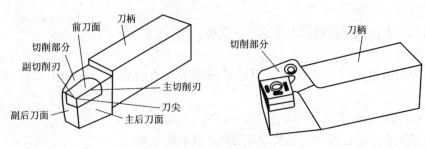

图 12.3　车刀的组成

2. 切削刃

①主切削刃 S：前刀面与后刀面的交线，承担主要的切削工作。

②副切削刃 S'：前刀面与副后刀面的交线，承担少量的切削工作。

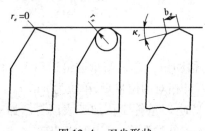

图 12.4　刀尖形状

③刀尖是主、副切削刃相交的一点，实际上该点不可能磨得很尖，而是由一段折线或微小圆弧组成，微小圆弧的半径称为刀尖圆弧半径，用 r_ε 表示，如图 12.4 所示。

（二）刀具几何角度参考系

为了便于确定车刀上的几何角度，常选择某一参考系作为基准，通过测量刀面或切削刃相对于参考系坐标平面的角度值来反映它们的空间方位。

刀具几何角度参考系有两类：刀具标注角度参考系和刀具工作角度参考系。

1. 刀具标注角度参考系

（1）假设条件

刀具标注角度参考系是刀具设计时标注、刃磨和测量角度的基准，在此基准下定义的刀具角度称刀具标注角度。为了使参考系中的坐标平面与刃磨、测量基准面一致，特别规定了如下假设条件。

①假设运动条件：用主运动向量 $\boldsymbol{v}_\text{c}$ 近似地代替相对运动合成速度向量 $\boldsymbol{v}_\text{e}$（即 $\boldsymbol{v}_\text{f}=0$）。

②假设安装条件：规定刀杆中心线与进给运动方向垂直，刀尖与工件中心等高。

（2）刀具标注角度参考系种类

根据 ISO 3002/1—1997 标准推荐，刀具标注角度参考系有正交平面参考系、法平面参考系和假定工作平面参考系三种。

1）正交平面参考系

如图 12.5 所示，正交平面参考系由以下三个平面组成。

基面 p_r 是过切削刃上某选定点平行或垂直于刀具在制造、刃磨及测量时适合于安装或定位的一个平面或轴线,一般来说其方位要垂直于假定的主运动方向。车刀的基面都平行于它的底面。

主切削平面 p_s 是过切削刃某选定点与主切削刃相切并垂直于基面的平面。

正交平面 p_o 是过切削刃某选定点并同时垂直于基面和切削平面的平面。

过主、副切削刃某选定点都可以建立正交平面参考系。基面 p_r、主切削平面 p_s、正交平面 p_o 三个平面在空间相互垂直。

2)法平面参考系

如图 12.6 所示,法平面参考系由 p_r、p_s 和法平面 p_n 组成。其中法平面 p_n 是过切削刃某选定点垂直于切削刃的平面。

3)假定工作平面参考系

如图 12.7 所示,假定工作平面参考系由 p_r、p_f 和 p_p 组成。假定工作平面 p_f 是过切削刃某选定点平行于假定进给运动并垂直于基面的平面。背平面 p_p 是过切削刃某选定点既垂直于假定进给运动又垂直于基面的平面。

刀具设计时标注、刃磨、测量角度最常用的是正交平面参考系。

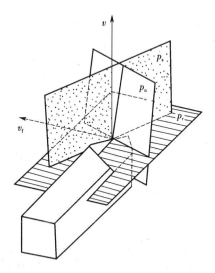

图 12.6　法平面参考系　　　图 12.7　假定工作平面参考系

2. 刀具工作角度参考系

刀具工作角度参考系是刀具切削工作时角度的基准(不考虑假设条件),在此基准下定义的刀具角度称刀具工作角度。它同样有正交平面参考系、法平面参考系和假定工作平面参考系。

（三）刀具标注角度定义

车刀的几何角度如图 12.8 所示。

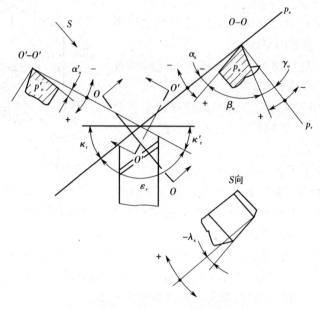

图 12.8　车刀的几何角度

1. 在基面内测量的角度

（1）主偏角 κ_r

主偏角是主切削刃与进给运动方向之间的夹角。

（2）副偏角 κ_r'

副偏角是副切削刃与进给运动反方向之间的夹角。

（3）刀尖角 ε_r

刀尖角是刀尖角主切削平面与副切削平面之间的夹角。刀尖角的大小会影响刀具切削部分的强度和传热性能。它与主偏角和副偏角的关系如下：

$$\varepsilon_r = 180° - (\kappa_r + \kappa_r')$$

2. 在主切削刃正交平面（$O-O$）内测量的角度

（1）前角 γ_o

前角是前刀面与基面间的夹角。当前刀面与基面平行时，前角为零。基面在前刀面以内，前角为负；基面在前刀面以外，前角为正。

（2）后角 α_o

后角是后刀面与切削平面间的夹角。

（3）楔角 β_o

楔角是前刀面与后刀面间的夹角。

楔角的大小将影响切削部分截面的大小,决定着切削部分的强度,它与前角 γ_o 和后角 α_o 的关系如下:

$$\beta_o = 90° - (\gamma_o + \alpha_o)$$

3. 在切削平面(S 向) 内测量的角度

刃倾角 γ_s 是主切削刃与基面间的夹角。刃倾角正负的规定如图 12.9 所示。刀尖处于最高点时,刃倾角为正;刀尖处于最低点时,刃倾角为负;切削刃平行于底面时,刃倾角为零。

$\gamma_s = 0$ 的切削称为直角切削,此时主切削刃与切削速度方向垂直,切屑沿切削刃法向流出。$\gamma_s \neq 0$ 的切削称为斜角切削,此时主切削刃与切削速度方向不垂直,切屑的流向与切削刃法向倾斜了一个角度,如图 12.10 所示。

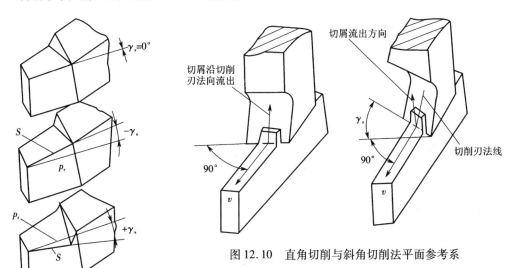

图 12.9　γ_s 的正负规定

图 12.10　直角切削与斜角切削法平面参考系

4. 在副切削刃正交平面($O'-O'$) 内测量的角度

副后角 α_o' 是副后刀面与副切削刃切削平面间的夹角。

上述的几何角度中,最常用的是前角 γ_o、后角 α_o、主偏角 κ_r、刃倾角 γ_s、副偏角 κ_r' 和副后角 α_o',通常称之为基本角度,在刀具切削部分的几何角度中,上述基本角度能完整地表达出车刀切削部分的几何形状,反映出刀具的切削特点。ε_r、β_o 为派生角度。

(四)刀具工作角度

切削过程中,由于刀具的安装位置、刀具与工件间相对运动情况的变化,实际起作用的角度与标注角度有所不同,称这些角度为工作角度。现在仅就刀具安装位置对角度的影响叙述如下。

1. 刀柄中心线与进给方向不垂直时对主、副偏角的影响

当车刀刀柄与进给方向不垂直时,主偏角和副偏角将发生变化,如图 12.11 所示。

$$\kappa_{re} = \kappa_r + G$$

$$\kappa'_{re} = \kappa'_{re} - G$$

2. 切削刃安装高于或低于工件中心时,对前角、后角的影响

切削刃安装高于或低于工件中心时,按辅助平面定义,通过切削刃做出的切削平面、基面将发生变化,所以使刀具角度也随着发生变化,如图 12.12 所示。

切削刃安装高于工件中心时:

$$\gamma_{oe} = \gamma_o + N$$

$$\alpha_{oe} = \alpha_o - \alpha$$

切削刃安装低于工件中心时:

$$\gamma_{oe} = \gamma_o - N$$

$$\alpha_{oe} = \alpha_o + N$$

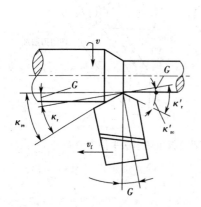

图 12.11　刀柄中心线不垂直
　　　　　　进给方向

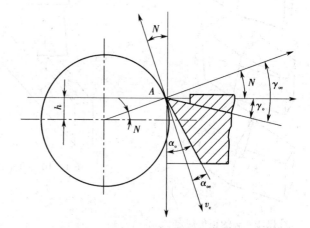

图 12.12　车刀安装高低对前角、后角的影响

三、车削加工

车工是机械加工中的基本工种,它的技术性很强,主要用车床加工回转表面,所用刀具是车刀,还可以用钻头、铰刀、丝锥、滚花刀等刀具。在金属切削机床中,车床所占比例最大,占金属切削机床总台数的 20% ~ 35%。车床应用范围很广,种类很多。按用途和结构的不同,主要分为卧式车床及落地车床、立式车床和各种专门化车床等。此外,在大批量生产中还有各种各样的专用机床。

(一)车削加工的工艺范围

车床主要用于各种回转表面加工,其应用如图 12.13 所示。卧式车床加工尺寸

公差等级可达 IT8～IT7,表面粗糙度 R_a 可达 1.6 μm。

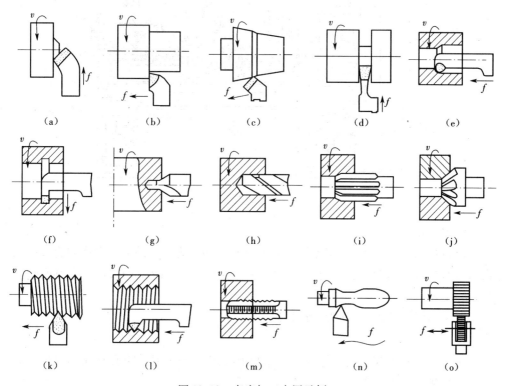

图 12.13　车床加工应用示例

(a)车端面;(b)车外圆;(c)车圆锥体;(d)切槽和切断;(e)车内孔;(f)车内槽;(g)钻中心孔;(h)钻孔;
(i)铰孔;(j)锪孔;(k)车外螺纹;(l)车内螺纹;(m)攻丝;(n)车成形面;(o)滚花

（一）车床

车床种类很多,其中卧式车床是应用最广泛的一种。其组成见图 12.14 所示。车床的组成部分如下。

1.刀架

刀架固定在小滑板上,用以夹持车刀(方刀架上可同时安装四把车刀)。

2.主轴箱

主轴箱用于支承主轴、容纳变速齿轮而使主轴作多种速度的旋转运动。

3.交换齿轮箱

交换齿轮箱用于将主轴的转动传给进给箱。调换交换齿轮箱内的齿轮,并与进给箱配合,可车削不同螺距的螺纹。

4.进给箱

进给箱内安装进给运动的变速齿轮,用以传递进给运动和调整进给量及螺距。进给箱的运动通过光杆和丝杠传给溜板箱,光杆使车刀车出圆柱或圆锥面、端面和台阶面,长丝杠用来加工螺纹。

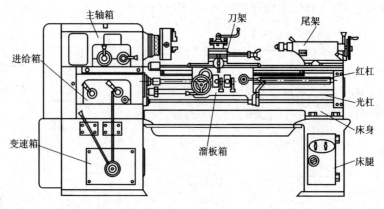

图 12.14　C6132 卧式车床

5. 溜板箱

溜板箱和刀架相连,可使光杠传来的旋转运动变为车刀的纵向和横向直线移动,也可将丝杠传来的旋转运动通过对开螺母直接变为车刀的纵向移动,以车削螺纹。

6. 尾座

尾座用以安装顶尖、钻头、铰刀等。

7. 床身

床身用来支承和连接其他部件。床身上有四条导轨,床鞍和尾座可沿导轨移动。

8. 床腿

床腿固定在地基上,用于支承床身,内部装有电气控制板和电动机等附件。

车床的传动路线是指从电动机到机床主轴或刀架之间的传动路线。图 12.15 即为其传动框架图。

(三)车刀

车刀按其用途可分为外圆车刀、端面车刀、切断刀、内孔车刀、圆头车刀和螺纹车刀等。常用车刀的种类如图 12.16 所示。车刀的用途如图 12.17 所示。车刀的结构形式如图 12.18 所示。

车刀安装在方刀架上,刀尖应与工件轴线等高。一般用安装在车床尾座上的顶尖来校对车刀刀尖的高低,在车刀下面放置垫片进行调整。此外,车刀在方刀架上伸出的长度要合适,通常不超过刀体高度的两倍。车刀与方刀架都要锁紧。

(四)工件的安装方法及附件

根据工件的形状、大小和加工数量不同,在车床上装夹工件可以采用不同的装夹方法。在车床上安装工件所用的附件有三爪自定心卡盘、四爪单动卡盘、顶尖、心轴、中心架、跟刀架、花盘和角铁等。

1. 三爪自定心卡盘装夹工件

三爪自定心卡盘通过法兰盘安装在主轴上,用以装夹零件,如图 12.19 所示。用

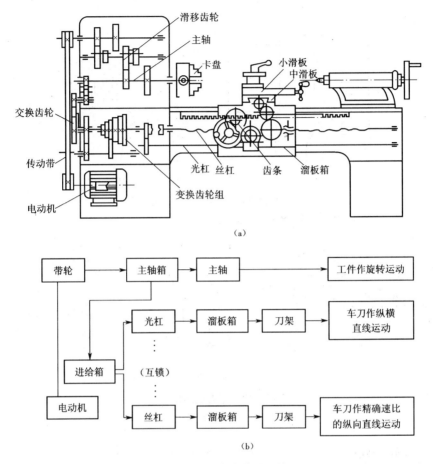

（a）

（b）

图 12.15　卧式车床传动系统图

（a）传动系统示意图；（b）传动框图

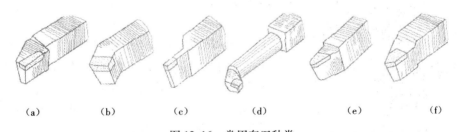

（a）　　　（b）　　　（c）　　　（d）　　　（e）　　　（f）

图 12.16　常用车刀种类

（a）偏刀；（b）弯头刀；（c）切断刀；（d）内孔车刀；（e）成形车刀；（f）螺纹车刀

方头扳手插入三爪自定心卡盘方孔转动，小锥齿轮转动，带动啮合的大锥齿轮转动，大锥齿轮带动与其背面的圆盘螺纹啮合的三个卡爪沿径向同步移动。

三爪自定心卡盘的特点是，三爪能自动定心，装夹和校正工件简捷，但夹紧力小，

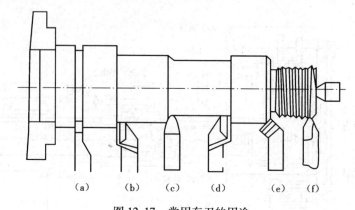

图 12.17　常用车刀的用途

(a)车槽;(b)车台阶;(c)车圆角;(d)车左台阶;(e)倒角;(f)车螺纹

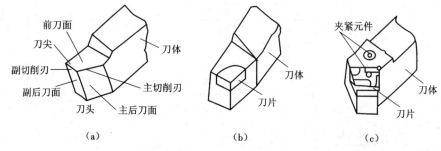

图 12.18　车刀的结构形式

(a)整体车刀;(b)焊接车刀;(c)机夹可转位车刀

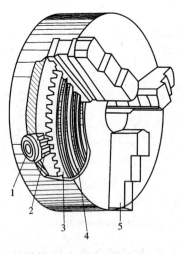

图 12.19　三爪自定心卡盘

1—方孔;2—小锥齿轮;3—大锥齿轮;
4—平面螺纹;5—卡爪

不能装夹大型零件和不规则零件。

三爪自定心卡盘装夹工件的方法有正爪和反爪装夹工件。反爪装夹时,将三爪卸下,掉头安装就可反爪装夹较大工件零件。

2.四爪单动卡盘装夹工件

四爪单动卡盘的四个卡爪都可独立运动,因为各爪的背面有半瓣内螺纹与螺杆相啮合,螺杆端部有一方孔,当用卡盘扳手转动某一方孔时,就带动相应的螺杆转动,即可使卡爪夹紧或松开。因此,用四爪单动卡盘可安装截面为方形、长方形、椭圆以及其他不规则形状的工件,也可车削偏心轴和孔。因此,四爪单动卡盘的夹紧力比三爪自定心卡盘大,也常用于安装较大直径的正常圆形工件。

四爪单动卡盘可全部用正爪或反爪装夹工

件,也可一个或两个反爪,其余仍用正爪装夹工件,如图 12.20 所示。用四爪装夹工件,因为四爪不同步不能自动定心,需要仔细地找正,以使加工面的轴线对准主轴旋转轴线,如图 12.21 所示。

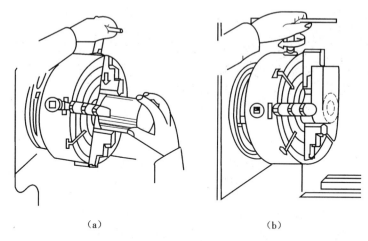

（a）　　　　　　　　　　　　　　　　（b）

图 12.20　用四爪单动卡盘安装工件

（a）正爪安装工件；（b）正反爪混用安装工件

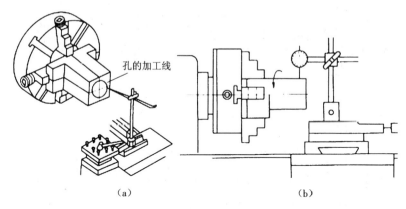

孔的加工线

（a）　　　　　　　　　　　　　　　　（b）

图 12.21　四爪单动卡盘安装工件时的找正

（a）划针盘找正；（b）百分表找正

3.用两顶尖装夹工件

对于较长或必须经过多次装夹的轴类工件(如车削后还要铣削、磨削和检测),常用两顶尖装夹。前顶尖装在主轴上,通过卡箍和拨盘带动工件与主轴一起旋转,后顶尖装在尾座上随之旋转,如图 12.22 所示。

4.一夹一顶装夹工件

用两顶尖装夹工件虽然有较高的精度,但是刚性较差,因此一般轴类零件,特别是较重的零件,不宜用两顶尖装夹,而可采用一端用三爪自定心卡盘或四爪单动卡盘

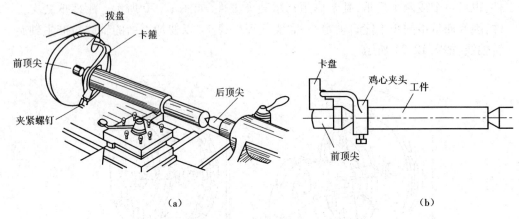

（a）   （b）

图 12.22　用两顶尖装夹轴类工件

（a）借用卡箍和拨盘；（b）借用鸡心夹头和卡盘

夹住，另一端用后顶尖顶住的装夹方法。为了防止由于切削力的作用而产生轴向位移，须在卡盘内装一限位支承，或利用工件的台阶限位，如图 12.23 所示。这种一夹一顶的方法安全可靠，能承受较大的轴向切削力，因此，得到广泛应用。

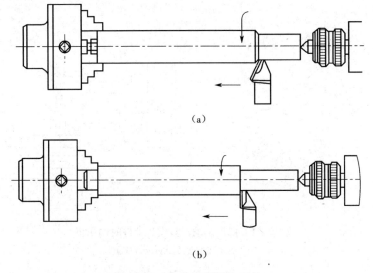

（a）

（b）

图 12.23　一夹一顶装夹工件

（a）卡盘内装限位支承；（b）利用工件的台阶作限位支承

此外，还有用卡盘、顶尖配合中心架装夹工件（如图 12.24 所示）；跟刀架装夹工件（如图 12.25 所示）；用花盘装夹工件（如图 12.26、图 12.27 所示）等。

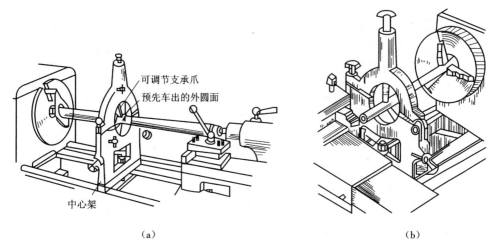

(a)　　　　　　　　　　　　　　(b)

图 12.24　中心架的应用

(a)用中心架车细长轴;(b)用中心架车细长轴工件端面

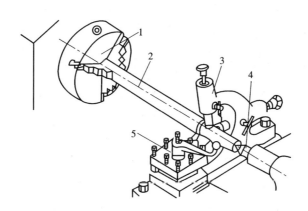

图 12.25　跟刀架的应用

1—三爪自定心卡盘;2—工件;3—跟刀架;4—尾顶尖;5—刀架

(五)基本车削工艺

1. 车外圆

外圆车削是车削加工中最基本,也是最常见的工作。常见的外圆车刀及车外圆的方法如图 12.28 所示。

车削外圆时,主轴带动工件作旋转运动,刀具夹持在刀架上切入工件一定深度并作纵向运动,为了准确地确定背吃刀量,保证工件的尺寸精度,需要进行试切。轴上的台阶面可在车外圆时同时车出。台阶高度在 5 mm 以下时,可一次车出,台阶高度在 5 mm 以上时应分层进行切削。

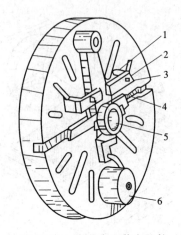

图 12.26　在花盘上装夹工件
1—垫铁；2—压板；3—螺钉；4—螺钉槽；
5—工件；6—平衡铁

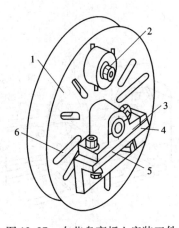

图 12.27　在花盘弯板上安装工件
1—花盘；2—平衡铁；3—工件；
4—安装基面；5—弯板；6—螺钉槽

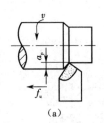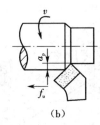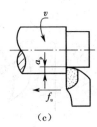

(a)　　　　　　　　(b)　　　　　　　　(c)

图 12.28　外圆车削
(a)尖刀车外圆；(b)45°弯刀车外圆；(c)90°偏刀车外圆

2.车端面

车端面时常用偏刀或弯头刀，如图 12.29 所示。车削时可由工件外向中心车削，也可以由工件中心向外车削。车刀安装时，刀尖应准确地对准工件中心，以免车出的端面中心留有凸台。

3.车圆锥面

车削圆锥面常用的方法有四种：小滑板转位法、尾座偏移法、靠模法和宽刀法。

(1)小滑板转位法

根据工作锥度或锥角 α，把小滑板下的转盘扳转 $\alpha/2$ 角并锁紧。转动小滑板手柄，刀尖则沿锥面母线移动，从而加工出所需锥面，如图 12.30 所示。此法操作简单，可加工任意锥角的内外圆锥面。但由于受到小滑板行程限制，不能加工较长的锥面，而且操作中只能手动进给，劳动强度大，表面粗糙度较难控制。

(2)尾座偏移法

根据工件的锥度 κ 或锥角 α，将尾座顶尖横向偏移一定距离后，使工件回转轴线

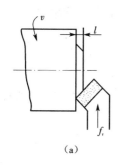 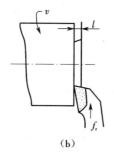 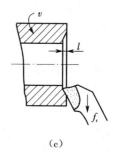

（a）　　　　　　　　　（b）　　　　　　　　　（c）

图 12.29　车端面

（a）弯头车刀车端面；（b）偏刀向中心进刀车端面；（c）偏刀向外进刀车端面

与车床主轴轴线的夹角等于 $\alpha/2$，利用车刀纵向进给，即可车出所需圆锥，如图 12.31 所示。

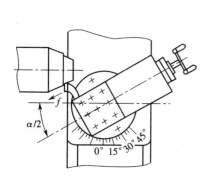

图 12.30　转动小滑板车圆锥面

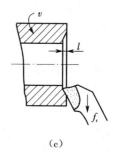

图 12.31　尾座偏移法车锥面

4. 车螺纹

在车床上能加工各种螺纹。车螺纹时，为了获得准确的螺距，必须用丝杠带动工件进给，使工件每转一周，刀具移动的距离等于工件螺纹的导程。主轴至丝杠的传动路线如图 12.32 所示。更换交换齿轮或改变进给手柄位置，即可车出不同螺距的螺纹。

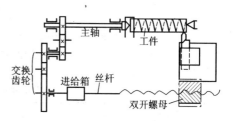

图 12.32　车螺纹时传动示意图

5. 其他车削工艺

除了以上的车削工艺，在车床上还可以钻中心孔、钻孔、铰孔、滚花、车成形面、切槽、切断、车孔和台阶孔等工艺。

（六）典型零件加工

由于零件是由多个表面组成，在生产中往往需经过若干个工序才能将坯料加工

279

成成品。零件形状越复杂,加工质量要求越高,需要的加工工序也就越多。加工前,需合理安排加工工艺过程。

编制零件的加工工艺过程,一般要解决以下几个方面的问题:

①根据零件的形状、结构、材料和数量,确定毛坯的种类;

②根据零件的精度,表面粗糙度等技术要求,选择加工方法及拟订工艺路线;

③确定每一加工工序所用的机床、刀具、夹具和量具;

④确定每一工序加工时所用的切削用量及加工余量。

如图 12.33 所示为输出轴的零件图,其工艺过程见表 12.1。

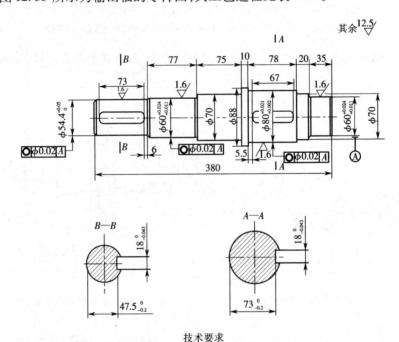

技术要求

1.未注圆角 R1;2.调质处理 28~32 HRC;3.保留中心孔;4.材料 45 钢

图 12.33　输出轴

表 12.1　输出轴的机械加工工艺过程

工序号	工序名称	工序内容	工艺装备
1	下料	棒料 $\phi90$ mm ×400 mm	锯床
2	热处理	调质处理 28~32 HRC	
3	车	夹左端,车右端面,见平即可。钻中心孔 B2.5,粗车右端各部,$\phi88$ mm 见圆即可,其余均留精加工余量 3 mm	C620
4	车	倒头转夹工件,车端面保证总长 380 mm,钻中心孔 B2.5,粗车外圆各部,留精加工余量 3 mm,与工序 3 加工部分相接	C620
5	精车	夹左端,顶右端,精车右端各部,其中 $\phi60^{+0.024}_{+0.011}$ mm × 35 mm、$\phi80^{+0.021}_{+0.002}$ mm ×78 mm 处分别留磨削余量 0.8 mm	C620

续表

工序号	工序名称	工序内容	工艺装备
6	精车	倒头，一夹一顶精车另一端各部，其中 $\phi54.4_0^{+0.05}$ mm × 85 mm、$\phi60_{+0.011}^{+0.024}$ mm × 77 mm 处分别留磨削余量 0.8 mm	C620
7	磨	用两顶尖装夹工作，磨削 $60_{+0.011}^{+0.024}$ mm、$\phi80_{+0.002}^{+0.021}$ mm 两处至图样要求尺寸	M1432
8	磨	倒头，用两顶尖装夹工作，磨削 $\phi54.4_{+0}^{+0.05}$ mm × 85 mm 至图样要求尺寸	M1432
9	画线	画两处键槽线	
10	铣	铣 $18_{-0.043}^{0}$ mm 键槽两处	X52K、组合夹具
11	检验	按图样检查各部尺寸精度	
12	入库	涂油入库	

（七）机械加工安全技术

①了解机床安全操作规程，严格遵守规章制度；

②穿戴好防护用品，不戴手套操作，长发同学必须戴安全帽；

③紧固工件、刀具或机床时勿用力过猛，卡盘扳手使用完毕后必须及时取下，否则不准启动机床；

④机床运转前各手柄必须推到正确的位置上，然后低速运行，确认正常后再正式开始加工；

⑤工作时不能用手摸正在运动的工件、刀具或机件，不要用手直接清理切屑，测量工件尺寸或变速应停车后进行；

⑥机床运动时，头部不要离工件太近，手和身体不要靠近正在旋转的工件；

⑦人离开机床时必须停车，工作完毕要关闭电源开关；

⑧加工过程中如发现机床运转声音不正常或发生故障要立即停车检修，以免机件损伤过大；

⑨装卸工件或卡盘等时要注意保护导轨、主轴和工作台台面，以免影响机床精度；

⑩做好机床加油润滑保养；

⑪保持工作场地整齐清洁；

⑫工作完毕后，清理切屑，擦净机床，把各部件调整到正常位置。

四、铣削加工

金属材料的铣削加工是机械加工中最常用的加工方法之一。铣削加工是利用铣刀在铣床上切除零件余量，获得一定尺寸精度、表面形状和位置精度、表面粗糙度要求的加工方法。铣削加工是在铣床上利用铣刀的旋转运动和工件的移动来加工工件的。在一般情况下，它的切削运动是刀具作快速旋转运动，即主运动。工件做缓慢的直线运动，即进给运动。一般工件有纵向、横向和垂直方向的进给运动。铣削加工加工范围广,生产率较高,其经济加工精度一般可达 IT9 ~ IT7,表面粗糙度 R_a12.5 ~ 1.6 μm。

（一）铣削的加工范围

铣床的加工范围很广,在铣床上利用各种铣刀可加工平面(包括水平面、垂直面、斜面)、沟槽(包括直槽、键槽、燕尾槽、T 形槽、圆弧槽、螺旋槽)和成形表面,有时钻孔、镗孔加工也可在铣床上进行,如图 12.34 所示。

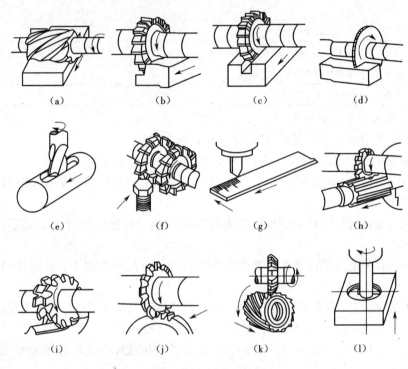

图 12.34 铣削加工范围

(a)铣平面;(b)铣台阶;(c)铣沟槽;(d)切断;(e)铣键槽;(f)铣六方体;
(g)刻线;(h)铣花键;(i)铣成形面;(j)铣齿轮;(k)铣刀具;(l)镗孔

（二）铣床

铣床的种类很多,有升降台式铣床、无升降台式铣床、龙门铣床、万能工具铣床、特种铣床等,最常用的是卧式铣床和立式铣床。现将卧式万能升降台铣床作一简单介绍。其主轴是水平放置的,如图 12.35 所示。其主要组成部分及作用如下。

1. 主轴变速机构

主轴变速机构安装在床身内,其功用是将电动机的转速通过齿轮变速,变换成 18 种不同转速,传递给主轴,以适应各种转速的铣削要求。

2. 床身

床身是机床的主体,用来安装和连接机床其他部件。床身正面有垂直导轨,工作

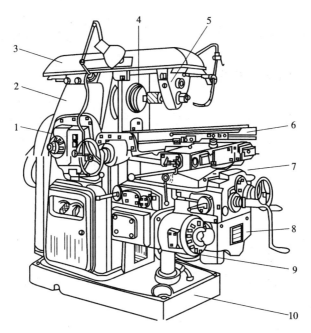

图 12. 35　X6132 型卧式万能升降台铣床
1—主轴变速机构;2—床身;3—横梁;4—主轴;5—挂架;
6—工作台;7—横向溜板;8—升降台;9—进给变速机构;10—底座

台可沿导轨上下移动。床身顶部有燕尾形水平导轨,横梁可沿床身顶部燕尾形导轨水平移动。床身内部装有主轴机构和主轴变速机构。

3. 横梁

横梁上可安装挂架,并沿床身顶部燕尾形导轨移动。

4. 主轴

主轴用来实现主运动,是前端带锥孔的空心轴,孔的锥度为 7: 24,用来安装铣刀杆和铣刀。由变速机构驱动主轴连同铣刀一起旋转。

5. 挂架

铣刀杆一端安装在主轴锥孔内,外端安装在挂架上,以增强刀杆的刚性。

6. 工作台

工作台用来安装工件或铣床夹具,带动工件实现纵向进给运动。

7. 横向溜板

横向溜板用来带动工作台实现横向进给运动。横向溜板与工作台之间设有回转盘,可使工作台在水平面内作 ±45°范围内的转动。

8. 升降台

升降台用来支承横向溜板和工作台,带动工作台上下移动。升降台内部装有进给电动机和进给变速机构。

9.进给变速机构

进给变速机构用来调整和变换工作台的进给速度,以适应铣削的需要。

10.底座

底座用来支承床身,承托铣床全部重量,装盛切削液。

(三)铣刀

铣刀是一种应用很广泛的多刃刀具,它的种类很多。按铣刀的装卡方式可分为两大类:即带孔铣刀(如图12.36所示)和带柄铣刀(如图12.37所示)。带柄铣刀多用在立式铣床上,带孔铣刀多用在卧式铣床上。带柄铣刀又可分为直柄铣刀和锥柄铣刀。

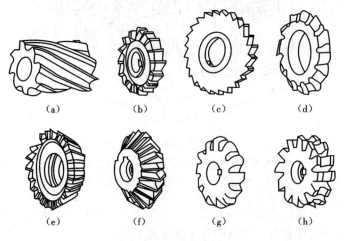

图12.36 带孔铣刀

(a)圆柱铣刀;(b)三面刃铣刀;(c)锯片铣刀;(d)模数铣刀;
(e)单角度铣刀;(f)双角度铣刀;(g)凸圆弧铣刀;(h)凹圆弧铣刀

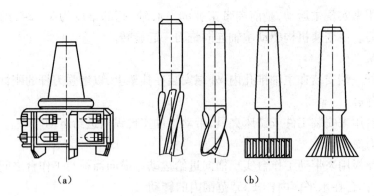

图12.37 带柄铣刀

(a)面铣刀;(b)带柄整体铣刀

五、刨削与磨削加工

(一)刨削加工

1. 刨削加工的工艺范围

在刨床上用刨刀加工工件叫做刨削。刨削是平面加工的主要方法之一。刨削主要用来加工平面(水平面、垂直面、斜面)、各种沟槽(直槽、T形槽、燕尾槽),如果进行适当的调整和增加某些附件,还可以用来加工齿条、齿轮、花键和母线为直线的成形面等。刨削加工的尺寸精度一般可达 IT9 ~ IT8,表面粗糙度一般可达 R_a12.5 ~ 1.6 μm。图 12.38 为刨削的加工范围。

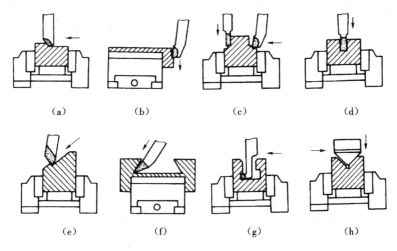

(a)　　　(b)　　　(c)　　　(d)

(e)　　　(f)　　　(g)　　　(h)

图 12.38　刨削的加工范围

(a)刨平面;(b)刨垂直面;(c)刨台阶;(d)刨直角沟槽;

(e)刨斜面;(f)刨燕尾槽;(g)刨 T 形槽;(h)刨 V 形槽

2. 刨削的工艺特点

①机床刀具简单、通用性好。刨削可以加工各种平面、沟槽及成形面,它所用机床成本低,刀具的生产和刃磨简单,生产准备周期短,所以刨削加工的成本低。

②生产率低。因为刨削回程时不切削,加之一般又是单刃刨刀进行加工,而且加工时冲击现象很严重,限制了切削速度的提高,所以,刨削加工生产率较低,一般用于单件小批生产或修配工作。

③刨削加工长而窄的表面时,仍可得到较高的生产率。

刨床的种类很多,型号也很多。按其结构特征,可分为牛头刨床、龙门刨床和插床等类型。

3. 刨床和刨刀

牛头刨床是用来刨削中、小型工件的刨床,工件的长度一般不超过 1 m。工件装夹在可调整的工作台上或夹在工作台上的平口钳内,利用刨刀的直线往复运动(切

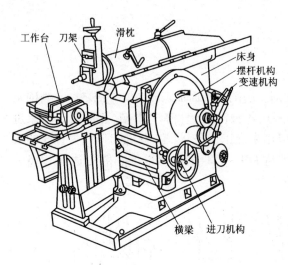

图 12.39　牛头刨床

削运动）和工作台的间歇移动（进给运动）进行刨削加工。牛头刨床主要由床身、滑枕、刀架、工作台、横梁、底座等部分组成，如图 12.39 所示。

（1）床身

床身用来支承和连接刨床的各部件。其顶面水平导轨供滑枕作往复运动用，侧面垂直导轨供横梁（连同工作台）升降用。床身内部装有变速机构和摆杆机构。

（2）滑枕

滑枕用来带动刀架（连同刨刀）沿床身水平导轨作直线往复运动。

（3）刀架

刀架用来夹持刨刀，并可使刨刀作上下移动，以实现进刀或作垂直进给。当将转盘转过一定角度后，就可使刨刀作斜向进给。

（4）横梁

横梁可带工作台沿床身垂直导轨作升降运动。其内腔装有工作台进给丝杠。

（5）工作台

工作台是用来安装工件的，可随横梁作上下调整，并可沿横梁水平方向移动或作间歇进给运动。

刨刀的几何参数与车刀相似，但由于刨削加工的不连续性，刨刀切入工件时，受到较大的冲击力，容易使刀具损坏，所以刨刀刀杆的横截面通常比车刀大。刨刀刀杆常做成弯头，这是刨刀的特点。刨刀的种类很多，常用的刨刀形状及应用如图 12.40 所示。

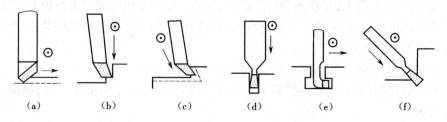

（a）　　　（b）　　　（c）　　　（d）　　　（e）　　　（f）

图 12.40　刨刀的种类及其应用

（a）平面刨刀；（b）偏刀；（c）角度偏刀；（d）切刀；（e）弯切刀；（f）切刀

（二）磨削加工

1. 磨削加工的工艺范围

磨削是在磨床上,用砂轮或其他磨具以较高的线速度,对工件表面进行切削加工的方法。它是一种精密加工方法,应用范围很广。其基本加工范围有磨外圆、磨内圆、磨平面、磨螺纹、磨齿轮、磨花键、磨导轨、磨成形面以及刃磨各种刀具等,如图 12.41 所示。

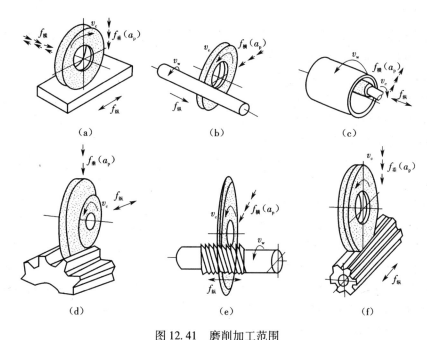

图 12.41　磨削加工范围
(a)磨平面;(b)磨外圆;(c)磨内圆;(d)磨齿轮齿形;(e)磨螺纹;(f)磨花键

其中,外圆磨削、内圆磨削、平面磨削是最基本的磨削方式,也是磨工的主要内容。

2. 磨削加工的特点

①磨削加工能获得很高的加工精度及较小的表面粗糙度值。通常尺寸公差等级为 IT7 ~ IT5,表面粗糙度为 $R_a 0.8 ~ 0.2\ \mu m$,采用精密、超精密以及镜面磨削工艺时,表面粗糙度为 $R_a 0.1 ~ 0.01\ \mu m$。

②磨削加工不仅能加工软材料(如未淬火的钢、铸铁和非铁金属等),而且还可以加工硬度很高、用金属刀具很难切削或者根本不能切削加工的材料(如淬火钢、硬质合金等)。

③磨削时径向分力较大。磨削时的径向分力使工件产生弹性变形(让刀)形成腰鼓形。所以在加工细长工件时,一般要增加"光磨"(无横向进给)的次数,消除工件变形。

④磨削温度高。由于砂轮的高速旋转,切削速度很高,砂轮与工件之间产生剧烈的摩擦。磨削区产生大量的磨削热,磨削温度一般可达 800～1000℃。为了降低工件温度,磨削过程中要加注大量的切削液。

⑤磨削加工余量很小。因此,在磨削之前,应先进行粗加工以及半精加工。近来由于毛坯制造技术的发展和高速强力磨削的应用,有些零件可以不经过粗加工,直接进行磨削加工。

3. 磨床

磨床按用途不同可分为外圆磨床、内圆磨床、平面磨床、无心磨成、工具磨床、螺纹磨床、齿轮磨床以及其他各种专用磨床等。

(1)M1432A 型万能外圆磨床

M1432A 型万能外圆磨床主要用于磨削内外圆柱面、内外圆锥面、阶梯轴轴肩以及端面和简单的成形回转表面等。它属于普遍精度级机床,磨削精度可达 IT7～IT6 级,表面粗糙度 R_a 值在 1.25～0.08 μm 之间。这种机床万能性强,但自动化程度较低,磨削效率不高,适用于工具车间,维修车间和单件小批生产类型。其主参数为:最大磨削直径 320 mm。

图 12.42 所示是 M1432A 型万能外圆磨床外形图。由图可见,在床身 1 的纵向导轨上装有工作台 3,台面上装有头架 2 和尾架 6,用以夹持不同长度的工件,头架带动工件旋转。工作台由液压传动沿床身导轨往复移动,使工件实现纵向进给运动。工作台由上下两层组成,其上部可相对下部在水平面内偏转一定的角度(一般不大于 ±10°),以便磨削锥度不大的圆锥面。砂轮架 5 安装在滑鞍 7 上,转动横向进给手轮 8,通过横向进给机构带动滑鞍及砂轮架作快速进退或周期性自动切入进给。内圆磨具 4 放下时用以磨削内圆(图示处于抬起状态)。

(2)普通内圆磨床

图 12.43 所示为普通内圆磨床外形图。它主要由床身 1、工作台 2、头架 3、砂轮架 4 和滑鞍 5 等组成。磨削时,砂轮轴的旋转为主运动,头架带动工件旋转运动为圆周进给运动,工作台带动头架完成纵向进给运动,横向进给运动由砂轮架沿滑鞍的横向移动来实现。磨锥孔时,需将头架转过相应角度。

普通内圆磨床的另一种形式为砂轮架安装在工作台上作纵向进给运动。

(3)卧轴矩台式平面磨床

图 12.44 所示是卧轴矩台式平面磨床外形图。工作台 2 沿床身 1 的纵向导轨的往复直线进给运动由液压传动,也可手动进行调整。工件用电磁吸盘式夹具装夹在工作台上。砂轮架 4 可沿滑板 5 的燕尾导轨作横向间歇进给(或手动或液动)。滑板和砂轮架一起可沿立柱 6 的导轨作间歇的垂直切入运动(手动)。砂轮主轴由内装式异步电动机直接驱动。

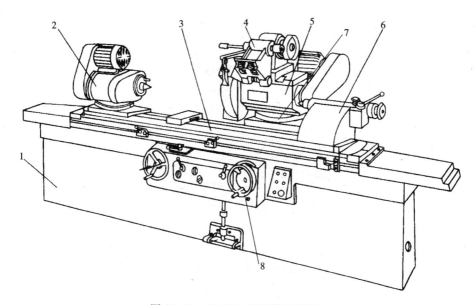

图 12.42 M1432A 型万能外圆磨床

1—床身;2—头架;3—工作台;4—内圆磨具;5—砂轮架;6—尾架;7—滑鞍;8—横向进给手轮

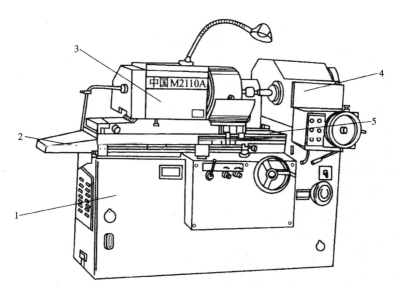

图 12.43 普通内圆磨床

1—床身;2—工作台;3—头架;4—砂轮架;5—滑鞍

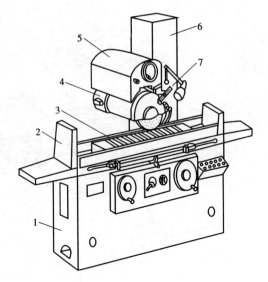

图 12.44　卧轴矩台平面磨床
1—床身;2—工作台;3—电磁吸盘;4—砂轮架;5—滑板;
6—立柱;7—砂轮修整器

思考与练习

1. 切削运动按其功能可分为几种?

2. 刀具材料应具备哪些性能? 常用的刀具材料有哪些?

3. 切削液的种类及其特点有哪些?

4. 切削液的作用有哪些?

5. 车刀的切削部分是由哪些部分组成的?

6. 车刀的几何角度有哪些?

7. 在车床上能加工哪些表面?

8. 车外圆常用哪些车刀?

9. 在车床上车圆锥常用方法有哪些? 各有何特点?

10. 卧铣与立铣的主要区别是什么?

11. 铣床能加工哪些表面? 各用什么刀具?

12. 刨削加工时刀具和工件做哪些运动? 与车削相比,刨削运动有何特点?

13. 刨削的工艺特点是什么?

14. 刨刀有哪几种? 各适合于加工什么表面?

15. 磨削加工的工艺范围有哪些?

16. 磨削加工的特点有哪些?

17. 万能外圆磨床功用有哪些?

18. 平面磨削常用的方法有哪些? 各有何特点?

第13单元　非金属材料成形技术与实训

学习目标

1. 了解塑料、橡胶、陶瓷、复合材料的成形方法及特点。

2. 重点掌握塑料的成形方法及特点。

3. 熟悉复合材料成形,陶瓷、橡胶成形方法及特点。

任务要求

本单元主要讲述的内容是非金属材料的成形工艺。那么什么是非金属材料? 试举出一些常见的例子总结一下非金属材料的成形特点。

任务分析

所谓非金属材料就是指除金属以外的工程材料。工程上常用的非金属材料主要有塑料、橡胶、陶瓷、复合材料等。

非金属材料成形特点如下。

①可以是流态成形,也可以是固态成形,可以制成形状复杂的零件。例如,塑料可以用注塑、挤塑、压塑成形,还可以用浇注和黏结等方法成形;陶瓷可以用注浆成形,也可用注射、压注等方法成形。

②非金属材料的成形通常是在较低温度下进行的,成形工艺较简便。

③非金属材料的成形一般要与材料的生产工艺结合。例如,陶瓷应先成形再烧结,复合材料常常是将固态的增强料与呈流态的基料同时成形。

要想深刻了解这些东西,还需认真学习以下知识。

相关新知识

一、塑料的成形

（一）挤出成形

挤出成形也称为挤塑成形,主要用于热塑性塑料生产棒、管等型材和薄膜等,也是中空成形的主要制坯方法。

挤出成形生产线由挤出机、挤出模具、牵引装置、冷却定型装置、切割或卷曲装置、控制系统组成,如图13.1所示。挤出机相当于注射机的注射系统,它由料斗、料筒和螺杆组成。工作时螺杆在传动系统驱动下转动,将塑料推向料筒中加热塑化,在挤出机的前端装有挤出模具(又称机头或口模),塑料在通过挤出模具时形成所需形状的制件,再经过冷却定型处理就可以得到等截面的塑料型材。

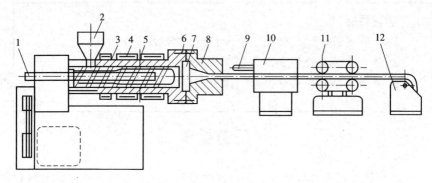

图13.1　型材挤出生产线

1—冷却水入口;2—料斗;3—料筒;4—加热器;5—挤出螺杆;6—分流滤网;

7—过滤板;8—机头;9—喷冷却水装置;10—冷却定型装置;11—牵引装置;12—卷料或裁切装置

如果挤出的中空管状塑料不经冷却,将热塑料管坯移入中空吹塑模具中向管内吹入压缩空气,在压缩空气作用下,管坯膨胀并贴附在型腔壁上成形,经过冷却后即可获得薄壁中空制品。图13.2是挤出中空吹塑成形过程及挤出吹塑模具示意图。

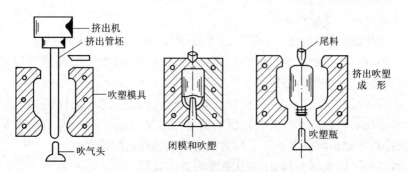

图13.2　挤出中空吹塑成形过程及挤出吹塑模具

(二)塑料注射成形

塑料注射成形又称注塑成形,是热塑性塑料成形的主要加工方法,近年来,也用于部分热固性塑料的成形加工。其特点是生产效率高、易于实现机械化和自动化,并能制造外形复杂、尺寸精确的塑料制品,有60% ~70%的塑料制件用注射成形方法生产。

注射过程包括加料、塑化、注射、保压、冷却定型和脱模等几个步骤。塑化是指塑料在注射机料筒中经过加热达到塑化状态(黏流态或塑化态);注射是指将塑化后的塑料流体,在螺杆(或柱塞)的推动下经喷嘴压入模具型腔;塑料充满型腔后,需要保压一定时间,使塑件在型腔中冷却、硬化、定型;压力撤销后开模,并利用注射机的顶出机构使塑件脱模,取出塑件。注射模如图13.3所示。

注射成形的工艺条件有温度、压力和时间等。

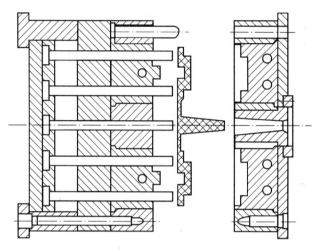

图13.3   注射模

(三)压塑成形

压塑成形又称压缩成形、模压成形,是塑料成形加工中较传统的工艺方法,目前主要用于热固性塑料的加工。

压塑成形原理是将经过预制的热固性塑料原料(也可以是热塑性塑料),直接加入敞开的模具加料室,然后合模,并对模具加热加压,塑料在热和压力的作用下呈熔融流动状态充满型腔,随后由于塑料分子发生交联反应逐渐硬化成形。

压塑成形工艺过程:预先对塑料原料进行预压成形和预热处理,然后将塑料原料加入到模具加料室闭模后加热加压,使塑料原料塑化,经过排气和保压硬化后,脱模取出塑件,然后清理模具和对塑件后期处理。

二、橡胶成形

橡胶是在使用温度下处于高弹态的高分子材料。橡胶具有良好的弹性,其弹性模量仅为10 MPa,伸长率可达100%~1 000%,同时还具有良好的耐磨性、隔音性、绝缘性等,因而成为重要的弹性材料、密封材料、减振防振和传动材料。

橡胶应用于国防、交通运输、机械制造、医药卫生、农业和日常生活等各个方面。

常用的橡胶有天然橡胶和合成橡胶。天然橡胶是由天然胶乳经过凝固、干燥、加压等工序制成的片状生胶;合成橡胶主要有丁苯橡胶、顺丁橡胶、聚氨酯橡胶、氯丁橡胶、丁腈橡胶、硅橡胶、氟橡胶等。

生胶经塑炼和混炼后才能使用。橡胶制品是以生胶为基础加入适量配合剂（硫化剂、硫化促进剂、防老化剂、填充剂、软化剂、发泡剂、补强剂、着色剂等），然后再经过硫化成形获得。橡胶制品的成形方法与塑料成形方法相似，主要有压制成形、注射成形和传递成形等。

橡胶压制成形工艺流程如图 13.4 所示。橡胶的压制成形是将经过塑炼和混炼预先压延好的橡胶坯料，按一定规格和形状下料后，加入到压制模中，合模后在液压机上按规定的工艺条件进行压制，使胶料在受热受压下以塑性流动充满型腔，经过一定时间完成硫化，再进行脱模、清理毛边，最后检验得到所需制品的方法。

图 13.4　橡胶压制成形的工艺流程

（1）塑炼

在一定的温度下利用机械挤压、辊轧等方法，使生胶分子链断链，使其由强韧的弹性状态转变为柔软、具有可塑性的状态，这种使弹性生胶转变为可塑状态的加工工艺过程称为塑炼。

（2）混炼

为了提高橡胶制品的使用性能，改进橡胶的工艺性能和降低成本，必须在生胶中加入各种配合剂。将各种配合剂混入生胶中，制成质量均匀的混炼胶的工艺过程称为混炼。

（3）制坯

制坯是指将混炼胶通过压延或挤压的方法制成所需的坯料，通常是片材，也可为管材或型材。

（4）裁切

在裁切坯料时，坯料质量分数应有超过成品质量分数 5% ~ 10% 的余量，结构精确的封闭式压制模成形时余量可减小到 1% ~ 2%，一定的过量不仅可以保证胶料充满型腔，还可以在成形时排除型腔内的气体和保持足够压力。裁切可用圆盘刀或冲床按型腔形状剪切。

（5）模压硫化

模压硫化是成形的主要工序，它包括加料、闭模、硫化、脱模和模具清理等步骤，胶料经闭模加热加压后成形，经过硫化使胶料分子交联，成为具有高弹性的橡胶制品。脱模后的橡胶制品经修边和检验合格后即为成品。

三、陶瓷成形

陶瓷可分为新型陶瓷与传统陶瓷两大类。虽然它们都是经过高温烧结而合成的无机非金属材料,但其在所用粉体、成形方法和烧结制度及加工要求等方面却有着很大区别。

新型陶瓷制品的生产过程主要包括配料与坯料制备、成形、烧结及后续加工等工序。

(1)配料

制作陶瓷制品,首先要按瓷料的组成,将所需各种原料进行称量配料,它是陶瓷工艺中最基本的一环。称料务必精确,因为配料中某些组分加入量的微小误差也会影响到陶瓷材料的结构和性能。

(2)坯料制备

配料后应根据不同的成形方法,混合制备成不同形式的坯料,如用于注浆成形的水悬浮液;用于热压注成形的热塑性料浆;用于挤压、注射、轧膜和流延成形的含有机塑化剂的塑性料;用于干压或等静压成形的造粒粉料。混合一般采用球磨或搅拌等机械混合法。

(3)成形

成形是将坯料制成具有一定形状和规格的坯体。成形技术与方法对陶瓷制品的性能具有重要意义,由于陶瓷制品品种繁多,性能要求、形状规格、大小厚薄不一,产量不同,所用坯料性能各异,因此采用的成形方法各种各样,应经综合分析后确定。

(4)烧结

烧结是对成形坯体进行低于熔点的高温加热,使其粉体间产生颗粒黏结,经过物质迁移导致致密化和高强度的过程。只有经过烧结,成形坯体才能成为坚硬的具有某种显微结构的陶瓷制品(多晶烧结体),烧结对陶瓷制品的显微组织结构及性能有着直接的影响。

(5)后续加工

陶瓷经成形、烧结后,还可根据需要进行后续精密加工,使之符合表面粗糙度、形状、尺寸等精度要求,如磨削加工、研磨与抛光、超声波加工、激光加工甚至切削加工等。切削加工是采用金刚石刀具在超高精度机床上进行的,目前在陶瓷加工中仅有少量应用。

四、复合材料成形

复合材料是将两种或两种以上不同性质的材料组合在一起,构成性能比其组成材料优异的一类新型材料。复合材料由两类物质组成:一类作为基体材料,形成几何形状并起黏结作用,如树脂、陶瓷、金属等;另一类作为增强材料,起提高强度或韧度作用,如纤维、颗粒、晶须等。

1.手糊成形

先在涂有脱模剂的模具上均匀涂上一层树脂混合液,再将裁剪成一定形状和尺寸的纤维增强织物,按制品要求铺设到模具上,用刮刀、毛刷或压棍使其平整并均匀浸透树脂、排除气泡。多次重复以上步骤，层层铺贴，直至所需层数，然后固化成形，脱模修整获得坯件或制品。手糊成形工艺流程如图 13.5 所示。

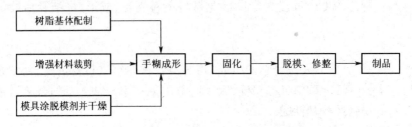

图 13.5 手糊成形工艺流程示意图

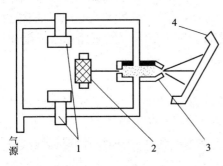

图 13.6 喷射成形原理图

1—树脂罐与泵；2—纤维；3—喷枪；4—模具

2. 喷射成形

喷射成形是将调配好的树脂胶液（多采用不饱和聚酯树脂）与短切纤维（长度 25～50 mm），通过喷射机的喷枪（喷嘴直径 1.2～3.5 mm，喷射量 8～60 g/s）均匀喷射到模具上沉积，每喷一层（厚度应小于 10 mm），即用压辊滚压，使之压实、浸渍并排出气泡，再继续喷射，直至完成坯件制作，最后固化成制品，如图 13.6 所示。

3. 缠绕法成形

缠绕法成形是采用预浸纱带、预浸布带等预浸料，或将连续纤维、布带浸渍树脂后，在适当的缠绕张力下按一定规律缠绕到一定形状的芯模上至一定厚度，经固化脱模获得制品的一种方法。与其他成形方法相比，缠绕法成形可以保证按照承载力要求确定纤维排布的方向、层次，充分发挥纤维的承载能力，体现了复合材料强度的可设计性及各向异性，因而制品结构合理、比强度高；纤维按规定方向排列整齐，制品精度高、质量好；易实现自动化生产，生产效率高；但缠绕法成形需缠绕机、高质量的芯模和专用的固化加热炉等，投资较大。

思考与练习

1. 陶瓷材料应用在刀具上相比于其他常用刀具材料有何优点？试从其成形工艺角度说明。

2. 举例说明你身边的非金属材料是用什么成形工艺制造出来的？

第14单元　材料与成形工艺选择及产品质量控制

学习目标

1. 了解零件的失效形式及零件加工工艺路线的制定。

2. 具有选择材料和成形工艺的初步能力。

3. 了解材料的成分分析、组织分析及无损探伤等质量检验方法。

任务要求

对机械零件而言,什么叫机械零件的失效? 失效的原因是什么? 怎样对材料进行质量检验?

任务分析

在机械制造工业中,工程材料的质量控制是获得高质量产品与赢得市场的重要环节。材料的化学成分、组织状态、性能及其热处理、热加工过程中的变化,需要确定是否合乎要求;原材料及其加工中缺陷需要确认,并作为改进加工工艺的依据;产品服役过程中质量需要跟踪等等,都需要通过检验来分析和控制。因此需要学习以下相关新知识。

相关新知识

一、机械零件的失效形式

机械零件由于某些原因而丧失工作能力称为失效。零件出现失效将直接影响机器的正常工作。因此,研究机械零件的失效及其产生的原因对机械零件设计具有重要意义。

零件的失效有达到预定寿命的失效,也有远低于预定寿命的不正常的早期失效。不论何种失效,都是在外力或能量等外在因素作用下的损害。正常失效是比较安全的;而早期失效则会带来经济损失,甚至会造成人身和设备事故。

(一)零件失效原因

大部分机械零件是在变应力条件下工作的,变应力的不断作用可以引起零件疲劳破坏而导致失效。另外,零件表面受到接触变应力长期作用也会产生裂纹或微粒剥落的现象。疲劳破坏是随工作时间的延续而逐渐发生的失效形式,是引起机械零件失效的重要原因。

(二)零件失效形式

一般机械零件常见的失效形式有:断裂失效,包括静载荷或冲击载荷断裂、疲劳破坏等;破损失效,包括过量的磨损、表面龟裂、麻点剥落等;变形失效,包括过度的弹性或塑性变形和高温蠕变等。

1. 断裂

在工作载荷的作用下,特别是冲击载荷的作用,脆性材料的零件会由于某一危险截面上的应力超过其强度极限而发生断裂。在循环变应力作用下,工作时间较长的零件容易发生疲劳断裂,这是大多数机械零件的主要失效形式之一。断裂是严重的失效,有时会导致严重的人身和设备事故。

2. 过大的变形

零件承受载荷工作时,会发生弹性变形,而严重过载时,塑性材料的零件会出现塑性变形。变形造成零件的尺寸、形状和位置发生改变,破坏零件之间的相互位置或配合关系,导致零件乃至机器不能工作。过大的弹性变形还会引起零件振动,如机床主轴的过大弯曲变形不仅产生振动,而且造成工件加工质量降低。

3. 表面破坏

在机器中,大多数零件都与其他零件发生接触,载荷作用在表面上,摩擦发生在表面上,周围介质又与表面接触,从而造成零件表面发生破坏,如图14.1所示。表面破坏主要包括腐蚀、磨损和点蚀(接触疲劳)。零件表面破坏会导致能量消耗增加,温度升高,振动加剧,噪声增大,最终使得零件无法正常工作。

在进行零件的设计计算时,必须考虑防止零件出现失效。因此,零件的设计计算准则应根据零件失效的原因来制定。

二、材料及成形工艺选择原则

在进行材料及成形工艺选择时要具体问题具体分析,一般是在满足零件使用性能要求的情况下同时考虑材料的工艺性及总的经济性,并要充分重视、保障环境不被污染,符合可持续发展要求,积极采用生态材料和绿色制造工艺。

材料及成形工艺选择主要遵循以下原则。

(一)使用性原则

使用性原则指材料所提供的使用性能指标对零件功能和寿命的满足程度。零件在正常情况下,应完成设计规定的功能并达到预期的使用寿命。

零件的使用要求体现在对其形状、尺寸、加工精度、表面粗糙度等外部质量以及对其化学成分、组织结构、力学性能、物理性能和化学性能等内部质量的要求上。在进行材料及成形工艺选择时,主要从三个方面予以考虑:①零件的负荷和工作情况;

齿面点蚀

图 14.1　零件表面破坏

②对零件尺寸和重量的限制;③零件的重要程度。零件的使用要求也体现在产品的宜人化程度上,材料及成形工艺选择时要考虑外形美观、符合人们的工作和使用习惯。

(二)工艺性原则

工艺性原则指所选用的工程材料顺利地加工成合格的机械零件。

1.铸造工艺性

铸造工艺性包括流动性、收缩性、热裂倾向性、偏析性及吸气性等。

2.锻造工艺性

锻造工艺性包括可锻性、冷镦性、冲压性、锻后冷却要求等。

3.焊接工艺性

焊接工艺性主要为焊接性,即焊接接头产生工艺缺陷的敏感性及其使用性能。

4.切削加工工艺性

切削加工工艺性是指材料接受切削加工的能力,如刀具耐用度、断屑能力等。

5.黏结固化工艺性

高分子材料、陶瓷材料、复合材料及粉末冶金制品,其黏结固化性是重要的工艺指标。

6.热处理工艺性

热处理工艺性包括淬透性、变形开裂倾向、过热敏感性、回火脆性倾向、氧化脱碳倾向等。

(三)经济性原则

应尽量选用价格比较便宜的材料。从材料本身的价格、材料加工费用以及资源供应条件考虑,注意选用非金属材料。

材料的经济性主要从以下几个方面考虑。

1. 材料本身价格应低

通常情况下材料的直接成本为产品价格的 30% ~ 70%。

2. 材料加工费用应低

非金属材料(如塑料)加工性能好于金属材料,有色金属的加工性能好于钢,钢的加工性能好于合金钢。材料的加工费用应从以下几个方面考虑。

(1)成形方法

在满足零件性能要求的前提下,能铸代锻,能焊代锻。例汽车发动机曲轴,一直选用强韧性良好的钢制锻件,其成本高,易产生弯曲而不能使用,改成铸造曲轴(球墨铸铁)使成本降低很多。零件生产的每一道工序都应尽量减少。

(2)现有生产条件

应充分利用现有生产设备或进行技术改造,能自己生产的不要外协。

3. 提高材料利用率和再生利用率

在加工中尽量采用少切削(如精铸、冷拉、模锻等)和无切削新工艺,有效利用材料。

4. 使用过程的经济效益

在选材时,不能片面强调材料费用及制造成本,还需对材料的使用寿命予以重视。生产是为了使用,生产出来的产品不能使用或不能安全使用(或达不到大型零件,如蜗轮、大型齿轮的轮辐、轮毂用铸铁、齿圈用优质碳钢等)。

三、材料及成形工艺选择的方法

(一)材料及成形工艺选择的步骤

材料及成形工艺选择的步骤如下。

①分析零件的工作条件及其失效形式,根据具体情况或用户要求确定零件的性能要求(包括使用性能和工艺性能)以及最关键的性能指标。一般主要考虑力学性能,必要时还应考虑物理、化学性能。

②对同类产品的用材情况进行调研。

③查手册。

④初步选择。

⑤审核。

⑥找关键性零件。

(二)材料及成形工艺选择方法及依据

材料及成形工艺的选择应以零件最主要的性能要求作为主要依据,同时兼顾其他性能要求。

1. 以要求较高综合力学性能为主时的选材

在机械制造中有相当多的结构零件,如轴、杆、套类零件等,在工作时均不同程度地承受着静、动载荷的作用,其失效形式可能为变形失效和断裂失效,所以这类零件要求具有较高的强度和较好的塑性与韧性,即良好的综合力学性能。

2. 以疲劳强度为主时的选材

疲劳破坏是零件在交变应力作用下最常见的破坏形式,如发动机曲轴、齿轮、弹簧及滚动轴承等零件的失效,大多数是因疲劳破坏引起的。

3. 以抗磨损为主时的选材

以磨损为主时的选材可分为两种情况。一是磨损较大、受力较小的零件,其主要失效形式是磨损,故要求材料具有高的耐磨性。如钻套、各种量具、刀具、顶尖等,选用高碳钢或高碳合金钢,进行淬火和低温回火处理,获得高硬度的回火马氏体和碳化物组织,即能满足耐磨的要求。二是同时受磨损及交变应力作用的零件,其主要失效形式是磨损、过量的变形与疲劳断裂(如传动齿轮、凸轮等)。

四、典型零件的选材实例分析

(一)典型零件的选材

以 C620 车床主轴为例进行选材。图 14.2 所示为 C620 车床主轴。该主轴受交变弯曲和扭转复合应力作用,但载荷和转速均不高,冲击载荷也不大,所以具有一般综合力学性能即可满足要求。但大端的轴颈、锥孔与卡盘、顶尖之间有摩擦,这些部位要求有较高的硬度和耐磨性。

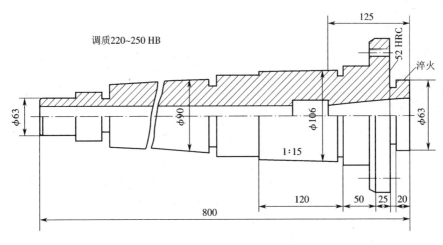

图 14.2 C620 车床主轴简图

主轴用 45 钢制造。载荷较大的主轴用 40Cr 钢制造。承受较大冲击载荷和疲劳载荷的主轴用合金渗碳钢(20Cr 或 20CrMnTi)制造。

典型零件的选材要求强度并兼顾冲击韧性和表面耐磨性。轴一般用锻造或轧制的低、中碳钢或合金钢制造,如机床主轴可选用 45 钢,内燃机曲轴主要用优质中碳钢或中碳合金钢制造。

(二)齿轮类零件的选材

齿轮类零件主要要求疲劳强度,特别是弯曲疲劳强度和接触疲劳强度。根据受力分析,齿轮类零件选用低、中碳钢或其合金钢,如机床齿轮用中碳钢或中碳合金钢,汽车齿轮用合金渗碳钢。

(三)手用丝锥的选材

手用丝锥的选材,要求其含碳量应较高,可选用 $w_C = 1\% \sim 1.2\%$ 的碳素工具钢。

刃具主要要求硬度、耐磨性和红硬性。可根据不同的使用条件选用碳素工具钢、低合金刃具钢、高速钢、硬质合金和陶瓷等,如手动刃具可用 T8、T10 等碳素工具钢,低速切削刃具可用低合金刃具钢 9SiCr、CrWMn 制造,高速切削刃具需选用高速钢 W18Cr4V、W6Mo5Cr4V2 制造等。

(四)机架、箱体类零件

机架和箱体类零件受力不大,要求良好的刚度和密封性,在多数情况下选用灰铸铁或合金铸铁件,个别特大型的还可采用铸钢-焊接联合结构。

五、材料的质量检验

材料的质量检测方法主要有成分分析法、组织分析法和无损检测法等。

(一)成分分析

金属材料的成分是其组织和性能的基础。成分检测,通常使用火花鉴别、化学分析、光谱分析、电子探针等方法。

1. 火花鉴别

根据钢铁材料在磨削过程中所出现的火花爆裂形状、流线、色泽、发火点等特点区别钢铁材料化学成分差异的方法,称为火花鉴别法。

火花鉴别专用电动砂轮机的功率为 0.20 ~ 0.75 kW,转速高于 3 000 r/min。所用砂轮粒度为 40 ~ 60 目,中等硬度,直径为 150 ~ 200 mm。磨削时施加压力以 20 ~ 60 N 为宜,轻压看合金元素,重压看含碳量。

火花鉴别的要点是详细观察火花的火束粗细、长短、花次层叠程度和它的色泽变化情况。注意观察组成火束的流线形态,火花束根部、中部及尾部的特殊情况和它的运动规律,同时还要观察火花爆裂形态、花粉大小和多少。

2. 化学分析

化学分析是确定材料成分的重要方法,既可定性,也可定量。定性分析是确定合金所含的元素,而定量分析则是确定某一合金的元素含量。化学分析的精确度较高,但时间较长,费用也比较高。工厂中常用的化学分析有滴定法和比色法两种。

3. 光谱分析

金属是由原子组成的,原子是由原子核及围绕着原子核在一定能级轨道上运动着的电子组成的。在外界高能激发下,原子将有固定的辐射能,代表该元素的特有的固定光谱。光谱能代表某一元素。原子在激发状态下,是否具有这种光谱线,是这种物质是否存在的标志;光谱的强度,是该元素含量多少的标志。

进行金属的定性和定量的光谱分析时,激发原子辐射光能通常用特殊光源,如电弧或高压火花,使金属变为气体,使所含金属的蒸气发光,利用分光镜或光谱仪进行定性分析。光的强度(亮度)越大,说明该元素的含量越高。对照已知各元素光谱线的强度,可以确定物质中这些元素的百分量。所以,要进行定量分析,必须使用摄谱仪照下光谱的照片,再用光度计测量光谱的强度。对照该标准元素的光谱强度,便可计算出合金中该元素的含量。

光谱分析方法既迅速又廉价,消耗材料少。分析少量元素时,灵敏度和精度也比较高。

4.电子探针

目前广泛使用电子探针来确定合金中各种组成相的成分以及其他细节的成分。

(二)组织分析

1.低倍分析

材料或零部件因受某些物理、化学或机械作用的影响而导致破断,此时所形成的自然表面称为断口。生产现场根据断口的自然形态判定材料的韧脆性,从而推断材料含碳量的高低。若断口呈纤维状,无金属光泽,颜色发暗,无结晶颗粒,且断口边缘有明显的塑性变形特征,则表明钢材具有良好的塑性和韧性,含碳量较低。若断口齐平,呈银灰色,且具有明显的金属光泽和结晶颗粒,则表明属脆性材料。而过共析钢或合金经淬火后,断口呈亮灰色,具有绸缎光泽,类似于细瓷器断口特征。常用钢铁材料的断口特点大致如下。

①低碳钢不易敲断,断口边缘有明显的塑性变形特征,有微量颗粒。

②中碳钢的断口边缘的塑性变形特征没有低碳钢明显,断口颗粒较细、较多。

③高碳钢的断口边缘无明显塑性变形特征,断口颗粒很细密。

④铸铁极易敲断,断口无塑性变形,晶粒粗大,呈暗灰色。

2.显微分析

(1)金属显微分析

在对各种金属或合金的组织进行研究的方法中,利用金相显微镜来观察和分析合金的内部组织是一项最基本的方法。

(2)电子显微分析

电子显微镜是依靠电子束在电磁场内的偏转使电子束聚焦,具有比金相显微镜高得多的放大倍数和分辨本领。

(三)无损探伤

无损检测技术的主要方法有射线探伤、超声波探伤和表面探伤等。

1. 射线探伤

射线探伤是利用射线透过物体后,射线强度发生变化的原理来发现材料和零件内部缺陷的方法。

2. 超声波探伤

探伤用超声波,是由电子设备产生一定频率的电脉冲,通过电声换能器产生与电脉冲相同频率的超声波。其特别适用于探测试件内部的面积型缺陷,而不适用于一些形状复杂或表面粗糙的工件。

3. 表面探伤

(1)磁力探伤

对于有表面或近表面缺陷的零件而言,在对其磁化时,缺陷附近会出现不均匀的磁场和局部漏磁场。当缺陷存在于零件表面或附近时,则磁力线不但会在试件内部产生弯曲,而且还有一部分磁力线绕过缺陷暴露在空气中,产生漏磁,形成 S—N 极的局部磁场,这个小磁场能吸收磁粉。根据吸附磁粉的多少、形状等可判断缺陷的形状、性质、部位等等,但难以确定缺陷的深度。

(2)渗透探伤

渗透探伤也是目前无损检测常用的方法,它主要用来检查材料或工件表面开口性的缺陷,利用液体的某些特性对材料表面缺陷进行良好的渗透。当显像液喷洒在工件表面时,残留在缺陷内的渗透液又被吸出来,形成缺陷痕迹,由此来判断缺陷。按溶质的不同,渗透探伤可分为着色法和荧光法两种。将工件洗干净后,把渗透液涂于工件表面,渗透液就渗入缺陷内,之后用清洗溶液将工件表面的渗透液洗掉,再将显像材料涂敷在工件的表面,残留在缺陷内的渗透液就会被显像剂吸出,在其表面形成放大了的红色显示痕迹(着色探伤);若用荧光渗透液来显示痕迹,则在紫外线照射下能发出强的荧光(荧光探伤),从而达到对缺陷进行评价、判断的目的。

思考与练习

1. 零件的常见失效形式有哪几种?它们要求材料的主要性能指标是什么?

2. 分析说明如何根据机械零件的服役条件选择零件用钢的含碳量及组织状态。

3. 汽车、拖拉机变速箱齿轮多用渗碳钢来制造,而机床变速箱齿轮又多采用调质钢制造,原因何在?

4. 生产中某些机器零件常选用工具钢制造。试举例说明哪些机器零件可选用工具钢制造,并可得到满意的效果?分析其原因。

5. 确定下列工具的材料及最终热处理:

(1)M6 手用丝锥;

(2)φ10 mm 麻花钻头。

6. 下列零件应采用何种铝合金制造?

（1）飞机用铆钉；

（2）飞机翼梁；

（3）发动机汽缸、活塞；

（4）小电机壳体。

7. 工程材料质量检测的范围有哪些？有什么意义？

8. 工程材料的成分分析、组织分析方法有哪些？

9. 无损检测有哪几种方法？它们的原理、基本工艺、适用范围分别是什么？